भू-सूचना, सटीक कृषि व नैनो तकनीक:

परिचय एवं कृषिगत अनुप्रयोग

Geo-informatics, Precision Farming and Nanotechnology:

Introduction and Applications in Agriculture

लेखक परिचय

अजय कुमार श्रीवास्तव ने एक उत्कृष्ट शैक्षणिक उपलब्धियों के साथ काशी हिंदू विश्वविद्यालय, वाराणसी (भारत) से मौसम विज्ञान में स्नातकोत्तर एवं डॉक्टरेट की उपाधि प्राप्त की । इनका अनुसंधान, शिक्षण और विस्तार के क्षेत्र में 26 वर्षों से भी अधिक का अनुभव है। इन्होने अपनी प्रतिभा के आधार पर कई छात्रवृत्तियाँ और पुरस्कार अर्जित किये है हैं। स्नातकोत्तर स्तर पर यूजीसी मेरिट छात्रवृत्ति, पीएचडी हेतु वरिष्ठ अनुसंधान एसोसिएटशिप और पोस्ट डॉक्टरल अध्ययन के लिए सीएसआईआर पूल वैज्ञानिक फैलोशिप उनमें से प्रमुख हैं। इन्होंने कई शैक्षणिक और अनुसंधान संस्थानों जैसे इंदिरा गाँधी कृषि विश्वविद्यालय, रायपुर, भारतीय कृषि अनुसन्धान संस्थान, नई दिल्ली में कार्य किया है और वर्तमान में जवाहरलाल नेहरु कृषि विश्वविद्यालय, जबलपुर में कृषि मौसम वैज्ञानिक के रूप में कार्यरत हैं। इन्होंने कृषि मौसम विज्ञान के विभिन्न पहलुओं विशेषकर फसल मॉडलिंग और कीट निगरानी के क्षेत्र में व्यापक स्तर पर शोध कार्य किया है । इन्होंने कई बाह्य वित्त पोषित राष्ट्रीय / अंतर्राष्ट्रीय अनुसंधान परियोजनाओं में प्रमुख अन्वेषक के रूप में कार्य किया है और वर्तमान में मौसम संबंधी पूर्वानुमान, जलवायु परिवर्तनशीलता और कृषि से जुड़े मौसम आधारित बीमा से संबंधित विभिन्न कार्यक्रमों से जुड़कर सतत कार्यरत है । डॉ. अजय कुमार श्रीवास्तव कई अंतर्राष्ट्रीय और राष्ट्रीय पत्रिकाओं के संपादक हैं। इन्होंने 60 से अधिक शोध पत्रों व कई लेखों को अंतर्राष्ट्रीय एवं राष्ट्रीय स्तर की शोध पत्रिकाओं में प्रकाशित करवाया है। इन्होने सात पुस्तक अध्याय और दो पुस्तकें प्रकाशित की हैं। डॉ. अजय कुमार श्रीवास्तव भारत के कई वैज्ञानिक संगठनों से जुड़े है तथा कृषि–मौसम संबंधी पहलुओं और भविष्य के मौसम की घटनाओं पर निरंतर ब्लॉग लिखते रहते हैं।

योगरंजन ने कृषि स्नातक और स्नातकोत्तर की उपाधि जवाहरलाल नेहरू कृषि विश्वविद्यालय, जबलपुर से एवं पीएचडी जैव–प्रौद्योगिकी की उपाधि ग्रामीण विश्वविद्यालय, सतना (म.प्र.) से प्राप्त की । उन्हें जीव विज्ञान विषय में सीएसआईआर– जेआरएफ से सम्मानित किया गया है। उन्हें शिक्षण और अनुसंधान का 12 से अधिक वर्षों का अनुभव है। वर्तमान में, डॉ. योगरंजन जवाहरलाल नेहरू कृषि विश्वविद्यालय, जबलपुर, मध्य प्रदेश में वैज्ञानिक–कृषि जैव प्रौद्योगिकी के रूप में कार्यरत हैं। वह स्नातक और स्नातकोत्तर स्तर पर जैव प्रौद्योगिकी, जैव रसायन, पादप प्रजनन, सूक्ष्मजीव विज्ञान और बौद्धिक संपदा अधिकार जैसे विषयों का अध्यापनकार्य कर रहे है ƒ अध्यापन के साथ वह वर्तमान में मानव संसाधन विकास मंत्रालय, भारत सरकार द्वारा वित्त पोषित परियोजना के समन्वयक के रूप में भी कार्य कर रहे है । इन्होंने कई देशों जैसे इजरायल, नीदरलैंड्स, स्पेन और इटली में आयोजित विभिन्न वैश्विक कार्यशालाओं एवं प्रशिक्षण कार्यकर्मो में भाग लिया हैƒ इन्होंने राष्ट्रीय और अंतर्राष्ट्रीय पत्रिकाओं में 22 से अधिक शोध पत्र, 6 पुस्तक अध्याय और कई लेख प्रकाशित किए हैं और एक सह–लेखक के रूप में टिकाऊ दलहन उत्पादन में जलवायु जोखिम प्रबंधन के लिए तकनीकी विकल्पों पर एक पुस्तक संपादित की है। डॉ योगरंजन कई राष्ट्रीय और अंतर्राष्ट्रीय वैज्ञानिक संगठनों के सक्रिय सदस्य है और विज्ञान मंचों से जुड़े हुए हैं।

भू-सूचना, सटीक कृषि व नैनो तकनीक:
परिचय एवं कृषिगत अनुप्रयोग

Geo-informatics, Precision Farming and Nanotechnology:
Introduction and Applications in Agriculture

अजय कुमार श्रीवास्तव
वैज्ञानिक कृषि मौसम विज्ञान
जवाहरलाल नेहरु कृषि विश्वविद्यालय,
जबलपुर (मध्यप्रदेश)
कृषि महाविद्यालय, टीकमगढ़ (मध्यप्रदेश)

योगरंजन
वैज्ञानिक कृषि जैव प्रोद्योगिकी
जवाहरलाल नेहरु कृषि विश्वविद्यालय,
जबलपुर (मध्यप्रदेश)
कृषि महाविद्यालय, टीकमगढ़ (मध्यप्रदेश)

साईन्टिफिक
पब्लिशर्स

प्रकाशक

साईन्टिफिक पब्लिशर्स (इण्डिया)

5–ए, न्यू पाली रोड़, पो.बो. नं. 91
जोधपुर – 342 001 (राज.)
टेलिफोनः 0291–2433323
ईमेल : info@scientificpub.com
वेबसाईट : www.scientificpub.com

ISBN: 978-93-89832-64-8
eISBN: 978-93-89832-66-2

भारत में मुद्रित

प्रस्तावना

सूचना क्रांति में नित्य नए प्रयोगों और तकनीकी विकास ने मनुष्य के जीवन को काफी हद तक प्रभावित किया है। तकनीकों के बढते दायरे से कृषि विज्ञान भी अब अछूता नहीं रहा है। कृषक; प्राचीन समय से आधुनिक काल तक कृषि आदानों जैसे खाद, बीज, कीटनाशकों का कब, कितना और कैसे उपयोग किया जाये, इसका निर्धारण अनुभव या औसत के आधार पर करता रहा है। विगत दशकों से कृषि में बढ़ती लागत तथा वातावरणीय प्रदुषण के कारण संसाधनों की न्यायोचित उपयोगिता पर बल दिया जाने लगा है। मृदा, मौसम आदि की स्थानिक और सामयिक विविधता के कारण कृषि में आदान उपयोग क्षमता (इनपुट यूज इफिशिएंसी) बढ़ाने के लिए विविधता अनुसार इसकी उपयोगिता की चर्चा होती रही है। विश्व के विकसित देशों में तकनीकों के प्रयोग से यह संभव तो हुआ है, परन्तु विकासशील देशों में अभी भी इसकी उपयोगिता शैशवावस्था में ही है। परंपरागत रूप से आदानों का उपयोग विविधता के सही आंकलन के आभाव में औसत के आधार पर किया जाता रहा है, परन्तु आवश्यकता से अधिक संसाधन का उपयोग एक ओर जहाँ फसलोत्पादन की लागत को बढाता है; वही पर्यावरणीय नुकसान का भी कारण बनता है। अतः वर्तमान में कृषि में भू–सूचना प्रणाली तथा सटीक कृषि के प्रयोग का हवाला दिया जाने लगा है। इन तकनीकों के प्रयोग से हम स्थानिक तथा सामयिक विविधताओं के आंकलन के साथ साथ उनका विश्लेषण कर आदानों एवं संसाधनों का न्यायोचित उपयोग कर पाने में सक्षम हुए है। सुदूर संवेदन, भौगोलिक सूचना प्रणाली, भू-मंडलीय स्थानिक प्रणाली, मशीनीकरण, नैनोतकनीकी, उच्च गुणवत्ता युक्त सेन्सर्स से विविधताओं के आंकड़ों का विश्लेषण के साथ साथ विभिन्न माडलों की सहायता से फसल प्रबंधन की निर्णायक क्षमता लेने में कृषकों और इससे जुड़े अन्य साझेदारों को सुविधा होती है। मशीनीकरण एवं उक्त तकनीकों के समन्वित प्रयोग से कब, कितनी मात्रा, और कैसे आदानों का उपयोग करना है, इस प्रश्न का उत्तर तो मिलेगा ही, बल्कि, सबसे महत्वपूर्ण, मानव बल की आवश्यकता में भी कमी आएगी। इन सारे तकनीकों की मौलिक जानकारी कृषि विज्ञान के स्नातक स्तरीय छात्रों को हो, ऐसा निर्णय राष्ट्रीय पाँचवी अधिष्ठाता स्तरीय वैठक में लिया गया। उत्तर भारत के हिंदी भाषी प्रदेशों मुख्यतया उत्तर प्रदेश, मध्य प्रदेश, छत्तीसगढ़, झारखण्ड, बिहार, उत्तराखंड, राजस्थान, हिमाचल प्रदेश आदि के कृषि छात्रों के लिए इस विषय पर हिंदी में पाठ्य सामग्री की उपलब्धता प्रायः नहीं है। इसको दृष्टिगत रखते हुए हिंदी माध्यम के छात्रों के लिए इस पुस्तक को सरल भाषा में प्रस्तुत करने का प्रयास किया गया है। इस पुस्तक को ग्यारह अध्यायों में विभक्त किया गया है। प्रत्येक अध्याय के साथ अंत में पाठ्य मूल्यांकन प्रश्नों के साथ अलंकृत किया गया है। आशा है, प्रस्तुत पुस्तक विद्यार्थियों की आवश्यकतानुरूप विषयगत जिज्ञासा को शांत करने में सफल होगी।

मार्च, 2020

अजय कुमार श्रीवास्तव

योगरंजन

कृतज्ञता ज्ञापन

प्रस्तुत पुस्तक भू-सूचना, सटीक कृषि व नैनो तकनीक: परिचय एवं कृषिगत अनुप्रयोग के सफल संकलन के लिए सर्वप्रथम हम अपने गुरु डॉ. बी.सी.पांडा के प्रति कृतज्ञता ज्ञापित करते है जिनकी पुस्तक एवं उन्ही के द्वारा प्रदत्त अन्य सामग्रियों का उपयोग इस पाठ्य पुस्तक के लेखन हेतु किया गया है। इसी प्रकार प्रो.विनय सहगल, कृषि भौतिकी विभाग, भारतीय कृषि अनुसन्धान संसथान, नई दिल्ली के सतत एवं नि:स्वार्थ सहयोग के लिए भी हम ह्रदय से आभारी है। इनके अलावा भी हम उन सभी विद्वतजनों का आभार प्रकट करना चाहते है, जिनकी पांडुलिपियों, शोध पत्रों तथा पुस्तकों की सहायता प्रस्तुत पुस्तक के लेखन हेतु ली गई है। पुस्तक के प्रकाशन में साइंटिफिक पब्लिशर्स, जोधपुर के महत्वपूर्ण सहयोग हेतु भी हम उनके आभारी है। साइंटिफिक पब्लिशर्स के श्री तनय शर्मा ने इस पुस्तक के प्रकाशन में विशेष रूचि ली और आकर्षक स्वरुप में प्रस्तुत करने में अपना सहयोग प्रदान किया। लक्ष्य प्राप्ति के रास्ते में आने वाली बाधाओं को दूर करने में प्रेरणा और प्रोत्साहन की अपरिहार्य भूमिका होती है। जवाहरलाल नेहरु कृषि विश्वविद्यालय जबलपुर के कुलपति प्रोफेसर प्रदीप कुमार बिसेन, अधिष्ठाता कृषि संकाय डॉ. धीरेन्द्र खरे एवं निदेशक शोध डॉ. पी.के.मिश्रा से प्राप्त सतत प्रेरणा और प्रोत्साहन ने पुस्तक लेखन के इस कार्य को सहज बना दिया। पुस्तक के सफल प्रकाशन हेतु हम इन सभी महानुभावों के प्रति अपनी आत्मीय कृतज्ञता प्रकट करते है। हमारे सहयोगी प्राध्यापकों एवं वैज्ञानिकों का सहयोग भी हमें निरंतर प्राप्त होता रहा, हम इन सभी को ह्रदय से साधुवाद देते है। उन का धन्यवाद जिनके स्नेह और सहयोग ने हमारे इस प्रयास के लिए उर्जा का संचार किया। अंत में इस कृति को समय पर पूरा करने में सभी आत्मीय स्वजनों, सहयोगी मित्रों, कार्यालयीन सहयोगियों तथा छात्रों से मिले सहयोग हेतु भी हम धन्यवाद ज्ञापित करते है। हम ईश्वर के चरणों में अपना शीश नवाकर बड़ी विनम्रता से कृतज्ञता ज्ञापित करते है जिनके सूक्ष्म सानिध्य के बिना यह कार्य कतई संभव नहीं था।

अजय कुमार श्रीवास्तव

योगरंजन

Society For Rural Improvement
सोसायटी फॉर रूरल इम्प्रुवमेन्ट

प्राक्कथन

भारतीय कृषि अब जीविकोपार्जन मात्र हेतु की जाने वाली खेती से आगे बढ़कर लाभकारी व्यवसाय का स्वरुप ले चुकी है। कृषि में यह बदलाव अनेक तकनीकों के समन्वित उपयोग से संभव हो सका है। परन्तु वैश्विक परिदृश्य में पर्यावरण प्रदूषण में कृषि की हिस्सेदारी को देखते हुए उपयोग किये जाने वाले आदानों के सटीक इस्तेमाल पर बल दिया जा रहा है। भूमि और मौसम की विविधता और जल व खाद की कमी को देखते हुए इस बात की महती आवश्यकता है कि फसलों में कीट-व्याधियों के प्रकोप का स्थानिक रूप से आंकलन सही समय पर हो। इनका सामयिक आंकलन, विश्लेषण, तथा प्रबंधन हेतु नई तकनीकों जैसे भौगोलिक सूचना प्रणाली, सुदूर संवेदन, भौगोलिक स्थानीकरण प्रणाली, तथा संग्राहकों का उपयोग वर्तमान समय की मांग है।

इसी दिशा में भारतीय कृषि अनुसन्धान परिषद् की पाँचवी अधिष्ठाता समिति की अनुशंसा के बाद पूरे देश के कृषि विश्वविद्यालयों में स्नातक स्तर के पाठ्यक्रमों में कई नए विषयों का समावेश किया गया है। "भू-सूचना, सटीक कृषि व नैनो तकनीक" भी उन्ही समावेशित नए विषयों में से एक है। यह विषय कृषि विज्ञान के छात्रों के लिए तो नया है ही प्राध्यापकों का भी एक बड़ा वर्ग इस विषय के मूलभूत परिचय से अनभिज्ञ है। समिति की अनुशंसानुसार "भू-सूचना, सटीक कृषि व नैनो तकनीक" विषय में कई विविध पहलुयों को एकीकृत कर विषय वस्तु निर्धारित किया गया है, जिसे संकलित रूप में एक ही पुस्तक में प्राप्त करना कठिन है। यद्यपि कुछ प्रकाशकों ने उक्त पाठ्यक्रम पर पुस्तकें प्रकाशित की हैं, परन्तु सभी अंग्रेजी भाषा में हैं। निश्चित रूप से हिंदी में तकनीकी और उन्नत विषयों पर पुस्तकों की अनुपलब्धता उन छात्रों को निराश करती है, जिनकी अकादमिक पृष्ठभूमि हिंदी माध्यम की रही है। नवीन पाठ्यक्रम के अंतर्गत हिंदी भाषा में इस नए विषय पर पाठ्यपुस्तक उपलब्ध करवाने का प्रयास एक अनुकरणीय पहल है। किसी भी तकनीकी विषय पर हिंदी में एक पुस्तक तैयार करने हेतु लेखकों में सम्बंधित विषय की पूरी समझ होना अतिआवश्यक है ताकि विषय वस्तु को सरलता और स्पष्टता के साथ प्रस्तुत किया जा सके।

क्षेत्र विशेष में विविधतानुसार आदानों के दक्ष उपयोग की महती आवश्यकता के कारण इस पाठ्यपुस्तक में शामिल सभी विषय काफी प्रासंगिक है। ऐसी पूरी संभावना है कि भविष्य में इस क्षेत्र में व्यापक शोध व अध्ययन होंगे। निश्चित रूप से ऐसी स्थिति में यह पाठ्यपुस्तक हिंदी माध्यम के छात्रों एवं अन्य सम्बंधित पेशेवरों के लिए एक संदर्भपुस्तक सिद्ध होगी। इसके आलावा तकनीकी विषय पर हिंदी माध्यम में लिखी गई एक अच्छी पुस्तक उत्तरी भारत के हिंदी भाषी छात्रों को न केवल नए विषयों के सिद्धांतों को समझाने में सक्षम होगी, बल्कि विषयगत अध्ययन में उनकी जिज्ञासा को भी शांत करेगी।

अनुभवी लेखकों ने पुस्तक में विविध अध्यायों को नए स्वरुप में प्रस्तुत कर छात्रों के लिए अत्यंत रोचक बनाया है। सुस्पष्ट आंकड़े और चित्रों के साथ पुस्तक के प्रत्येक विषय को छोटे-छोटे अनुच्छेदों में विभाजित किया गया है।

प्रस्तुत पुस्तक के लेखक द्वय डॉ. ए.के. श्रीवास्तव एवं डॉ. योगरंजन के द्वारा तकनीकी विषय पर हिंदी भाषा में गुणवत्ता युक्त पाठ्यपुस्तक तैयार करना एक सराहनीय प्रयास है। मै इनके प्रयास की भूरी-भूरी प्रसंशा करता हूँ। मुझे आशा ही नहीं पूर्ण विश्वास है कि यह पुस्तक हिंदी भाषी छात्रों के साथ साथ इस विषय से जुड़े अन्य शेयर धारकों के लिए भी अति उपयोगी सिद्ध होगी।

मेरी ढेरों शुभकामनाएं।

12 मार्च, 2020

(लक्ष्मण सिंह राठौड़)
अध्यक्ष

अंतर-राष्ट्रीय सलाहकार, विश्व बैंक

पूर्व महा-निदेशक, मौसम विज्ञान एवं विश्व मौसम संगठन में भारत के स्थायीप्रतिनिधि

पता: 91-गिरनार कॉलोनी (16-अ), गाँधी पथ, वैशाली नगर, जयपुर (राज.) 302021,

ईमेल: lrathore@gmail.com

विषय सूची

अध्याय

1

सटीक कृषि

अध्ययन उद्देश्य

- यह अध्याय सटीक कृषि का मौलिक परिचय प्रस्तुत करते हुए कृषि विज्ञान में इसके महत्व को रेखांकित करता है ।
- यह अध्याय सटीक कृषि के विभिन्न साधन एवं तकनीकों का वर्णन करता है जिसके कारण विषय का व्यापक विकास व अनुप्रयोग संभव हो सका है ।
- यह सुदूर संवेदन, भौगोलिक सूचना तंत्र तथा भू-स्थानिक तंत्र से सम्बंधित प्रमुख जानकारी प्रदान करता है।
- अंत में अध्याय, भारतीय परिदृश्य में सटीक कृषि की उपयोगिता को प्रतिपादित करता है।

सटीक कृषि

विगत कुछ दशकों में, सूचना प्रौद्योगिकी एवं अन्य संगत तकनीकों के अधिकाधिक अनुप्रयोगों से मनुष्य ने अनगिनत प्रकार की सुविधाएँ हासिल की है। इन तकनीकों के व्यापक अनुप्रयोग से कृषि को भी अधिक सुविधाजनक एवं लाभप्रद बनाने की दिशा में कई स्तरों पर प्रयास किये जा रहे है। तकनीकों में प्रमुख रूप से भू-मानचित्रण, उच्च परिशुद्धतायुक्त स्थानिक तंत्र, स्वचालित स्टीयरिंग सिस्टम, अति उच्च क्षमता वाले संवेदक, सेंसर और उच्च तकनीक इंजीनियरिंग के साथ संयुक्त आईटी अनुप्रयोगों की एक श्रृंखला, एकीकृत इलेक्ट्रॉनिक संचार शामिल है। दिनोंदिन बढ़ती कृषि लागत के विपरीत अपेक्षानुरूप उत्पादन अथवा उत्पादन की उचित कीमत न मिलना इस क्षेत्र की प्रमुख समस्या है। प्रौद्योगिकी के क्षेत्र में हुए अभूतपूर्व विकास एवं तकनीकों के अनुप्रयोग की सार्थकता को देखते हुए कृषिगत समस्याओं के निदान हेतु भी उक्त तकनीकों के उपयोग की आवश्यकता महसूस की जाने लगी है। हालाँकि संसाधनों के न्यायोचित उपयोग हेतु भौगोलिक सूचना प्रणाली के तंत्रों जैसे सुदूर संवेदन, भौगोलिक सूचना प्रणाली इत्यादि का विस्तारित अनुप्रयोग कृषि के अन्य क्षेत्रों में विगत कई दशकों से हो रहा है, परन्तु मूल सस्यकार्यिक प्रबंधन अब तक इससे अछूता रहा है। कृषि की प्राचीन, मध्यकालीन एवं आधुनिक तकनीकों पर प्रकाश डालें तो हम पाते है कि कृषि संसाधनों का उपयोग स्थानिक एवं सामयिक विविधता को ध्यान में रख कर नहीं किये जाने से संसाधनों का आवश्यकता से अधिक उपयोग होता रहा है एवं इसके परिणामस्वरुप कई अवांछित परिणाम जैसे मृदा स्वास्थ्य का क्षरण, पर्यावरण प्रदूषण सामने आये है। वर्तमान सदी में

संसाधन प्रबंधन एवं पर्यावरण संरक्षण को दृष्टिगत रखते हुए इन तकनीकों के माध्यम से कृषि प्रबंधन अत्यधिक आवश्यक हो गया है।

1.1 परिचय

सटीक कृषि का लक्ष्य संसाधनों का सामयिक एवं स्थानिक विविधता के अनुरूप इष्टतम उपयोग करते हुए कृषि को लाभकारी बनाने के साथ साथ पर्यावरण संरक्षण को प्राप्त करना है। इस लक्ष्य को प्राप्त करने हेतु अनेक नई तकनीकों जैसे ड्रोन, स्वचालित मशीनें, लेजर लेवलर और भू-मंडलीय स्थानिक प्रणाली, भौगोलिक सूचना प्रणाली, सुदूर संवेदन का प्रयोग कृषि प्रबंधन में विगत दशकों से किया जाने लगा है। सटीक कृषि में मुख्यतया आदान प्रबंधन जैसे जल प्रबंधन, मृदा प्रबंधन, बीज प्रबंधन, खाद प्रबंधन, कीट-व्याधि प्रबंधन इत्यादि सम्मिलित है।

मौसम, मृदा, वनस्पति, जल की उपलब्धता, मृदा ढाल इत्यादि स्थानिक रूप से बदलते रहते है तथा यह सभी कारक फसल उत्पादन, तथा उत्पादकता को प्रभावित करते है। कृषकों को स्थानिक और सामयिक विविधता के कारण फसल उत्पादकता के प्रभावित होने के बारे में ज्ञान तो था परन्तु उनके पास इन विविधताओं को सटीकता से आंकलन का साधन नहीं था जिससे वे आवश्यकतानुसार संसाधनों को उपयोग एवं प्रबंधन नहीं कर पाते थे। इस प्रकार सटीक खेती स्थानिक एवं सामयिक विविधताओं के अनुकूल संसाधनों का आवश्यकतानुसार उपयोग करके अधिकतम उत्पादन प्राप्त करने की कृषि पद्धति है।

विगत 10 वर्षों में सटीक खेती विज्ञान और अध्ययन के दायरे से बाहर आकर व्यवहार में प्रयुक्त होने लगी है। एक अनुमान के मुताबिक वैश्विक स्तर पर क्रय किये जाने वाले ज्यादातर कृषि यंत्रों का उपयोग सटीक कृषि हेतु किया जा रहा है। वर्तमान में सूचना तंत्र तथा स्वचालित कृषि यंत्रों की उपलब्धता के कारण सटीक खेती किसानों के लिए अधिक सहज, लागत प्रभावी और आसान होती जा रही है।

स्थानिक मृदा उर्वरकता से सम्बंधित विविधता के आंकड़ों को एकत्रित एवं विश्लेषित कर फसल उत्पादन हेतु प्राथमिक जुताई, द्वितीय जुताई, बोनी सह बीज एवं उर्वरक अनुप्रयोग, समयानुकूल व आवश्यकतानुसार सिंचाई व्यवस्था के साथ सामयिक मौसम विविधता के अनुसार उपयुक्त कीट-व्याधि नाशकों को प्रयोग व कटायी तक प्रत्येक चरणों में सटीक खेती प्रबंधन का उपयोग किया जाता है।

1.2 अवधारणा

स्थान विशिष्ट अंतर और अंतर-क्षेत्रीय विविधता को मापने और इसका विश्लेषण करने एवं इसके आधार पर की जाने वाली फसल/कृषि प्रबंधन ही सटीक कृषि की मूल अवधारणा है। सटीक कृषि अनुसंधान का लक्ष्य संसाधनों को संरक्षित करते हुए लागत संसाधन पर अधिकतम लाभ के लक्ष्य के साथ पूरे कृषि प्रबंधन के लिए एक निर्णय समर्थन प्रणाली (डीएसएस) को परिभाषित करना है। इस प्रकार क्षेत्रीय विविधताओं (मिट्टी, जलवायु और पानी) का प्रबंधन करते हुए उत्पादन लागत

और नकारात्मक पर्यावरणीय प्रभाव को कम करने के साथ-साथ उच्च उत्पादकता के साथ फसल उत्पादन प्राप्त करना ही सटीक कृषि की अवधारणा है।

1.3 साधन एवं तकनीक

विविधता को मापने, इसका विश्लेषण करने एवं आदानों के प्रबंधन हेतु सटीक खेती में कई विशिष्ठ साधन एवं परिष्कृत उपकरणों की आवश्यकता होती है।

1.3.1 साधन

सटीक खेती में निम्नलिखित प्रमुख साधनों का उपयोग किया जाता है

(क) भौगोलिक स्थानिक तंत्र (GPS): भौगोलिक स्थानिक तंत्र को स्थानिक दिशा सूचक तंत्र के रूप में भी जाना जाता है, इसका उपयोग मुख्यतया भू-सर्वेक्षण, परिवहन तंत्र, सैन्य सुरक्षा, कृषि प्रणाली इत्यादि में किया जाता है। यह तंत्र स्थानिक आंकड़ों का शीघ्र और सटीक संग्रहण व विश्लेषण कर सूचना प्रदान करता है। यह प्रणाली सुगमता से जन साधारण के उपयोग के लिए भी उपलब्ध है। GPS किसी स्थान विशेष की सूचना सटीकता से ग्रहण करने हेतु भू-उर्ध्य में स्थापित अनेक उपग्रहों के एक नेटवर्क की सहायता से काम करता है, इसकी सहायता से उपयोगकर्ताओं को 100 से 0.01 मीटर के बीच सटीकता के साथ स्थिति संबंधी जानकारी (अक्षांश, देशांतर और ऊंचाई) रिकॉर्ड करने में मदद मिलती है। सामान्यतः पृथ्वी के सतह पर स्थित किसी वस्तु की स्थानिक स्थिति की सटीकता की सूचना संग्रहण करने के लिए कम से कम तीन से चार उपग्रहों को एक ही समय में भू-उर्ध्य में उपलब्ध होना चाहिए। ये उपग्रह विभिन्न संकेतों को प्रसारित करते हैं जिसकी मदद से जी.पी.एस. संग्राहक (रिसीवर) किसी वस्तु की स्थिति का निश्चित आंकलन करता हैं, इस प्रकार जी.पी.एस. प्रकाश या ध्वनि मार्गदर्शक पैनल (DGPS), एंटीना और रिसीवर के साथ एक स्वचालित नियंत्रण प्रणाली है।

जी.पी.एस. तकनीक विभिन्न प्रक्षेत्रों के लिए आदानों के विविध दर को प्रदर्शित करता है जो विशिष्ठ रूप उस प्रक्षेत्र में कृषि कार्यान्वयन के लिए आवश्यक है जैसे इस तकनीक की सहायता से प्रक्षेत्र विशेष के मिट्टी के गुणों के अनुकूल उर्वरक और कीटनाशक निर्धारित किए जा सकते हैं। इस तंत्र का विकास का मुख्य उद्देश्य निम्नांकित है-

(i) उपयोगकर्ता को स्थानीय निर्देशांक प्रदान करने के लिए

(ii) वैश्विक स्तर पर किसी भी मौसम में स्थान विशेष की निरंतर त्रिआयामी भौगोलिक वास्तविक स्थिति ज्ञात करने के लिए,

(iii) विभिन्न नागरिक एवं कृषिगत अनुप्रयोगों एवं सुविधा के लिए।

(ख) स्व-चालित प्रणाली: स्व-प्रेरित प्रणाली के अंतर्गत स्व-चालित ट्रेक्टर, भू-समतलीकरण यन्त्र, स्वचालित स्प्रयेर, सीडर तथा खेती सम्बन्धी अन्य स्वचालित कार्य सम्पादित करने वाले उपकरण जैसे सीधी पंक्तियों बनाने वाले यन्त्र इत्यादि। इन स्वचालित यंत्रों के उपयोग से किसानों को कृषि कार्य में लगने वाले समय की बचत के साथ साथ संसाधनों की न्यायोचित उपयोग सुनिश्चित करने में सहायता मिलती है। कृषि में उपयोग होने वाली स्व-चालित मशीनों को

टेलीमैटिक्स का उपयोग करके दूर से नियंत्रित किया जाता है। फसल कटाई हेतु एक ऐसा स्व-चालित कम्बाईनर डिजाइन किया गया है जिसे ट्रैक्टर में जोड़ कर सुरक्षित दूरी से निर्देश दे कर फसल कटाई का संयोजन किया जाता है।

(ग) समीपवर्ती संवेदकः ट्रेक्टर अथवा किसी अन्य कृषि उपकरण में लगे निकटवर्ती संवेदक का उपयोग मिट्टी और फसल की गुणवत्ता मापने के लिए किया जा सकता है।

(घ) संवेदकः सटीक कृषि में वायरलेस/ सूक्ष्म संवेदक (सेंसर) का प्रयोग संसाधनों के न्योयोचित उपयोग सुनिश्चित करने हेतु किया जा रहा है। कई आवश्यक अवयवों एवं सूचकांकों जैसे मृदा जल उपलब्धता, मृदा संघनन, मृदा उर्वरता, पत्ती तापमान, पत्ती क्षेत्र सूचकांक, पौधे जल की स्थिति, स्थानीय जलवायु आंकड़े, कीट-रोग-खरपतवार संक्रमण से सम्बंधित आंकड़े, अल्प समय में एकत्र करने के में इसकी महती आवश्यकता है। सेंसर द्वारा सूचना एकत्र कर वास्तविक समय में स्थानांतरित कर देने से कृषि की कई समस्याओं का समयानुकूल प्रबंधन संभव हो सका है। उदहारण के तौर पर कई यंत्रों में स्थापित संवेदक (जैसे ग्रीन सीकर) फसल की स्वास्थ्य की जानकारी वास्तविक समय पर उपलब्ध कराकर आवश्यकतानुसार प्रबंधन हेतु अनुशंसा करता है। इसी प्रकार एक अन्य संवेदक "वीड्सीकर" खेत में खरपतवारों की स्थिति वास्तविक समय में उपलब्ध कराकर निदानात्मक खरपतवारनाशी की अनुशंसा करता है।

(ङ) ड्रोन / मानवरहित एरिएल वाहनः सटीक कृषि हेतु वृहद् स्तर पर सूचनाओं को अत्यंत अल्प समय में एकत्रित करने हेतु ड्रोन या मानवरहित एरिएल वाहन का उपयोग विगत कई दशकों से प्रारंभ हो चुका है। इस साधन की सुलभ उपलब्धता, कम लागत से इसका प्रचलन दिनोंदिन कृषि एवं अन्य क्षेत्रों में बढ़ता जा रहा है। ड्रोन फसलों की वास्तविक स्थिति, वृद्धि का पता लगाने के साथ ही कटाई के बाद की निगरानी जैसे अनेक प्रकार के कृषि कार्यों का विश्लेषण और योजना के कामों में मदद कर सकता हैं। खाद्यानो की बढ़ती मांग को पूरा करने एवं खेत के महत्वपूर्ण संचालन में; अधिक सटीक सूचनाओं की संग्रहण ड्रोन के माध्यम से बखूबी किया जा सकता है। भविष्य में होने वाले अनुबंध खेती (कॉन्ट्रैक्ट फार्मिंग) को इस साधन से महत्वपूर्ण लाभ मिल सकता है।

(च) रोबोटिक्सः सुदूर ग्रामीण क्षेत्रों में दिनों दिन घटते श्रम बल के कारण अनेक कृषि कार्य देख रेख के आभाव में बाधित हो रहे है इसकी क्षति पूर्ति हेतु कई क्षेत्रों में रोबोटिक्स का प्रयोग कृषि कार्यों में किया जा रहा है। रोबोटिक्स को कृषि के अनेक कार्य को सुगमता पूर्वक करने में सक्षम पाया गया है जैसे हरित गृह में फसलों की देखभाल एवं कटाई समेत अन्य प्रबंधन कार्य रोबोटिक्स के द्वारा किया जा रहा है।

(छ) संगणक व इन्टरनेट का उपयोगः कृषि सम्बन्धी संगृहीत सूचनाओं का आदान प्रदान तथा इनका संग्रहण करने में संगणक व इन्टरनेट की महत्वपूर्ण भूमिका है। मौसम, मृदा, प्रक्षेत्र इत्यादि के आकड़ों का कृषि कार्यों के दैनिक प्रबंधन में उपयोग हेतु इन्टरनेट तथा सूक्ष्म संवेदक की सहायता से वास्तविक समय में संभव हो पाया है। हाल ही में, कई कृषि स्टार्ट-अप और आदान आपूर्तिकर्ताओं ने बिना तार के आंकड़ों का स्थानान्तरण (वायरलेस आंकडें ट्रांसमिशन) हेतु LPWANs (लो पावर वाइड एरिया नेटवर्क) का उपयोग करना शुरू किया है । इन नेटवर्कों को सस्ती लागत पर कम

उर्जा उपयोगिता के साथ लंबी दूरी पर अल्प मात्रा में संचरित आंकड़ों को ले जाने के लिए डिजाइन किया गया है। इस तरह के नेटवर्क का उपयोग प्रेषण कार्यक्रमों, विक्रय साधन और अन्य व्यवसाय प्रबंधन में भी किया जाता है।

1.3.2 तकनीक

सटीक खेती में निम्नलिखित प्रमुख तकनीकों का उपयोग किया जाता है।

(i) भौगोलिक सूचना तंत्र (GIS)

(ii) सुदूर संवेदन प्रणाली (Remote Sensing System)

(iii) परिवर्तनीय दर तकनीक (Variable rate technology)

1.3.2.1 भौगोलिक सूचना तंत्र (GIS)

भौगोलिक सूचना प्रणाली (GIS) मूलत: आंकड़े संगृहीत करने, स्थानिक विश्लेषण और उसके प्रबंधन करने की तकनीक है। यह तकनीक कई प्रकार के आंकड़ों को संगृहीत और व्यवस्थित कर उसका स्थानिक विश्लेषण करती है और इस प्रकार इन आंकड़ों से निकली सूचनाओं को नक्शे और त्रिविमीय (3-डी) दृश्यों के माध्यम से अभिव्यक्त करती है। इस तकनीक के पृष्ठभूमि में कंप्यूटर सॉफ्टवेयर और प्रक्रियाओं की एक प्रणाली काम करती है, जिसे कुछ इस प्रकार डिजाइन किया जाता है ताकि इसके माध्यम से स्थानिक रूप से संदर्भित आंकड़ों का एकत्रीकरण, उनका आवश्यकतानुसार सम्पादन और विश्लेषण कर जटिल समस्याओं को हल करने हेतु योजना अथवा प्रबंधन की रूपरेखा तैयार की जा सके।

1.3.2.2 भौगोलिक सूचना तंत्र के अवयव

भौगोलिक सूचना तंत्र के मुख्य अवयव संगणक, संग्राहक (स्टोरेज) स्थानिक आंकड़ों के विश्लेषण हेतु डिजाईन किये गए सॉफ्टवेयर तथा विभिन्न प्रकार के मॉडल है। संगणक के मुख्य अवयव हार्डवेयर, सॉफ्टवेयर तथा इसमे लगे विभिन्न प्रकार के संग्राहक तथा बाह्य संग्राहक व रीडर होते है। एकत्रित आंकड़ों के मानचित्रों या सूचनाओं को संगृहीत करने से पहले डिजीटाईजर के माध्यम से अंकीय (डिजिटल) रूप में परिवर्तित कर संगृहीत किया जाता है ताकि इनका सुगम विश्लेषण तथा आवर्धन किया जा सके। भौगोलिक सूचना तंत्र के अंतर्गत विभिन्न प्रकार के सॉफ्टवेयर का उपयोग आंकड़ों के विश्लेषण तथा प्रबंधन हेतु किया जाता है। जीआईएस सॉफ्टवेयर अनुप्रयोगों की एक विस्तृत श्रृंखला को शामिल करता है जिसमें डिजिटल मानचित्रों और स्थानिक मानचित्रीकरण के आंकड़ों के संयोजन का उपयोग होता है। जीआईएस सॉफ्टवेयर को विभिन्न श्रेणियों में क्रमबद्ध किया जा सकता है।

1.3.2.3 भौगोलिक सूचना तंत्र के सॉफ्टवेयर

जीआईएस सॉफ्टवेयर अनुप्रयोगों की एक विस्तृत श्रृंखला को शामिल करता है जिसमें अंकीय

(डिजिटल) मानचित्रों और स्थानिक मानचित्रीकरण (जियोफेरेस्टेड) आंकड़ों के संयोजन का उपयोग होता है। जीआईएस सॉफ्टवेयर को विभिन्न श्रेणियों में क्रमबद्ध किया जा सकता है। सामान्यतः उपयोग होने वाले जीआईएस सॉफ्टवेयर बाजार में उपलब्ध है, जिन्हें क्रय कर के अथवा निशुल्क रूप से डाउनलोड कर आंकड़ों, मानचित्रों या सूचनाओं के विश्लेषण तथा आवर्धन के लिए उपयोग किया जा सकता है। पैसे का भुगतान कर उपयोग करने वाले तथा मुफ्त में उपलब्ध कुछ सॉफ्टवेयर जो उपयोग हेतु उपलब्ध है निम्न प्रकार के है-

1.3.2.4 भुगतान के आधार पर प्राप्त होने वाले सॉफ्टवेयर

(i) **जियोमिडिया (Geomedia):** यह सॉफ्टवेयर मानचित्र प्रदर्शन एवं सरल विश्लेषण के लिए जाना जाता है। यह जियोमीडिया उत्पादों का उपयोग करके बनाए गए आंकडें के वितरण तंत्र के रूप में कार्य करता है।

(ii) **जियोमेटिका (Geometica):** यह पृथ्वी से अवलोकित आंकड़ों के प्रसंस्करण का कार्य करता है।

(iii) **IDRISI or TerrSet:** यह एक पीसी ग्रिड-आधारित प्रणाली है जो पृथ्वी प्रणाली की गतिशीलता का विश्लेषण करने में लगे शोधकर्ताओं और वैज्ञानिकों को पर्यावरण प्रबंधन, स्थायी संसाधन विकास और समान संसाधन आवंटन सम्बन्धी विषयों में उचित निर्णय लेने में मदद करता है।

(iv) **ENVI:** इसका उपयोग छवि विश्लेषण, अनुप्रयोग एवं हाइपरस्पेक्ट्रल विश्लेषण के लिए किया जाता है।

(v) **ERDAS:** मानचित्रण में इसका उपयोग किया जाता है जैसे ArcMap, ArcGIS, ArcSDE, ArcIMS, ArcWeb services and Arc GIS Server-

(vi) **Intergraph:** उद्योग क्षेत्रों के लिए ऐड-ऑन उत्पादों के साथ-साथ फोटोग्रामेट्री के लिए इसका उपयोग किया जाता है।

(vii) **MapInfo:** इसका उपयोग 3 डी, सांख्यिकीय विश्लेषण और जियोकोडिंग के लिए किया जाता है।

(viii) **AutoCAD:** इसकी सहायता से निर्माण और निर्माण में उपयोग किए जाने वाले सटीक 2- और 3- आयामी चित्र बनाया जाता है।

1.3.2.5 निशुल्क रूप से उपलब्ध सॉफ्टवेयर

(i) **QGIS:** यह उपयोगकर्ताओं को आलेखीय मानचित्रों की रचना और स्थानिक जानकारी का विश्लेषण और संपादन करने में मदद करता है।

(ii) **SAGA GIS:** स्थानिक आंकडें को संपादित करने के लिए उपयोग किया जाता है

(iii) GRASS GIS: यह एकीकृत छवि प्रसंस्करण और आंकडें विजुअलाइजेशन के लिए उपयोग किया जाने वाला सॉफ्टवेयर है।

(iv) MapWindow: इसमें मानक GIS आंकडें विजुअलाइजेशन सुविधाएँ और साथ ही DBF तालिका संपादन, आकृति फाइल संपादन और आंकडें कन्वर्टर्स शामिल हैं।

कई आपूर्तिकर्ता अब इंटरनेट आधारित सेवाओं के साथ-साथ डाउनलोड करने योग्य सॉफ्टवेयर और / या आंकड़ों की पेशकश करने लगे हैं। ये निशुल्क भी हो सकते हैं, विज्ञापन द्वारा वित्त पोषित या सदस्यता पर भुगतान किए जा सकते हैं; वे तीन क्षेत्रों में विभाजित हैं:

(i) SaaS – (Software as a Service): इस प्रकार के सॉफ्टवेयर इन्टरनेट पर सेवा के रूप में उपलब्ध है। जैसे ArcGIS Online, CartoDB, Mapboñ इत्यादि।

(ii) PaaS – (Platform as a Service): इस प्रकार के सॉफ्टवेयर इन्टरनेट के कई प्लेटफॉर्म पर सेवा के रूप में उपलब्ध है, जैसे ArcGIS Online, Google Maps इत्यादि।

(iii) DaaS – (Data as a Service): इन्टरनेट पर ऑनलाइन आंकडें अथवा सामग्री विश्लेषण व प्रबंधन करने के लिए सेवाएँ उपलब्ध है जैसे ArcGIS Online, Apple Maps, Google Maps, Open Street Map इत्यादि।

1.3.2.6 भौगोलिक सूचना तंत्र कार्य प्रणाली: सिद्धान्त

भौगोलिक सूचना तंत्र (GIS) सिद्धान्त: निम्नांकित छह चरणों में कार्य करता है -

(i) आंकड़ों का एकत्रीकरण, संग्रहण, स्थानिक व्यवस्थापन और वितरण: जैसे सुदूर संवेदन या विविध स्त्रोतों से प्राप्त/एकत्रित स्थानिक आंकड़ों का संग्रहण करना तथा सॉफ्टवेयर के माध्यम से इन आंकड़ों का वितरण कर विभिन्न प्रकार की फाइलें विश्लेषण हेतु तैयार की जाती है, प्राय: इस प्रकार की फाइलें बड़े संग्रहण क्षमता की होती है जो 10 से 500 मेगा बाईट रेंज की हो सकती है।

(ii) आंकड़ों का विश्लेषण: संगृहीत फाइलों को विभिन्न सॉफ्टवेयर के माध्यम से विषयानुसार विश्लेषण किया जाता है जैसे किसी क्षेत्र विशेष में कौन सी फसल कितने क्षेत्रफल में लगायी गयी है।

(iii) विभिन्न आंकड़ों के मायने एवं उनके बीच के संबंधों (को खोजना) का अध्ययन: विभिन्न प्रकार के आंकड़ों की परतों का मोडलों की सहायता से निष्कर्ष निकला जाता है जैसे जनसँख्या घनत्व जल की गुणवत्ता को किस प्रकार प्रभावित करती है अथवा डी.ए.पी. का अधिकाधिक प्रयोग मृदा की क्षारीयता को कैसे बढ़ाती या घटाती है।

(iv) मापदंडों का मिलान: किसी समस्या के प्रबंधन कई तरह के मापदंडों का मिलान कर निष्कर्ष निकाला जाता है। जैसे किसी क्षेत्र में विभिन्न क्षेत्र के वाटर शेड का निरूपण तथा उनके भूमि तथा लैंड यूज लैंड कवर को मापदंडों के मिलान से ज्ञात किया जा सकता है।

(v) संगृहीत व विश्लेषित आंकड़ों का अन्यत्र उपयोग: GIS की सहायता से अन्य मशीन भाषाओं में विश्लेषित अथवा संग्रहित आंकड़ों का भी उपयोग संभव है जैसे ग्राउंड वाटर के गुणवत्ता एवं स्तर की जानकारी या विश्लेषण C^{++}, Fortran मशीनी भाषा में है तो GIS

की सहायता से फ्लड मोडलिंग के लिए भी उपयोग किया जा सकता है।

(vi) **दृश्यमान सहायताः** विश्लेषित विभिन्न स्तर के मानचित्रों में पैटर्न तथा परिदृश्य की पहचान तथा इनकी व्याख्या को बेहतर बनाता है। इसके अतिरिक्त निर्देशांकों के विभिन्न समूहों को वर्गीकृत करने में मदद करता है।

1.3.3 सुदूर संवेदन प्रणाली

सुदूर संवेदक को आमतौर पर वायु या उपग्रहीय संवेदक के रूप में वर्गीकृत किया जाता है। वे क्षेत्र के रंग में भिन्नता का संकेत कर सकते हैं जो मिट्टी के प्रकार, फसल विकास, क्षेत्र की सीमाओं, सड़कों, पानी आदि में परिवर्तन से मेल खाती है।

कृषि के संदर्भ में दूरस्थ विज्ञान का अर्थ है कि संपर्क में आए बिना दूरस्थ वस्तुओं और छवि की विशेषताओं का एकत्रीकरण करना साथ ही साथ इन विशेषताओं को एक साथ मानचित्र में दर्शाना। सुदूर संवेदन में, सूचना हस्तांतरण विद्युत चुम्बकीय विकिरण (EMR) के उपयोग से पूरा होता है। सुदूर संवेदन के कारण हम कृषि के लिए उपयुक्त बड़े क्षेत्रों का निरीक्षण करने में सक्षम हो गए हैं, जिससे तरंगों पर ऊर्जा को मापने के लिए सेंसर का उपयोग किया जा रहा है जो मानव दृष्टि (पराबैंगनी अवरक्त, आदि) की सीमा से परे हैं और विश्व स्तर पर लगभग किसी भी स्थान का निरिक्षण इससे हो पाता है।

1.3.4 परिवर्तनीय दर तकनीक (Variable rates Technique)

परिवर्तनीय दर तकनीक, प्रौद्योगिकी का वह क्षेत्र है जिसके अंतर्गत किसी विशिष्ठ परिस्थिति में आदान का स्थानिक परिवर्तनशीलता के अनुरूप स्वचालित अनुप्रयोग किया जाता है। कृषि के क्षेत्र में स्थानिक परिवर्तनशीलता के सटीक आंकड़े नैनो सेंसर, नक्शे और जीपीएस के द्वारा एकत्रित किया जाता है तथा इसी के आधार पर आदानों (उर्वरक, रसायन और बीज जैसी चीजें) का स्वचालित मशीनों के माध्यम से फसलोत्पादन में उपयोग किया जाता है। कृषि में आदानों के अनुशंसित दरों पर पारंपरिक रूप से प्रयोग किया जाता रहा है, परन्तु परिवर्तनीय दर तकनीक में आदानों का प्रयोग स्थानिक व सामयिक परिवर्तनशीलता के एकत्रित आंकड़ों के आधार पर किया जाता है। इस प्रकार की तकनीक को ही परिवर्तनीय दर तकनीक के नाम से जाना है जिसका उपयोग वर्तमान में सटीक कृषि में होता है। प्रौद्योगिकी के कई रूप हैं जो सटीक कृषि के लिए परिवर्तनीय दर अनुप्रयोग में उपयोग किए जाते हैं। उदहारण के तौर पर इनमें ड्रोन और सैटेलाइट से लेकर आर्टिफिशियल इंटेलिजेंस (एआई) और हाइपरस्पेक्ट्रल इमेजिंग के नई नई तकनीकें शामिल है। परिवर्तनीय दर के किसी भी तकनीक का उपयोग करने से पूर्व इसके सामान्य तौर तरीके को समझना महत्वपूर्ण है कि किस तरह किसी तकनीक का उपयोग किया जाय।

इस स्थिति की कल्पना करें जहां एक किसान जीपीएस (ग्लोबल पोजिशनिंग सिस्टम) के साथ अपने क्षेत्र में चला जाता है –जीपीएस के द्वारा खेत के भीतर ट्रैक्टर की सही स्थिति का पता लगता है। यह ट्रैक्टर पर तय किए गए कंप्यूटर को सिग्नल भेजता है, जिसमें एक भौगोलिक सूचना प्रणाली (GIS) है, जिसमें मिट्टी के पोषक तत्व की आवश्यकता के नक्शे को संग्रहीत किया गया है।

जीआईएस, एक निर्णय समर्थन प्रणाली के परामर्श से यह तय करता कि उस स्थान के लिए उर्वरकों की सही आवश्यकता क्या है। यह तब परिवर्तनीय विविधता के अनुसार उर्वरक दर को आंकलित कर प्रबंधन हेतु निर्देशित करता है। इस प्रक्रिया को पूर्ण करने हेतु ट्रेक्टर के साथ लगे स्वचालित उपकरण में यह सन्देश भेजा जाता है जिसके निर्देशानुसार खेत के स्थान विशेष पर सटीक खुराक देने की प्रक्रिया पूरी की जाती है। उदहारण के तौर पर सामान्यत: कृषि कार्य में उर्वरक अथवा कीटनाशक का प्रयोग परिवर्तनीय दर तकनीक से स्वचालित रूप से पूर्णत: किया जा सकता है (चित्र-1.1)।

चित्र 1.1: परिवर्तनीय दर तकनीक का स्वचालित ट्रेक्टर द्वारा उपयोग

1.3.4.1 परिवर्तनीय दर तकनीक के अनुप्रयोग एवं लाभ

परिवर्तनीय दर तकनीक के अंतर्गत कृषि आदानों का प्रयोग फसल प्रक्षेत्रों के एकत्रित स्थानिक विविधता के आंकड़े तथा इन आंकड़ों के आधार पर विभिन्न प्रणालियों की सहायता से लिए गए निर्णय के आधार पर किया जाता है जैसे किस उर्वरक अथवा कीटनाशक का प्रयोग किया जाय। परिवर्तन दर अनुप्रयोग प्रौद्योगिकी प्रणालियों द्वारा किए गए निर्णय यह निर्धारित करते हैं कि कौन सी सामग्री भूमि पर लागू की जानी चाहिए। परिवर्तनीय दर तकनीक से उर्वरक जैसे पोटास का प्रयोग एव दर तो निर्धारित होता है परन्तु पोटाश की आपूर्ति किस के द्वारा होना है इसका निर्धारण मानव द्वारा किया जाता है।

सटीक कृषि में परिवर्तनीय दर तकनीक का प्रयोग कई अन्य क्षेत्रों पर में भी होता है, जैसे अन्य रसायनों के प्रयोग, बीजारोपण, खरपतवार, रोगग्रस्त और कीट प्रभावित फसलों की पहचान के लिए हैं। परिवर्तनीय दर तकनीक से कृषि प्रक्रिया के अनेक आदानों को स्वचालित रूप से स्थानिक विभिन्ता के आधार पर करने में मदद कर सकता है। जितना अधिक स्वचालन और परिशुद्धता से आदानों का प्रयोग किया जायेगा, उतना अधिक आदानों को दक्षता बढ़ेगी तथा धन की बचत तथा पर्यावरण का प्रदुष्ण कम होगा। परिवर्तनीय दर तकनीक के विभिन्न आर्थिक लाभों पर नीचे प्रकाश डाला गया है।

(i) उर्वरक और रसायन की बचत: एक अध्ययन के आधार पर (इलिनोइस विश्वविद्यालय),

किसान नाइट्रोजन उर्वरक प्रयोग में परिवर्तनीय दर तकनीक के उपयोग से प्रति एकड़ लगभग 5 अमरीकी डालर बचा रहे हैं।

(ii) **फसलों के उपज में वृद्धि:** फसल की वास्तविक जरूरतों और खेतों की परिवर्तनशीलता के आधार पर अधिक कुशल उर्वरकों तथा कीटनाशक के छिड़काव के कारण फसल के उपज में अपेक्षित वृद्धि होती है।

(iii) **पर्यावरण संरक्षण:** रसायनों के अधिक प्रयोग और छिड़काव की जगह विविधता के अनुसार इनके प्रयोग के कारण पर्यावरण संरक्षण में मदद मिलती है।

1.4 भारतीय कृषि के सन्दर्भ में सटीक कृषि की उपयोगिता

विगत दशकों से कृषि में बढ़ती लागत तथा वातावरणीय प्रदुषण के कारण संसाधनों की न्यायोचित उपयोगिता पर बल दिया जाने लगा है। मृदा, मौसम आदि की स्थानिक और सामयिक विविधता के कारण कृषि में आदान उपयोग क्षमता (इनपुट यूज इफिशिएंसी) बढ़ाने के लिए विविधता अनुसार इसकी उपयोगिता की चर्चा होती रही है। विश्व के विकसित देशों में तकनीकों के प्रयोग से यह संभव तो हुआ है, परन्तु विकासशील देशों में अभी भी इसकी उपयोगिता शैशवावस्था में ही है। परंपरागत रूप से आदानों का उपयोग विविधता के सही आंकलन के आभाव में औसत के आधार पर किया जाता रहा है, परन्तु आवश्यकता से अधिक संसाधन का उपयोग एक ओर जहाँ फसलोत्पादन की लागत को बढाता है; वही पर्यावरणीय नुक्सान का भी कारण बनता है। अत: वर्तमान में कृषि में भू-सूचना प्रणाली तथा सटीक कृषि के प्रयोग का हवाला दिया जाने लगा है। इन तकनीकों के प्रयोग से हम स्थानिक तथा सामयिक विविधताओं के आंकलन के साथ साथ उनका विश्लेषण कर आदानों एवं संसाधनों का न्यायोचित उपयोग कर पाने में सक्षम हुए है। सुदूर संवेदन, भौगोलिक सूचना प्रणाली, भूमंडलीय स्थानिक प्रणाली, मशीनीकरण, नैनोंतकनीकी, उच्च गुणवत्ता युक्त संवेदकों से विविधताओं के आंकड़ों का विश्लेषण के साथ साथ विभिन्न माडलों की सहायता से फसल प्रबंधन की निर्णायक क्षमता लेने में कृषकों और इससे जुड़े अन्य साझेदारों को सुविधा होती है॰ खेत के सटीक स्थान पर सटीक खुराक स्वचालित रूप से डालने की प्रकिया ही सटीक खेती है और दुनिया के उच्च विकसित भागों में बड़े किसानों के लिए सटीक खेती का करना इन तकनीकों के इस्तेमाल से संभव हो सका है। इससे स्पष्ट है कि सटीक खेती, नई तकनीक और मशीनीकरण के उपयोग से दुनिया के किसी भी कोने में संभव है।

सामान्यत: ऐसी अवधारणा है कि सटीक कृषि विशेष रूप से भारत में, जहां किसान गरीब हैं और भूमि जोत का आकार छोटा है तथा खेती मूल रूप से जीविकोपार्जन मात्र का साधन है, ऐसी स्थिति के लिए उपयुक्त नहीं है बल्कि सटीक कृषि की प्रणाली केवल विकासशील देशों के लिए ही प्रासंगिक है, परन्तु यह बात सच्चाई से बहुत दूर है क्योंकि भारत जैसे विकासशील देशों में कृषि उत्पादन में सुधार के लिए सटीक कृषि में बड़ी संभावनाएं है। भारत जैसे देश में भी जहाँ मिट्टी व फसल की विविधता सबसे ज्यादा है और मांग के अनुसार अधिक उत्पादन की आवश्यकताओं के साथ संसाधन अनुप्रयोग और सस्य कार्यिकी प्रथाओं के मिलान कर इस प्रणाली का उपयोग अपरिहार्य है। साथ ही साथ सटीक कृषि का भारत देश के अनेक शासकीय एवं निजी संस्थानों में

प्रयोग हो रहा है। इसके कुछ प्रमुख उदाहरण निम्न है।

(i) शासकीय संस्थान: कृषि में बढ़ते तकनीकी एवं मशीनीकरण से जहाँ समय के साथ सटीक कृषि की उपयोगिता बढी है, परन्तु इस मॉडल के ओर ज्यादा इस्तेमाल के लिए किसानों का सशक्तिकरण जरूरी ही नहीं आवश्यक भी है। विशेष रूप से छोटे और सीमांत किसानों को एकीकृत और वित्तीय सहायता प्रदान किये बिना इसकी उपयोगिता सीमित रह सकती है। कुछ भारतीय अनुसंधान संस्थान जैसे कि स्पेस एप्लीकेशन सेंटर (ISRO), M.S. स्वामीनाथन रिसर्च फाउंडेशन, चेन्नई, भारतीय कृषि अनुसन्धान संसथान, नई दिल्ली, और क्रॉपिंग सिस्टम रिसर्च, मोदीपुरम के परियोजना संचालनालय ने इस दिशा में काम करना शुरू कर दिया था और जल्द ही यह भारतीय किसानों को गुणवत्ता पर समझौता किए बिना सीमांत प्रौद्योगिकियों के फल देने में मदद करेगा।

(ii) निजी संस्थान: उपग्रहों और आईटी के नए युग में शासकीय संस्थान के अलावे निजी संस्थान ने सटीक खेती को ग्रामीण भारत में अपना कर इसकी उपयोगिता सिद्ध कर दी है। टाटा किसान केन्द्र के द्वारा कई राज्यों में सटीक खेती करवाई जा रही है। इसके अंतर्गत कम्पनी किसानों के लिए मिट्टी का विश्लेषण करने के लिए सुदूर संवेदी तकनीक का उपयोग करती हैं। इसके अतिरिक्त कम्पनी फसल के स्वास्थ्य, कीट के हमलों और विभिन्न फसलों पर होने वाले प्रभाव के बारे में किसानों को सूचित करती हैं। यह किसानों को बदलती परिस्थितियों में जल्दी से अनुकूल बनाने में मदद करता है। परिणामत: स्वास्थ्यवर्धक फसलें, उच्च पैदावार और किसानों के लिए आय में वृद्धि प्राप्त होती है।

पाठ-मूल्यांकन

I. रिक्त स्थान भरें

1. सटीक कृषि में स्थानिक आंकड़ों के एकत्रीकरण हेतु ....का उपयोग होता है।
2. भू-मंडलीय स्थानिक प्रणाली (GPS) के द्वारा किसी स्थान की सटीक जानकारी प्राप्त करने हेतु ....का प्रयोग किया जाता है।
3. भौगोलिक सूचना प्रणाली (GIS) में आंकडें संगृहीत, विश्लेषित और ....किया जाता है।
4. स्वचालित मशीनें सटीक कृषि का एक ....है।
5. ग्रीन सीकर यन्त्र का उपयोग ....हेतु किया जाता है।

II. सत्य अथवा असत्य बताएं

1. सटीक कृषि की अवधारणा को कृषि में संसाधनों के न्यायोचित उपयोग हेतु किया जाता है।
2. सुदूर संवेदन प्रणाली से फसलों की विभिन्न वानस्पतिक अवस्थाओं को ज्ञात करना संभव नहीं है।
3. समीपवर्ती सेन्सर्स सटीक कृषि का एक कारक नहीं है।

4. सुदूर संवेदन तकनीक में किसी वस्तु से परावर्तित उर्जा का मापन किया जाता है।
5. हार्डवेयर भौगोलिक सूचना प्रणाली का एक अवयव नहीं है।

III. लघु उत्तरीय प्रश्न

1. सटीक कृषि की अवधारणा क्या है?
2. परिवर्तनीय दर तकनीक से आप क्या समझते है?
3. भौगोलिक सूचना प्रणाली के विभिन्न अवयवों का उल्लेख करें।
4. भू-मंडलीय स्थानिक प्रणाली की कार्यप्रणाली का वर्णन करें।
5. विद्युत्-चुम्बकीय तरंगों से क्या अभिप्राय है ?
6. परिवर्तनीय दर तकनीक के विभिन्न आर्थिक लाभों को लिखिए।

IV. टिपण्णी करें

1. कृषि में भौगोलिक सूचना तंत्र का महत्व
2. परिवर्तनीय दर तकनीक

V. दीर्घ उत्तरीय प्रश्न

1. भारतीय कृषि के परिदृश्य में सटीक कृषि की विवेचना करें।
2. सटीक कृषि में प्रयुक्त साधन एवं तकनीकों का विस्तार से व्याख्या करें।

अध्याय

2

विकिरण तथा इसके मूलभूत सिद्धांत

अध्ययन उद्देश्य

- प्रस्तुत अध्याय सौर विकिरण के मूलभूत सिद्धांतों को रेखांकित करते हुए इसके विभिन्न अवयवों को परिभाषित करता है।
- इस अध्याय में तरंग तथा दोलन द्वारा ऊर्जा हस्तांतरण के बारे में विस्तृत रूप से बताया गया है।
- अध्याय में विकिरण के विभिन्न प्रकारों की व्याख्या की गई है।
- विकिरण के महत्वपूर्ण नियमों का गणितीय समीकरणों सहित प्रस्तुतीकरण सरल तरीके से किया गया है।
- यह अध्याय विद्युत चुम्बकीय विकिरण की विशेषताएं इंगित कर सुदूर संवेदी प्रणाली में इनके उपयोग की विस्तृत व्याख्या करता है।

विकिरण तरंगों के रूप में किसी माध्यम से (अंतरिक्ष या भौतिक माध्यम से) ऊर्जा का उत्सर्जन या संचरण है। इसमें विद्युत चुम्बकीय विकिरण, जैसे कि रेडियो तरंगें, माइक्रोवेव, अवरक्त, दृश्य प्रकाश, पराबैंगनी, एक्स-रे, और गामा विकिरण शामिल हैं। सामान्यतः विकिरण द्वारा उर्जा स्थानान्तरण के माध्यम से दूरस्थ वस्तुओं का गुणधर्म ज्ञात कर पाना संभव है। बिना किसी भौतिक माध्यम के उर्जा स्थानान्तरण की इस विधि का उपयोग मानव जाति को कई प्रकार की सुविधाएँ पहुंचाने के लिए किया जाता है। वर्तमान में विकिरण द्वारा उर्जा स्थानान्तरण का दोहन एवं अनुप्रयोग कृषि, चिकित्सा, अंतरिक्ष अन्वेषण, भूविज्ञान व खनन सहित कई अन्य क्षेत्रों में हो रहा हैं।

2.1 तरंग

कंपन और तरंगें अत्यंत महत्वपूर्ण प्राकृतिक घटनाएं हैं। परमाणुओं की दोलन से लेकर समुद्र की लहरों के बड़े दोलनों तक, लगभग हर भौतिक प्रणाली में कंपन के उदाहरण पाए जाते हैं। भौतिक विज्ञान में एक तरंग को एक अशांति या दोलन के रूप में जाना जा सकता है जो ऊर्जा के हस्तांतरण के लिए अंतरिक्ष-समय के माध्यम से यात्रा करता है।

एक तरंग को अपने दोलन की दिशा के आधार पर अनुप्रस्थ या अनुदैर्ध्य के रूप में बाँटा जा सकता है। अनुप्रस्थ तरंगें तब होती हैं जब एक हलचल जनित दोलनों की दिशा प्रसार के दिशा के लम्बवत होती है तथा अनुदैर्ध्य तरंगें तब होती हैं जब दोलन प्रसार की दिशा के समानांतर होते हैं, जबकि यांत्रिक तरंगें अनुप्रस्थ और अनुदैर्ध्य दोनों हो सकती हैं, सभी विद्युत चुम्बकीय तरंगें अनुप्रस्थ हैं। यदि कोई अनुप्रस्थ तरंग धनातमक x-दिशा में बढ़ रही है, तो इसके दोलन ऊपर और नीचे की

दिशाओं में होते हैं, जो y-z तल में स्थित होते हैं। प्रकाश एक अनुप्रस्थ तरंग का एक उदाहरण है। उदाहरण के लिए, ध्वनि एक अनुदैर्ध्य लहर है। जब कोई तरंग माध्यम से यात्रा करती है - यानी, हवा, पानी, इत्यादि, या मानक संदर्भ माध्यम निर्वात (वैक्यूम) - तो यह एक निश्चित गति से ऐसा करती है। इसे प्रसार की गति कहा जाता है।

लहर का प्रसार जिस गति से होता है, उसे निम्न सूत्र का उपयोग करके दर्शाया जा सकता है:

$$v = f\lambda$$

जहां "v" तरंग की गति है, "f" आवृत्ति है, और "λ" तरंग दैर्ध्य है।

तरंग दैर्ध्य शीर्ष से शीर्ष के बीच की दूरी है, जबकि आयाम शीर्ष से गर्त की कुल दूरी का 1/2 है।

अनुप्रस्थ तरंगों का कई क्षेत्रों में अनुप्रयोग होता हैं इसमें विद्युत चुम्बकीय तरंगों में विद्युत (ई) और चुंबकीय (एम) क्षेत्रों के, जो दोनों एक दूसरे परस्पर लम्बवत दोलन करते हुए ऊर्जा का हस्तांतरण करते हैं (चित्र 2.1)। इस प्रकार विद्युत चुम्बकीय तरंगें दो अनुप्रस्थ तरंगों को समाहित करती है।

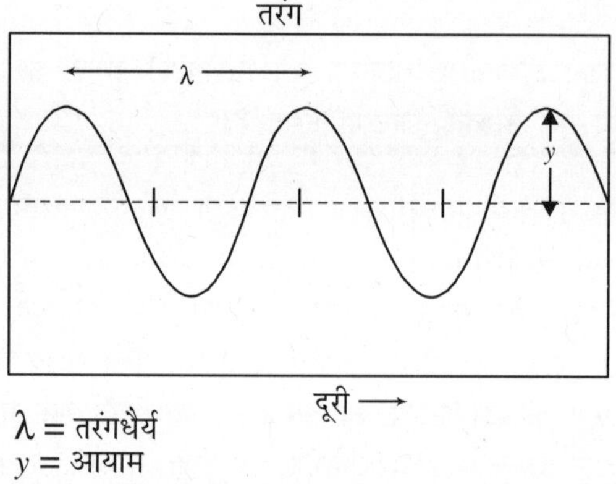

चित्र 2.1: तरंग की तरंगधैर्य तथा आयाम की दूरी

2.2 तरंगों की विशेषता

तरंगों में आयाम और आवृत्ति जैसे कुछ विशिष्ट गुण होते हैं। तरंग दैर्ध्य शीर्ष से शीर्ष के बीच या गर्त से गर्त के बीच की दूरी होती है। तरंग दैर्ध्य को ग्रीक के वर्णमाला λ द्वारा निरूपित करते हैं।

एक तरंग की आवृत्ति प्रति इकाई समय में चक्रो की संख्या है, जो प्रति इकाई समय में एक निश्चित बिंदु से गुजरती हैं। गणितीय रूप से, हम इसे निम्न प्रकार के समीकरण से दर्शाते है।

$$f = 1T$$

यहां "T" दोलन की अवधि है। आवृत्ति और तरंग दैर्ध्य भी एक लहर की ''गति'' से संबंधित होता है। इसे निम्नांकित समीकरण से दर्शाते है।

$$v = f\lambda$$

यहां "v" तरंग की गति है तथा "f" आवृत्ति, और "λ" तरंग दैर्ध्य है।

उच्च आवृत्तियों वाली विद्युत चुम्बकीय तरंगें अधिक ऊर्जा प्रदर्शित करती हैं। जिससे पता चलता है कि उच्च आवृत्तियों का वेग अधिक होता है। यदि तरंगें का वेग बढ़ाया जाता है, तो अधिक गति के कारण एक बड़ा बल लगता है। विद्युत चुम्बकीय ऊर्जा को इसके वेग, तरंग दैर्ध्य और आवृत्ति के संदर्भ में वर्णित किया जा सकता है।

आवृत्ति (बारम्बारता) "f" एक निश्चित बिंदु प्रति इकाई समय गुजरने वाली तरंगों की संख्या है। इसे हट्र्ज (हट्र्ज) में व्यक्त किया गया है।

$$c = \lambda f$$

अर्थात तरंगदैर्ध्य और आवृत्ति व्युत्क्रम से संबंधित हैं क्योंकि "c" एक स्थिर है। कम तरंग दैर्ध्य की तुलना में लंबे तरंगदैर्ध्य की आवृत्ति कम होती है।

सभी विद्युत चुम्बकीय तरंगें प्रकाश की गति से जाती हैं, ब, जो लगभग 3×10^8 मीटर / सेकंड के बराबर है। सुदूर संवेदन में आमतौर पर इस्तेमाल होने वाली तरंग दैर्ध्य बहुत छोटी होती हैं। यह सामान्य रूप से माइक्रोमीटर (माइक्रोन) में व्यक्त किया जाता है। 1 माइक्रोन 1×10^{-6} मीटर के बराबर है।

अंत में, एक तरंग का समूह वेग, वह वेग है जिसके साथ तरंगों के आयाम का समग्र आकार - जिसे लहर के मॉड्यूलेशन या लिफाफे के रूप में जाना जाता है तथा यह अंतरिक्ष में बिना किसी माध्यम से प्रवाहित होता है। इस प्रकार इसका समग्र आकार (लिफाफा) दाईं ओर प्रवाहित होता है, जबकि अवस्था का वेग नकारात्मक की ओर होता है (चित्र 2.2)।

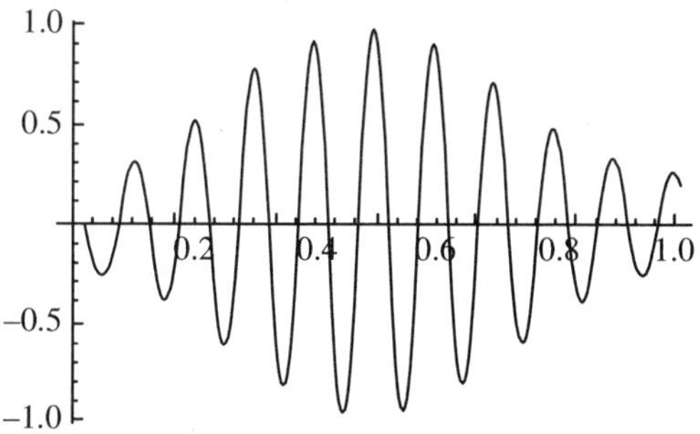

चित्र 2.2: विभिन्न दिशाओं में जाने वाले समूह के वेग और चरण वेग

2.3 ऊर्जा

किसी वस्तु की कार्य करने की क्षमता को उसकी "ऊर्जा" कहते है उदाहरण के लिए बंदूक से छोडी गई गोली लक्ष्य से टकराकर विस्थापन उत्पन करती है, कार्य की भाँति ही ऊर्जा एक अदिश राशि है और इसका मात्रक जूल हैं।

2.3.1 यांत्रिक ऊर्जा

जब कोई वस्तु किसी अन्य वस्तु पर कार्य करती है तो कार्य करने वाली वस्तु की ऊर्जा खर्च होती है और जिस पर कार्य किया जाता है उस की ऊर्जा बढ़ जाती है तथा किया गया कार्य स्थानांतरित ऊर्जा तथा कार्य द्वारा प्राप्त यांत्रिक ऊर्जा कहलाती है।

2.3.2 गतिज ऊर्जा तथा स्थितिक ऊर्जा

(i) **गतिज ऊर्जा:** किसी वस्तु में उसकी गति के कारण जो ऊर्जा आती है उसे गतिज ऊर्जा कहते है जैसे-बन्दूक की गोली में उर्जा उसकी गति के कारण होती है। गतिज ऊर्जा सदैव घनात्मक होती है जैसे बंदूक से छोडी गयी गोली,धनुष से छोडा गया तीर, गतिमान हथौडा, गिरती हुई वर्षा की बूँदे, आदि गतिज ऊर्जा के उदाहरण है।

(ii) **स्थितिज ऊर्जा:** जब किसी वस्तु में विशेष अवस्था के कारण कार्य करने की क्षमता आ जाती है तो वह स्थितिज ऊर्जा कहलाती है जैसे- बाँध में ऊँचाई पर जल एकत्रित किया जाता है जिसे स्थितिज ऊर्जा आ जाती है और जब यह जल नीचे टरबाइन पर गिराया जाता है तो यहा ऊर्जा टरबाइन के पहिए को घुमाती है और विधुत उत्पन्न होती है इस प्रकार बाँध की ऊँचाई पर स्थितिज ऊर्जा विधुत ऊर्जा में बदल जाती है।

किसी भी वस्तु में स्थितिज ऊर्जा निम्न रूपों में निहित होती है, जो इस प्रकार है जैसे, गुरुत्वीय स्थितिज ऊर्जा जब भारी हथौडे को ऊँचाई से गिराया जाये तो हथौडे में कार्य करने की जो क्षमता आती है, वो उसकी पृथ्वी तल से ऊँचाई के कारण आती है।

2.4 ऊर्जा संरक्षण का सिध्दांत

ऊर्जा को न तो उत्पन्न किया जा सकता है और ना ही नष्ट किया जा सकता है केवल एक रूप से दूसरे रूप में परिवर्तित किया जा सकता है। सुदूर संवेदी तकनीकों में, वस्तुओं द्वारा उत्सर्जित / परावर्तित विद्युत चुम्बकीय विकिरण दूर स्थित संवेदक (सेन्सर्स) में दर्ज किए जाते हैं और इन सूचनाओं का विश्लेषण वस्तुओं की विशेषताओं की व्याख्या करने के लिए किया जाता है। संवेदक द्वारा प्राप्त सूचनाएं विकिरण के स्रोत की विशेषताओं, वस्तुओं की विशेषताओं तथा वायुमंडल के विकिरणों के अन्तःप्रभाव (इंटरैक्शन) पर निर्भर करती हैं। पृथ्वी की सुदूर संवेदन में प्रयुक्त ऊर्जा सूर्य से प्राप्त होती है। जब सौर ऊर्जा किसी वस्तु या वायुमंडल / जलमंडल के अणुओं पर पड़ती है, तो कई प्रकार का अन्तःप्रभाव की संभावना बनती है। किसी वस्तु पर प्रकाशकीय विकिरण पड़ने पर वस्तु के द्वारा विकिरण को स्थानांतरित, अपवर्तित, अवशोषित, परावर्तित अथवा विखरित कर दिया जाता है। यह क्रिया वस्तु की प्रकृति, संरचना तथा तापमान से प्रभावित होता है। सुदूर संवेदी तकनीकों में प्रकाशकीय विकिरण तथा वायुमंडल के विकिरणों पर अन्तः प्रभाव की प्रमुख भूमिका होती है। अतः सुदूर संवेदी तकनीकों के व्यवहारिक अनुप्रयोगों को समझने के लिए प्रकाशकीय विकिरणों के प्रमुख गुणधर्मों से परिचित होना प्रासंगिक है।

2.4.1 ऊर्जा का परिवहन

लहरों के लिए ऊर्जा परिवहन आवश्यक है। तरंगें ऊर्जा को स्थानांतरित करती हैं जिसका उपयोग काम करने के लिए किया जा सकता है। तरंगें प्रसार की दिशा के रूप में परिभाषित अक्ष के साथ

ऊर्जा प्रवाहित करती हैं। चूंकि काम समय के साथ किया जाता है और लहर के द्वारा ली गई ऊर्जा का उपयोग शक्ति उत्पन्न करने के लिए किया जा सकता है। इसी तरह हम पाते हैं कि विद्युत चुम्बकीय तरंगें ऊर्जा ले जाती हैं। इलेक्ट्रोमैग्नेटिक रेडिएशन (EMR) ऊर्जा को प्रवाहित करती है - जिसे कभी-कभी विकिरण (रेडियंट) की ऊर्जा कहा जाता है - जो अंतरिक्ष में अपने स्रोत से दूर होती है।

विद्युत चुम्बकीय तरंगों की कल्पना विद्युत और चुंबकीय क्षेत्रों की स्व-चालित अनुप्रस्थ दोलन तरंगों के रूप में की जा सकती है (चित्र 2.3)। EMR दोनों प्रकार की मोमेंटम और कोणीय मोमेंटम दोनों को प्रवाहित करती है।

विद्युत और चुंबकीय विकिरण अन्य प्रकार की ऊर्जा से उत्पन्न होता है, और इसे नष्ट होने पर अन्य प्रकार की ऊर्जा में परिवर्तित किया जाता है। फोटॉन विद्युत चुम्बकीय प्रतिक्रिया की मात्रा है, और विद्युत और चुंबकीय विकिरण के सभी रूपों का मूल 'इकाई' या घटक है।उच्च आवृत्तियों पर प्रकाश की क्वांटम प्रकृति अधिक स्पष्ट हो जाती है। इस तरह के प्रकाश के फोटॉन के गुण अधिक आवृत्ति पर फोटॉन की तुलना में कणों की तरह अधिक व्यवहार करते हैं।

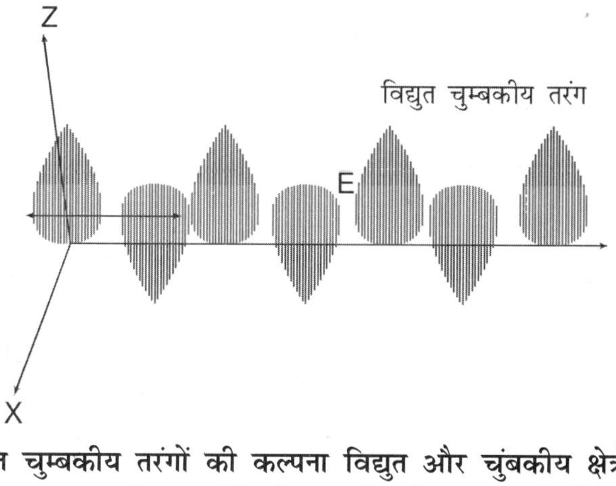

चित्र 2.3: विद्युत चुम्बकीय तरंगों की कल्पना विद्युत और चुंबकीय क्षेत्रों की स्व-प्रसार अनुप्रस्थ दोलन तरंगों के रूप में की जा सकती है।

2.4.2 विद्युत चुम्बकीय उर्जा

प्रत्येक वस्तु जिसका तापमान -256 केल्विन से अधिक हो वह वस्तु अपने नियत तापमान पर एक निश्चित तरंगधैर्य की विद्युत चुम्बकीय ऊर्जा उत्सर्जित करती है। यह विद्युत चुम्बकीय ऊर्जा वस्तु के तापमान, भौतिक व रासायनिक संरचनाओं से प्रत्यक्षतः प्रभावित होता है। प्रत्येक प्राकृतिक वस्तु चाहे वह सजीव हो अथवा निर्जीव, विभिन्न प्रकार की तरंगधैर्यों की विद्युत चुम्बकीय ऊर्जा उत्सर्जित करती है। इसमें पृथ्वी और सूर्य के द्वारा उत्सर्जित विकिरण भी शामिल है। सूर्य द्वारा उत्सर्जित प्रकाशकीय विकिरण में समस्त प्रकार के तरंगधैर्यों का सम्मिश्रण होता है और ये तरंगे एक हार्मोनिक साईनोसॉइडल तरंग के पैटर्न में प्रकाश के वेग से गति करती है।

विद्युत चुम्बकीय ऊर्जा में विद्युत और चुंबकीय दोनों घटक होते हैं जो एक दूसरे के लिए लंबवत होते हैं और ऊर्जा प्रसार की दिशा में भी लंबवत होते हैं (चित्र 2.4)।

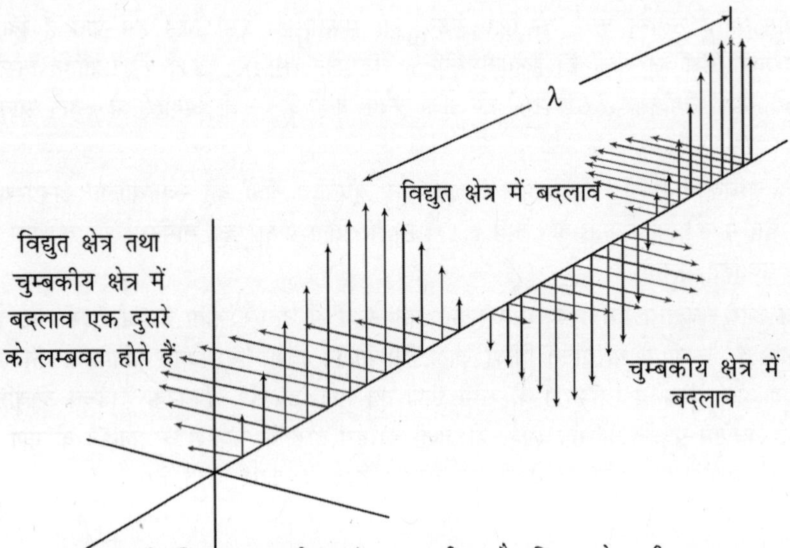

एकल आवृत्ति विद्युत चुम्बकीय तरंग, चुम्बकीय और विद्युत क्षेत्र की एक साइनोसाइडल बदलाव के द्वारा प्रदर्शित होता है।

चित्र 2.4: चुंबकीय और विद्युत क्षेत्र का साइनोसाइडल बदलाव

विद्युत चुम्बकीय ऊर्जा के सतत वितरण को तरंगधैर्य (या आवृत्ति) के कार्य के रूप में प्रदर्शित किया जा सकता है जिसे विद्युत चुम्बकीय विकिरण (EMR) स्पेक्ट्रम के रूप में जाना जाता है (चित्र 2.5)।

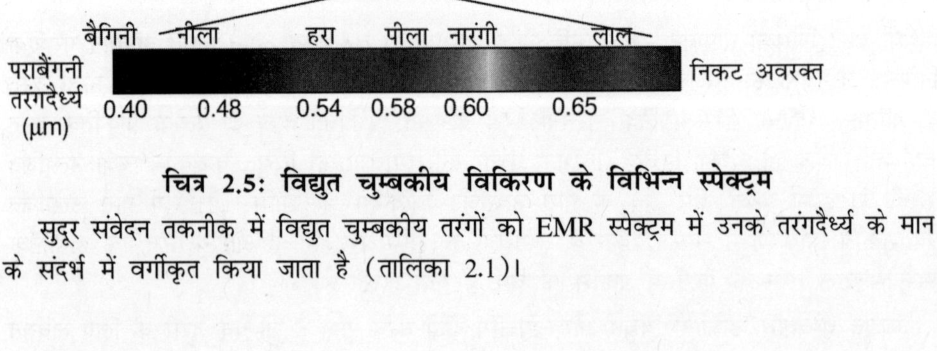

चित्र 2.5: विद्युत चुम्बकीय विकिरण के विभिन्न स्पेक्ट्रम

सुदूर संवेदन तकनीक में विद्युत चुम्बकीय तरंगों को EMR स्पेक्ट्रम में उनके तरंगदैर्ध्य के मान के संदर्भ में वर्गीकृत किया जाता है (तालिका 2.1)।

तालिका 2.1: विद्युत चुम्बकीय विकिरण स्पेक्ट्रम

किरणें	तरंगदैर्ध्य (μm)	टिप्पणी
गामा किरणें (Gamma rays)	$<3 \times 10^{-5}$	सूर्य से आने वाले विकिरण को वायुमंडल द्वारा अवशोषित किया जाता है अत: ये किरणें सुदूर संवेदन के लिए उपलब्ध नहीं होती है।
एक्स-रे (X-ray)	3×10^{-5}–3×10^{-3}	वायुमंडल द्वारा अवशोषित किये जाने से ये किरणें सुदूर संवेदन के लिए उपलब्ध नहीं है।
पराबैंगिनी किरणें (Ultraviolet (UV) rays)	0.03 - 0.4	ऊपरी वायुमंडल में ओजोन परत द्वारा 0.3 से कम तरंगदैर्ध्य को अवशोषित किया जाता है। 0.3 - 0.4μm के बीच की तरंगदैर्ध्य को ''फोटोग्राफिक यूवी बैंड'' के रूप में जाना जाता है।
दृश्य किरणें (Visible rays)	0.4 - 0.7	मानव आंख इन किरणों के प्रति संवेदनशील है। फिल्म और फोटो डीटेक्टर्स के साथ इन किरणों का पता लगाया जा सकता है ।
अवरक्त किरणें (Infrared (IR) rays)	0.7 - 100	सामान्य तापमान पर वस्तुओं द्वारा उत्सर्जित थर्मल विकिरण का अधिकांश भाग इन्फ्रारेड होता है। प्राय: इन्फ्रारेड किरणों का अधिकतम संचरण वायुमंडल में होता है। 0.7 से 0.9 μm के बीच के हिस्से को फोटोग्राफिक प्लेट के माध्यम से देखा जा सकता है इसलिए इसे फोटोग्राफिक आईआर बैंड कहा जाता है।
सूक्ष्म तरंगे (Microwaves)	103 – 106	इन तरंगो का तरंगदैर्ध्य लगभग एक मीटर से लेकर एक मिलीमीटर तक होता है, इनके माध्यम से सुदूर संवेदन संभव है। राडार इसी रेंज में तरंगदैर्ध्य का उपयोग करता है।
रेडिओ तरंगें (Radio waves)	> 106	सबसे लंबी तरंगदैर्ध्य वाली किरणें है। कुछ राडार द्वारा रिमोट सेंसिंग के लिए इन किरणों का उपयोग किया जाता है।

2.4.3 विद्युत चुम्बकीय विकिरण की विशेषताएं

(i) यह एक अनुप्रस्थ तरंग (transverse wave) है। (जबकि ध्वनि एक अनुदैर्घ्य यांत्रिक तरंग है।)

(ii) इसका अस्तित्व विद्युत क्षेत्र एवं चुंबकीय क्षेत्र के दोलन के कारण होता है।

(iii) इसके संचरण के लिये किसी माध्यम का होना आवश्यक नहीं है। यह शून्य या निर्वात में भी चल सकता है। (जबकि ध्वनि के लिये माध्यम आवश्यक है।)

(iv) इसमें विद्युत क्षेत्र एवं चुंबकीय क्षेत्र परस्पर लम्बवत दोलन करते हैं; तथा विद्युत चुंबकीय तरंग के संचरण की दिशा विद्युत एवं चुंबकीय क्षेत्र के लम्बवत होती है।

(v) शून्य या निर्वात में प्रकाश का वेग लगभग 3 लाख किमी/से (299,800 किमी/सेकेण्ड) होता है जो एक नियतांक है। कोई भी वस्तु इससे अधिक वेग से गति नहीं कर सकती।

(vi) मानव की आँखें, विद्युतचुंबकीय विकिरण के जिस भाग के प्रति संवेदनशील होती हैं उसे दृष्य प्रकाश (visible light) कहा जाता है। दृष्य प्रकाश की तरंगदैर्घ्य (wave length) 4000 एंगस्ट्राम से 8000 एंगस्ट्राम तक होती है। विद्युत और चुंबकत्व दोनो ही विद्युत चुंबकीय प्रभाव हैं।

(vii) विद्युत चुंबकीय विकिरण में ऊर्जा एवं संवेग (momentum) भी होते हैं। जब ये तरंगे किसी पदार्थ से अनुक्रिया (इन्टरैक्शन) करती हैं तो पदार्थ के अणुओं (परमाणुओं या एलेक्ट्रान) को यह उर्जा और संवेग प्रदान करती हैं।

(viii) विद्युत चुम्बकीय विकिरण के दृष्य प्रकाश के अतिरिक्त अन्य विकिरणों का उपयोग कुछ ही दशकों से आरम्भ हुआ है। मानव जब भी किसी नये विकिरण का पता लगाता है, सभ्यता में एक क्रान्ति आ जाती है।

विद्युतचुंबकीय विकिरण का वर्गीकरण आवृत्ति के आधार पर होता है, क्योंकि आवृति के आधार पर इनके कुछ गुण प्रभावित होते हैं। आवृति के आधार पर निम्न प्रकार के वर्ग होते हैं–

- रेडियो तरंग
- अतिसूक्ष्म तरंग
- टैरा हट्र्ज विकिरण
- अधोरक्त विकिरण
- प्रत्यक्ष प्रकाश
- पराबैंगनी विकिरण
- एक्स किरण
- गामा किरण

2.5 ऊर्जा का स्थानांतरण

यदि किसी प्रणाली में तापमान में अंतर होता है, तो गर्मी स्वाभाविक रूप से उच्च से निम्न तापमान की ओर चली जाएगी। जिस स्थान पर आप उच्च तापमान पाते हैं, वह ऊष्मा स्रोत है। जिस क्षेत्र

में तापमान कम होता है वह ऊष्मा का ग्रहण (हीट सिंक) है। ढाल दूरी विभिन्न तापमान द्वारा एक उत्पन्न परिवर्तन दर है ,जिसकी इकाई प्रति सेंटीमीटर प्रति डिग्री होती हैं। ढाल दूरी (ग्रेडिएंट) जितना अधिक होगा, उतनी ही अधिक ऊर्जा का आदान–प्रदान होगा। ऊर्जा हस्तांतरण की तीन विधियाँ हैं: चालन, संवहन और विकिरण।

2.5.1 चालन

चालन एक ऐसी स्थिति है जहां गर्मी स्रोत और गर्मी सिंक मामले से जुड़े होते हैं। स्रोत और सिंक जुड़े हुए होते है। ऊष्मीय ऊर्जा को ठोस पदार्थों में चालन द्वारा स्थानांतरित किया जा सकता है। ठोस पदार्थों के कणों में कंपन के द्वारा गर्म सिरे से ठंडे सिरे तक किसी वस्तु के माध्यम से पहुचाया जाता है।गर्म कण बहुत अधिक कंपन करते हैं जिसके कारण उनके बगल के कण भी कंपन करते हैं और ऊष्मा ऊर्जा भी प्राप्त करते हैं। ठोस पदार्थ उष्मा के संवाहक होते हैं क्योंकि उनके कण एकदम एक दूसरे से आबाद होते है। उदाहरण के लिए यदि आप एक आइसक्रीम शीर्ष को छूते हैं, तो आइसक्रीम गर्म हो जाती है क्योंकि आपका शरीर आइसक्रीम के तुलना में गर्म होता हो।

2.5.2 संवहन

तरल पदार्थ, (जो गैस और तरल अवस्था दोनों ही) संवहन द्वारा ऊर्जा को स्थानांतरित करते हैं। संवहन वह तरीका है, जब 'पदार्थ के एक भाग का संचलन' होता है, तो गर्मी एक क्षेत्र से दूसरे क्षेत्र में स्थानांतरित हो जाती है। यह पदार्थ मात्रा में सामग्री की गति है, जो एक क्षेत्र से गर्मी लेती है और इसे दूसरे में भेजती है। गर्म हवा बढ़ जाती है और ठंडी हवा इसकी जगह ले लेती है और वस्तु का तापमान बढ़ जाती है। यह वस्तुओं की गति से गर्मी का स्थानांतरण करती है। जैसे वातावरण में गर्म हवा उपर जाने पर कम तापमान के कारण ऊर्जा मुक्त करती है और ठंडी हो जाती है।

2.5.3 विकिरण

जब ऊर्जा का स्थानांतरण विकिरण द्वारा होता है, तो कोई प्रवाहकीय माध्यम की आवश्यकता नहीं होता है। विकिरण उपरोक्त दो प्रक्रियाओं से अलग है क्योंकि इसमें ऊर्जा के हस्तांतरण में माध्यम की आवश्यकता नहीं होती है।विकिरण के कारण ही हम पृथ्वी पर सूरज से गर्मी महसूस करते हैं, क्योंकि तरंगें अंतरिक्ष के निर्वात से गुजर कर आती हैं जहां कोई माध्यम नहीं होता हैं। विकिरण विद्युत चुम्बकीय तरंगों द्वारा प्रवाहित की जाने वाली ऊर्जा है। वे तरंगें रेडियो तरंगें, अवरक्त, दृश्यमान प्रकाश, यूवी या गामा किरणें हो सकती हैं।

2.6 सौर विकिरण (Solar radiation)

सौर विकिरणों का जीव और वनस्पतियों पर प्रभाव और व्यवहार्यता के कारण इसका अध्धयन अति महत्वपूर्ण है। पृथ्वी की सतह पर विभिन्न विशेषताओं को प्रकाशित करने वाला ऊर्जा का प्राथमिक स्रोत सूर्य है। सौर विकिरण सूर्य के प्रकाशमय तापमान (5,600° C के पास शिखर) द्वारा निर्धारित तरंग दैर्ध्य पर पृथ्वी पर आता है।

सूर्य द्वारा उत्सर्जित विद्युत चुम्बकीय विकिरण तरंगदैर्ध्य की एक बहुत बड़ी रेंज को इंगित करता है, जो विकिरण तरंगों से अवरक्त, दृश्य और पराबैंगनी से एक्स-रे और गामा किरणों तक होता है। हालांकि, सौर विकिरण की 99 प्रतिशत ऊर्जा 0.15 से 4 माइक्रोन मीटर तक तरंग दैर्ध्य बैंड में समाहित होती है, जिसमें सौर स्पेक्ट्रम के लगभग पराबैंगनी, दृश्य और निकट अवरक्त क्षेत्रों के साथ लगभग अधिकतम तरंग दैर्ध्य 0.5 माइक्रोन मीटर होता है। बादल रहित स्वच्छ दिनों में पृथ्वी की सतह पर प्राप्त सौर विकिरण का लगभग 40 प्रतिशत वर्णक्रमीय सीमा 0.4 से 0.7 माइक्रोन मीटर के भीतर दृश्यमान विकिरण है, जबकि 51 प्रतिशत अवरक्त विकिरण 0.7 से 4 माइक्रोन मीटरवर्णक्रमीय क्षेत्र में होता है।

दृश्य प्रकाश का क्षेत्र (मानव आंख इस क्षेत्र के प्रति संवेदनशील है) जो 0.4 और 0.7 माइक्रोन मीटर के बीच की सीमा में बहुत छोटे क्षेत्र में है। रंग की लगभग सीमा 'नीला' 0.4 - 0.5 माइक्रोन, 'हरा' 0.5-0.6 माइक्रोन और 'लाल' 0.6-0.7 माइक्रोन मीटर है। पराबैंगनी (यूवी) क्षेत्र दृश्य क्षेत्र के नीले छोर को जोड़ता है और अवरक्त (आईआर) क्षेत्र लाल छोर को जोड़ता है। 0.7 और 100 माइक्रोन मीटर के बीच फैले अवरक्त (IR) क्षेत्र का फैलाव होता है।

ये दृश्यमान प्रकाश, रेडियो तरंगें, माइक्रोवेव, ऊष्मा, यूवी किरणें, एक्स-रे और गामा किरणें होती हैं। यह स्पेक्ट्रम बेहद छोटी तरंग दैर्ध्य (कॉस्मिक गामा किरणों) से विद्युत चुम्बकीय ऊर्जा की निरंतरता का अवलोकन है जो कि बहुत लंबी तरंग दैर्ध्य (रेडियो और टेलीविजन तरंगों) तक होता है। ये विभाजन पूर्ण और निश्चित नहीं हैं क्योंकि अतिव्याप्ति हो सकती है।

इकाई समय में सूर्य द्वारा उत्सर्जित कुल विकिरण आमतौर पर स्थिर रहता है। वास्तव में इसके इकाई मान में अंतर सूर्य के स्थान, प्रमुखता और सौर फ्लेयर्स जैसे सौर घटना के सम्मिलित रूप से प्रभावित होते हैं। उत्सर्जित कुल ऊर्जा में इन विविधताओं का योगदान बहुत कम है और इसके इस बदलाव को सौर ऊर्जा अनुप्रयोगों में नगण्य माना जाता है।

पृथ्वी ग्रह, सूर्य के चारों ओर घूमती है, जो एक वर्ष में एक चक्कर पूरा करते हुए, तथा इसके फोकी में से एक पर सूर्य के साथ बहुत छोटी विकेन्द्रता (eccentricity) की एक दीर्घवृत्ताकार कक्षा में घूमती है। पृथ्वी के घूर्णन की धुरी इसके कक्षीय क्रांति के संबंध से लगभग 231/2 डिग्री पर झुकी हुई है, जो की हमेशा अंतरिक्ष में एक निश्चित बिंदु की ओर निर्देशित होती है।

सूर्य और पृथ्वी की इस ज्यामिति के परिणामस्वरूप, पृथ्वी के विभिन्न अक्षांशों पर प्राप्त सौर विकिरण की मात्रा में मौसम के अनुसार बड़े बदलाव होते हैं। सबसे बड़ी वार्षिक विविधताएं ध्रुवों के पास और सबसे छोटी भूमध्य रेखा के पास होती हैं। एक अण्डाकार कक्षा में सूर्य के चारों ओर अपनी वार्षिक गति के दौरान, पृथ्वी प्रत्येक वर्ष 5 जनवरी (पेरीहेलियन) के आसपास सबसे करीब स्थित होती है और 5 जुलाई (एपेलियन) के आसपास सूर्य से सर्वाधिक दूरी पर स्थित होती है।

पेरिहेलियन में सूर्य-पृथ्वी की दूरी 1.471×10^8 किमी और एपेलियन 1.521×10^8 किमी है (चित्र 2.6)। औसत दूरी 1.496×10^8 किमी है, जिसे 1 खगोलीय इकाई के रूप में जाना जाता है। सूर्य-पृथ्वी की दूरी में भिन्नता के कारण, पृथ्वी द्वारा प्रक्षेपित सौर विकिरण औसत मान के लगभग ±3.3 प्रतिशत से भिन्न होता है, जो जनवरी की शुरुआत में अधिकतम और जुलाई की शुरुआत में न्यूनतम होता है।

पृथ्वी एक अण्डाकार कक्षा में सूर्य के चारों ओर घूमती है और वर्ष के दौरान सूर्य के करीब होती है। जब सूर्य पृथ्वी के समीप होता है, तो पृथ्वी की सतह थोड़ी अधिक सौर ऊर्जा प्राप्त करती है। पृथ्वी सूर्य के समीप होती है जब दक्षिणी गोलार्ध में गर्मी होती है और उत्तरी गोलार्ध में सर्दी होती है। हालांकि, विशाल महासागरों की उपस्थिति गर्म ग्रीष्मकाल और ठंडी सर्दियों को नियंत्रित करती है जो इस अंतर के परिणामस्वरूप दक्षिणी गोलार्ध में देखने की उम्मीद करेंगे।

पृथ्वी के घूर्णन की धुरी में 23.5° का झुकाव किसी विशेष स्थान पर पृथ्वी से सूर्य के प्रकाश की मात्रा निर्धारित करने में एक अधिक महत्वपूर्ण कारक है। उत्तरी गोलार्ध में अधिक दिनों तक रहने वाले फल वसंत (वर्नल) विषुव से गिर (शरद ऋतु) विषुव तक और अन्य 6 महीनों के दौरान दक्षिणी गोलार्ध में अधिक दिनों तक रहते हैं। विषुवों पर दिन और रात दोनों बिल्कुल 12 घंटे लंबे होते हैं, जो प्रत्येक वर्ष 23 मार्च और 22 सितंबर को या उसके आसपास होते हैं।

सूर्य की गोलाकार सतह द्वारा उत्सर्जित उज्ज्वल ऊर्जा की पूरी मात्रा में, केवल एक छोटा सा अंश (4.5×10^{-10}) वास्तव में पृथ्वी ग्रह द्वारा अवरोधित है।

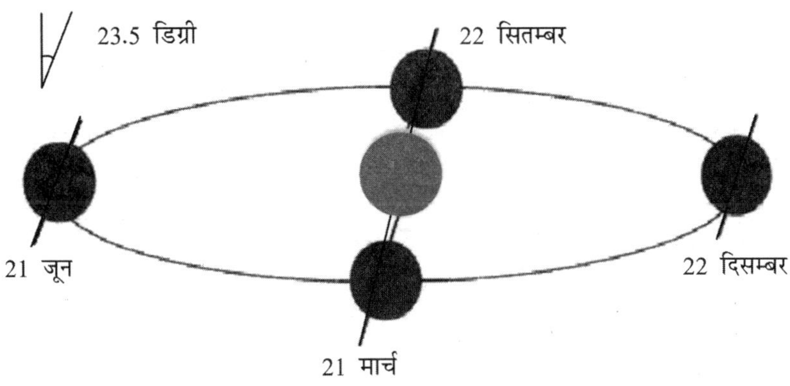

चित्र 2.6 पृथ्वी की सूर्य के चारो ओर भ्रमण की विभिन्न स्थितियां

2.7 सौर स्थिरांक

इकाई क्षेत्र पर इकाई समय में सौर ऊर्जा की मात्रा, पृथ्वी की वायुमंडल के बाहर सूर्य की किरणों के सामान्य होने पर जब पृथ्वी सूर्य से औसत दूरी पर होती है, सौर स्थिरांक कहलाती है। नवीनतम मापों के अनुसार, सौर स्थिरांक का मान 136 mW/cm^2 या 1.36 kW/cm^2 या 1.95 कैलोरी / cm^2 प्रति मिनट है।

तरंग दैर्ध्य की मूल इकाई, मीटर (एम) में मापा जाता है। दृश्य (यू.वी., दृश्यमान, और निकट अवरक्त सहित) और विद्युत चुम्बकीय स्पेक्ट्रम के अवरक्त भागों में अधिकांश ऊर्जा को माइक्रोमीटर (10^{-6} मी) [1 माइक्रोमीटर = 10,000 एंगस्ट्रॉम] में मापा जाता है। मिलीमीटर का उपयोग लंबे समय तक तरंग दैर्ध्य (नीला - 0.4 - 0.5 मिमी) के लिए किया जा सकता है।

2.7.1 सौर विकिरण के मौलिक सिद्धांत

पृथ्वी पर स्थित प्रत्येक स्थान को वर्ष के किसी भी समय में सूर्य का प्रकाश प्राप्त होता है। पृथ्वी की सतह पर किसी एक स्थान पर पहुंचने वाले सौर विकिरण की मात्रा निम्नानुसार प्रभावित होती है:

- भौगोलिक स्थान
- दिन का समय
- मौसम
- स्थानीय परिदृश्य
- स्थानीय मौसम।

पृथ्वी गोल है इसी कारण से सूरज का प्रकाश अलग-अलग कोणों पर इसके सतह से टकराता है, जैसे 0° (क्षितिज के ठीक ऊपर) से लेकर 90° (सीधे उपरी भाग) तक। जब सूर्य की किरणें लंबवत होती हैं, तो पृथ्वी की सतह को सभी ऊर्जा संभव हो जाती है। सूर्य की किरणें जितनी अधिक विसरित होती हैं, वे वायुमंडल में उतनी ही लंबी यात्रा करती हैं, और अधिक बिखरी और फैलती हैं।

पृथ्वी का रोटेशन सूर्य के प्रकाश में प्रति घंटा बदलाव के लिए भी जिम्मेदार है। सुबह और देर दोपहर में, सूरज आकाश में कम है। इसकी किरणें दोपहर के समय की तुलना में वायुमंडल से आगे की यात्रा करती हैं, जब सूर्य अपने उच्चतम बिंदु पर होता है। एक स्पष्ट दिन पर, सौर ऊर्जा की सबसे बड़ी मात्रा सौर दोपहर के आसपास एक सौर कलेक्टर तक पहुंचती है।

2.8 प्रत्यक्ष एवं विसरित सौर विकिरण

जैसे ही सूर्य का प्रकाश वायुमंडल से गुजरता है, उसमें से कुछ अवशोषित, बिखरा हुआ और परिलक्षित होता है जिसके मुख्यत: निम्नांकित कारण है:

(i) वायु के अणु

(ii) भाप

(iii) बादल

(iv) धूल

(v) प्रदूषक

(vi) जंगल की आग

(vii) ज्वालामुखी इत्यादि

2.8.1 वैश्विक एवं विसरित सौर विकिरण

बिना किसी फैलाव के पृथ्वी की सतह तक पहुंचने वाले सौर विकिरण को प्रत्यक्ष किरण सौर विकिरण कहा जाता है। विसरित और प्रत्यक्ष सौर विकिरण के योग को वैश्विक सौर विकिरण कहा

जाता है। वायुमंडलीय स्थितियाँ सीधे किरण विकिरण को 10% तक स्पष्ट, शुष्क दिनों और मोटे, बादल वाले दिनों में 100% तक कम कर सकती हैं।

बादलों के बिना या स्वच्छ दिन में दोपहर के करीब, सौर विकिरण, जब वायुमंडल से गुजरता तो इसका लगभग 25 प्रतिशत हिस्सा अवशोषित होता जाता है । इस प्रकार से सौर विकिरण कम से कम बिखरित होकर पृथ्वी की सतह लगभग 1000 w/m^2 तक पहुंचता है। सूर्य की दिशा से आने वाले इस विकिरण को प्रत्यक्ष सामान्य विकिरण कहा जाता है।

सूर्य की रोशनी कुछ बिखरा हुआ भाग वापस अंतरिक्ष में वापस चला जाता है और इसमें से कुछ पृथ्वी की सतह पर भी पहुँच जाती है। पृथ्वी की सतह तक पहुंचने वाले बिखरे हुए विकिरण को विसरित विकिरण कहा जाता है। कुछ विकिरण पृथ्वी की सतह के उपर से भी बिखरित हो जाते हैं तथा वातावरण द्वारा पुनः बिखेर दिए जाते हैं। यह भी विसरित विकिरण का हिस्सा होता है।

2.8.2 कुल सौर विकिरण (Total Solar Radiation)

सौर विकिरण पृथ्वी की सतह तक (1) प्रत्यक्ष सौर विकिरण, (2) फैलाने वाले या बिखरने वाले सौर विकिरण, और (3) परावर्तित विकिरण के रूप में पहुंचता है। एक शांत दिन जमीन के क्षैतिज सतहपर सूर्य से प्राप्त कुल विकिरण प्रत्यक्ष और विसरित विकिरणों का योग है। प्रत्यक्ष विकिरण प्राप्त होने वाले सतह के झुकाव पर निर्भर करता है।

2.9 प्रकाश का परावर्तन

जब प्रकाश की किरण किसी एक माध्यम से दूसरे माध्यम में प्रवेश करती है तो दोनों माध्यमों को पृथक करने वाली सीमा से टकराकर प्रकाश किरण वापस उसी माध्यम में लौट आती है जिस माध्यम से वह शुरू हुई थी प्रकाश की इस घटना को प्रकाश का परावर्तन कहते है (चित्र 2.7)।

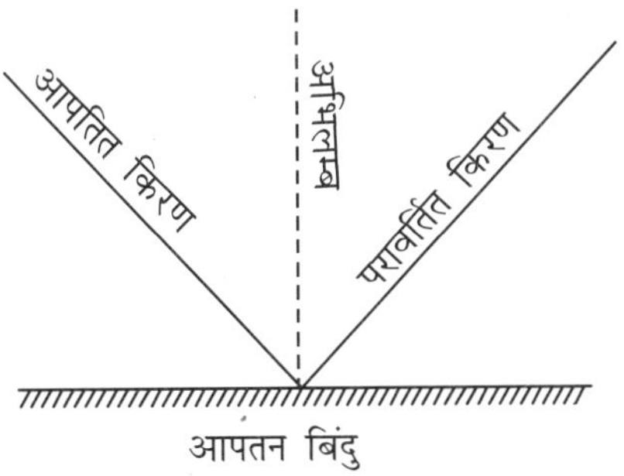

चित्र 2.7: प्रकाश का परावर्तन

सौर विकिरण के अलावा, पृथ्वी और स्थलीय वस्तुओं भी विद्युत चुम्बकीय विकिरण के स्रोत हैं। परम शून्य (0°K या −273°C) के ऊपर के तापमान पर सभी वस्तुयें लगातार विद्युत चुम्बकीय विकिरण उत्सर्जन करती है।

विद्युतचुंबकीय विकिरण कणों के पुन्ज से बनी हुई होती है तथा इनकी विविधता निम्नांकित कारकों पर निर्भर करती है

- आवृत्ति
- समयावधि
- तरंग नंबर
- प्रकाश की गति
- तरंग के आयाम या तरंग्दैर्ध्य

2.10 विकिरण के नियम

ऊर्जा, तरंग दैर्ध्य और तापमान पता करने हेतु विकिरण के चार महत्वपूर्ण नियम है:

ये नियम है:

(i) प्लांक का नियम (Planck's Law)

(ii) स्टेफॉन वोल्ज़्मान नियम (Stefan-Boltzman's Law)

(iii) वीन का नियम (Wein law)

(iv) किरचाँफ के नियम (Kirchoff's Law)

उपरोक्त नियम विकिरण के महत्वपूर्ण नियम से भी जाने जाते है।

2.10.1 प्लांक का नियम

प्लांक नियम निश्चित ताप पर तापीय साम्य में कृष्णिका द्वारा उत्सर्जित विद्युत चुंबकीय विकिरण को वर्णित करता है। इसका नामकरण मैक्सप्लांक के समान में किया गया, जिन्होनें इस नियम को सन् 1900 में प्रस्तावित किया था। इस नियम के अनुसार विकिरण का उत्सर्जन अथवा अवशोषण सतत न होकर निश्चित ऊर्जा के बंडलों या पैकेटों के रूप में होता है। जिसे फोटोन कहते है।

विद्युत चुंबकीय विकिरण कणों के पुंज से बनी हुई होती है तथा प्रत्येक कण के प्रवाह के या प्रत्येक कण की ऊर्जा निम्नसूत्र द्वारा पता की जा सकती है या।लांक नियम निम्न प्रकार लिखा जा सकता है:

प्रत्येक फोटोन में निश्चित संवेग निहित होता है, जिसका मान विकिरण की आवृति के समानुपाती होता है। यदि विकिरण की आवृति v है तो प्रत्येक फोटोन से सम्बन्धित ऊर्जा E=hv तथा संवेग P=hv/c इस प्रकार

$$E = hv$$

जहाँ h प्लांक का स्थिरांक है जिसका मान 6.625×10^{-7} वर्ग प्रति सेकेण्ड बराबर होता है, v आवृति है।

जहां h प्लांक नियतांक = 6.6×10^{-34} जूल × सेकंड ब प्रकाश की चाल = 3×10^{8} मीटर/सेकण्ड

प्लांक द्वारा अनुमानित तीव्रता वितरण को आगे के चित्र में दर्शाता गया है।

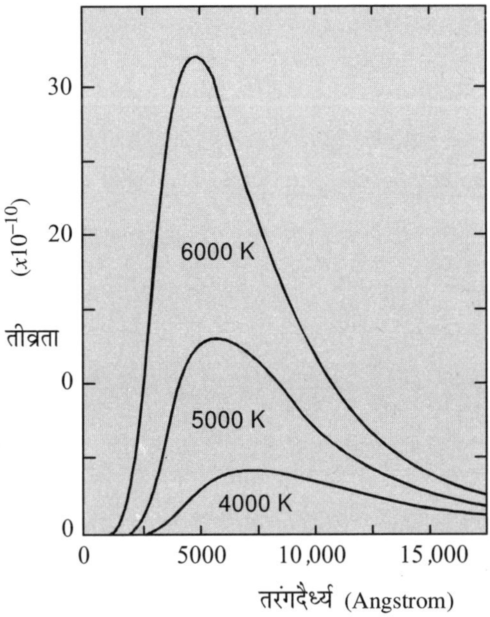

चित्र 2.8: ऊर्जा तरंग दैर्ध्य तथा तीव्रता का वितरण

विद्युत चुम्बकीय विकिरण के बारे में एक अन्य महत्वपूर्ण सिद्धांत कण का सिद्धांत है, जो बताता है कि विद्युत चुम्बकीय विकिरण फोटॉन या क्वांटा नामक असतत इकाइयों से बना है। कण सिद्धांत का उपयोग करते हुए, एक क्वांटम (क्यू) की ऊर्जा को आवृत्ति के लिए आनुपातिक माना जाता है। इस संबंध को नीचे दिखाए गए सूत्र के अनुसार दर्शाया जा सकता है।

$$Q = hf$$

जहाँ h प्लांक स्थिरांक है जिसका मान = 6.626×10^{-34} जूल प्रति सेकंड,

और f आवृति है जिसकी इकाई हट्र्ज है, λ तरंगधैर्य है जिसकी इकाई माइक्रो मीटर(μm) है (1μm = 10^{-6} मी.)।

C, λ और f के बीच संबंध का उपयोग करते हुए, उपरोक्त समीकरण को निम्नानुसार लिखा जा सकता है–

$$Q = hc/\lambda$$

जहाँ c प्रकाश वेग प्रदर्शित करता है जिसका मान = 3×10^{8} मीटर प्रति सेकंड होता है।

इस प्रकार प्रति यूनिट क्वांटम की ऊर्जा तरंग दैर्ध्य के व्युत्क्रमानुपाती होती है। कम तरंग दैर्ध्य लंबी तरंग दैर्ध्य की तुलना में उच्च ऊर्जा से जुड़े होते हैं। उदाहरण के लिए, माइक्रोवेव विकिरणों जो लंबे विद्युत चुम्बकीय विकिरण का तरंगदैर्ध्य होता है अवरक्त (आईआर) विकिरण की तुलना में कम ऊर्जा से जुड़े होते हैं जिससे इसका उपयोग सुदूर संवेदन में करने पर दिक्कतों का सामना करना पड़ता हैं। लंबी तरंग दैर्ध्य विकिरणों के सहायता से किसी स्थान के कवरेज क्षेत्र का पता लगाने हेतु उपयुक्त संकेत प्राप्त करने के लिए उसका क्षेत्र बड़ा होना चाहिए।

2.10.2 स्टेफॉन वोल्ज़मान नियम

स्टेफॉन वोल्ब्जमान नियम जिसे स्टेफॉन का नियम के नाम से भी जाना जाता है एक सम्बंध है जो कृष्णिका द्वारा विकरित शक्ति को ताप के शब्दों में वर्णित करता है। विशेष रूप से स्टेफॉन वोल्ज़मान नियमानुसार इकाई समय में सभी तरंगदैर्घ्य परास में कृष्णिका द्वारा प्रति इकाई पृष्ठिय क्षेत्रफल द्वारा विकरित कुल ऊर्जा कृष्णिका के ताप T के चतुर्थ घात के अनुक्रमानुपाती होता है :

$$M = \sigma T^4$$

जहाँ M स्त्रोत से विकिरण के कुल दीप्तिमान का उत्सर्जन है (वाट/ मीटर^2)

अनुक्रमानुपाती नियतांक σ को स्टेफॉन-वोल्ज़मान स्थिरांक अथवा स्टेफॉन नियतांक कहा जाता है। इसका मान 5.67×10^{-8} जूल/मीटर^2 सेकेंड/ केल्विन होता है। T उत्सर्जक पदार्थ का पूर्ण तापमान केल्विन में है। किसी सतह से निकलने वाली कुल दीप्तिमान ऊष्मा शक्ति उसके पूर्ण तापमान की चौथी शक्ति के समानुपाती होती है।

2.10.3 वीन का नियम

इसे वीन के विस्थापन नियम के नाम से भी जाना जाता है।

वीन का विस्थापन नियमः इस नियम के आधार पर हम यह बता सकते है कि किस तरंग दैर्ध्य पर किसी कृष्णिका पिंड या श्याम पिण्ड से उत्सर्जित ऊष्मा विकिरण की तीव्रता का मान अधिकतम होता है। विभिन्न तापमानों के लिए श्याम पिण्ड विकिरण वक्र अलग-अलग तरंग दैर्ध्य में चरम पर होगा और जो उसके तापमान के विपरीत आनुपातिक होता हैं।

$$\lambda m = A / T$$

जहाँ A एक स्थिर है, जिसका मान 2898 माईक्रो मीटर केल्विन के बराबर है।

सूर्य के सतह का औसत तापमान 6000°K के आसपास है, और यह देखा जा सकता है कि सूर्य से निकलने वाली विद्युत चुम्बकीय ऊर्जा के दृश्यमान हिस्सा (0.4-0.7 μm) में सबसे अधिक चमक होती है जिसका तरंग दैर्ध्य क्षेत्र में अधिकतम मान 0.5 μm होता है।

पृथ्वी का औसत तापमान लगभग 300° K है, यह विद्युत चुम्बकीय विकिरणों का उत्सर्जन करता है, जो कि 9.7 μm के तरंग दैर्ध्य क्षेत्र में अधिकतम है। इसे थर्मल अवरक्त (आईआर) विकिरण माना जाता है।

2.10.4 किरचॉफ का नियम

यह नियम बताता है कि अच्छे अवशोषक अच्छे उत्सर्जक भी होते हैं। इस नियम के अनुसार किसी निश्चित ताप पर किसी निश्चित तरंग्दैर्ध्य के लिए प्रत्येक वस्तु की उत्सर्जन क्षमता एवं अवशोषण क्षमता का अनुपात एक नियतांक होता है जो कि उस ताप आदर्श कृष्णिका की उत्सर्जन क्षमता के बराबर होता है। एक पिण्ड जो सभी आपतित विकिरणों को अवशोषित नहीं करता इसे धूसर पिण्ड भी कहा जाता है।

2.11 श्याम पिंडों से उत्पन्न विकिरण का नियम

कोई श्याम पिंड एक काल्पनिक, आदर्श उत्सर्जक होता है। यह अपने ऊपर आपतित विकिरण का संपूर्ण ऊर्जा को अवशोषित करता है तथा उसे पुनः प्रसारित करता है। एक काले शरीर द्वारा उत्सर्जित कुल ऊर्जा तापमान के साथ बदलती है। कुल ऊर्जा को विभिन्न तरंग दैर्ध्य पर वितरित किया जाता है, जिसे यहाँ वर्णक्रमीय वितरण या वर्णक्रमीय वक्र कहा जाता है। कुल ऊर्जा के अलावा, वर्णक्रमीय वितरण तापमान के साथ भी भिन्न होता है। उदाहरण स्वरुप रेगिस्तान दिन मे बहुत गरम एवं रात मे बहुत ठंडे हो जाते हैं क्योंकि रेत ऊष्मा का दिन मे अच्छी तरह अवशोषण करके गर्म हो जाता है तथा रात मे ऊष्मा का उत्सर्जन करके ठंडा हो जाता है।

जहाँ वीन नियम विकिरण वितरण के अधिकतम तरंग दैर्ध्य तथा तापमान के संबंध के बारे में बताता है, वहीं स्टीफन-बोल्ट्ज़मैन का नियम कुल ऊर्जा को श्याम पिण्ड़ द्वारा उत्सर्जित होने वाली कुल ऊर्जा के बारे में जानकारी देता है। इस प्रकार, वीन नियम तापमान के बढ़ने के साथ-साथ अधिकतम तरंग दैर्ध्य को छोटी तरंग दैर्ध्य में स्थानांतरित करने की व्याख्या करता है, जबकि प्लांक का तरंग दैर्ध्य तथा तापमान के साथ संबंध को बताता है तथा किरचाँफ का नियम श्याम पिन्डों द्वारा आपतित तथा उत्सर्जित विकिरण के बारे में बताता है।

2.12 विद्युत चुम्बकीय विकिरण का सुदूर संवेदी में उपयोग

जैसे ही सौर ऊर्जा पृथ्वी तक पहुंचने के लिए वायुमंडल से होकर गुजरती है, वायुमंडल इसका कुछ अंश अवशोषित करता है या पीछे छोड़ता है और केवल शेष को संचारित करता है। तरंग दैर्ध्य क्षेत्र, जिसके माध्यम से अधिकांश ऊर्जा वायुमंडल के माध्यम से प्रेषित होती है, को वायुमंडलीय खिड़कियों के रूप में संदर्भित किया जाता है। ईएमआर स्पेक्ट्रम को अलग-अलग क्षेत्रों की पहचान करते हुए दिखाया जाता है, जिसमें विशिष्ट क्षेत्र दिखाई देने वाले क्षेत्रों से शुरू होकर माइक्रोवेव क्षेत्रों तक आते हैं (तालिका 2.2)।

तालिका 2.2: विद्युत चुम्बकीय तरंगों की विभिन्न आवृतियाँ

अत्यधिक निम्न आवृत्ति	परम निम्न आवृत्ति	अत्यन्त निम्न आवृत्ति	अति निम्न आवृत्ति	निम्न आवृत्ति	मध्यम आवृत्ति	उच्चावृत्ति	अत्योच्चावृत्ति	अत्यन्त उच्चावृत्ति	परम उच्चावृत्ति	अत्यधिक उच्चावृत्ति
3Hz	30Hz	300Hz	3 किलो हट्र्ज	30 किलो हट्र्ज	300किलो हट्र्ज	3 मैगा हट्र्ज	30 मैगा हट्र्ज	300 मैगा हट्र्ज	3 गीगा हट्र्ज	30 गीगा हट्र्ज
30Hz	300Hz	3 किलो हट्र्ज	30 किलो हट्र्ज	300किलो हट्र्ज	3 मैगा हट्र्ज	30 मैगा हट्र्ज	300 मैगा हट्र्ज	3 गीगा हट्र्ज	30 गीगा हट्र्ज	300 गीगा हट्र्ज

2.13 धवलता (Albedo)

एल्बिडो एक लैटिन शब्द है; जिसका अर्थ सफेदी होता है। परिभाषा के रूप में किसी सतह का एल्बिडो सूरज की रोशनी का वह अंश है जिसे वह सतह प्रतिबिंबित करती है। जो विकिरण प्रतिबिंबित नहीं होता है वह सतह द्वारा अवशोषित होता है।

एल्बिडो कुल सौर विकिरण तथा सौर विकिरण के फैलने वाले प्रतिबिंब के अनुपात का माप होता है और इसका मान 0 से 1 के पैमाने पर मापा जाता है। काले रंग की वस्तु, जो सभी विकिरण

को अवशोषित करती है, का मान 0 होता है। अन्य शब्दों में इसे किसी सतह द्वारा परावर्तित विकिरण की कुल मात्रा तथा आपतित सौर विकिरण के अनुपात के रूप में परिभाषित किया जा सकता है। भिन्न भिन्न सतहों की अल्बेडों के मान को तालिका 2.3 में दर्शया गया है।

तालिका 2.3: विभिन्न प्राकृतिक सतहों के लिए एल्बिडो मान

सतह	सतह एल्बिडो (%)
शुष्क बंजर भूमि	0.20
नम बंजरा भूमि	0.15
मकई का चंदवा	0.22
गेहूं की छतरी	0.26
धान की छतरी	0.24
पर्णपाती पत्तोंवाले जंगल	0.18
शंकुधारी वन	0.16
बंजर भूमि	0.17
हरी घास	0.25
रेगिस्तान की रेत	0.40
ताजा बर्फ	0.80

पाठ्य मूल्यांकन

I. रिक्त स्थान भरें

1. कोई वस्तु .... से अधिक तापमान पर उर्जा उत्सर्जित करती है।
2. विद्युत चुम्बकीय विकिरण .... का एक पुंज है।
3. पृथ्वी के औसत तापमान.....................जिस पर तरंगधैर्य का मान सर्वाधिक होता है।
4. एक कृष्णिका सभी अपतित किरणों को अवशोषित कर लेती है तो इसका मान .... होता है।
5. स्टीफन बोल्टमैन स्थिरांक का मान .... होता है।
6. बीन के नियम में स्थिरांक का मान .... होता है।
7. प्लांक के नियमानुसार लम्बे तरंगधैर्य का विकिरण की उर्जा............................ होगी।
8. किसी वस्तु के दीप्तिमान ऊष्मा शक्ति, तापमान के चौथे घात के समानुपात होता है यह .... नियम है।
9. ताजे बर्फ की धबलता (Albedo) का मान ....होता है।
10. कुल विकिरण = विसरित विकिरण +..
11. पृथ्वी का औसत तापमान .... ºC होता है।

II. सत्य अथवा असत्य बताएं

1. किसी सतह का एल्बिडो सूरज की रोशनी का वह अंश है जिसे सतह प्रतिबिंबित करती है।
2. किरचॉफ के नियमानुसार अच्छे अवशोषक उत्सर्जक नहीं होते हैं।
3. परम शून्य (0° K या –273°C) के ऊपर के तापमान पर सभी वस्तुयें लगातार विद्युत चुम्बकीय विकिरण उत्सर्जन करती है।
4. शुष्क बंजर भूमि का अल्बीडो मान नम बंजर भूमि की तुलना में अधिक होता है।
5. सौर स्थिरांक का मान 1.95 कैलोरी / cm^2 प्रति मिनट है।

III. लघु उत्तरीय प्रश्न

1. तरंग से आप क्या समझते है?
2. तरंग कितने प्रकार के होते है, उदाहरण सहित समझाएं
3. उर्जा क्या है, तथा यह एक स्थान से दुसरे स्थान तक स्थानांतरित होती है?
4. उर्जा स्थानान्तरण की विधियों की संक्षिप्त में चर्चा करें।
5. किसी वस्तु पर आपतित प्रकाश किस प्रकार विभाजित हो जाता है, चित्र के माध्यम से समझाएं।

IV. टिपण्णी करें

1. पृथ्वी और सूर्य कृष्णिका (श्याम) पिंड है, चर्चा करें
2. विद्युत चुम्बकीय तरंग किस नियम के आधार पर कण के पुंजो के रूप में कार्य करते है।

V. दीर्घ उत्तरीय प्रश्न

1. कृष्णिका (श्याम) पिंड किसे कहते है?
2. विकिरण के विभिन्न नियमों का उल्लेख करें।
3. धवलता से आप क्या समझते है विस्तार से व्याख्या करें।

अध्याय

3

उपग्रह

अध्ययन उद्देश्य

- इस अध्याय में उपग्रह तथा इनके प्रकार के बारे में मौलिक जानकारियाँ संक्षिप्त रूप से प्रस्तुत की गई है ।
- उपग्रह की विभिन्न कक्षाओं की जानकारी और इनकी विशेषताओं का वर्णन इस अध्याय में किया गया है।
- इसमें विभिन्न प्रकार के संवेदकों एवं छवियों से सम्बंधित अवधारणाओं की चर्चा की गई है।
- वस्तु विशेष के अंकीय हस्ताक्षर एवं पिक्सेल की प्रस्तुत अध्याय में विस्तार से व्याख्या की गई है।
- अंत में विभिन्न प्रकार के वानस्पतिक सूचकांकों की उपयोगिता सहित व्यख्या की गई है।

पृथ्वी पर स्थित विभिन्न वस्तुओं की विशेषताओं में स्थानिक और सामयिक परिवर्तन होता रहता है। विशेषताओं में होने वाले इन परिवर्तनों के आंकड़ों को एकत्रित करने का प्रयास विगत कई दशकों से किया जा रहा है। इन एकत्रित आंकड़ों का उपयोग एक विस्तृत क्षेत्र का मानचित्र के रूप में प्रदर्शन कर किया जाता है, जिसकी सहायता से किसी वस्तु के स्थानिक और सामयिक विशेषताओं के परिवर्तनों को अन्य क्षेत्रों में उपयोग कर किसी निष्कर्ष तक पहुंचा जा सकता है। इस कार्य को गति देने हेतु अनेक देशों द्वारा विभिन्न संवेदकों का निर्माण कर उनको उपग्रह के माध्यम से अन्तरिक्ष में स्थापित किया जाता है। संवेदकों की विभिन्नता तथा उपग्रहों की सहायता से पृथ्वी और इसके वातावरण की लगातार निगरानी होती रहती है। जिससे मौसम, कृषि इत्यादि क्षेत्रों में सटीक पूर्वानुमान लगा पाने में वृद्धि हुई है। लगातार बढते उपयोग से उपग्रह, संवेदक तथा इसके द्वारा वस्तुओं के गुणधर्म सम्बन्धी आंकड़ों का संग्रहण और विश्लेषण आसान हो गया है।

3.1 अवधारणा

मूलतः उपग्रह अंतरिक्ष में एक प्राकृतिक वस्तु है जो किसी ग्रह या तारे के चारों ओर परिक्रमा करता है। उदाहरण स्वरुप हमारी पृथ्वी के चारों और चक्कर लगाने वाला चंद्रमा एक उपग्रह है। उपग्रह दो प्रकार के होते हैं: प्राकृतिक (जैसे पृथ्वी की परिक्रमा करने वाला चंद्रमा) या कृत्रिम (जैसे अंतर्राष्ट्रीय अंतरिक्ष स्टेशन से प्रक्षेपित पृथ्वी की परिक्रमा करने वाला कोई कृत्रिम उपग्रह)। प्रायः कृत्रिम 'उपग्रह' शब्द एक ऐसी मशीन को संदर्भित करता है जिसे अंतरिक्ष में प्रक्षेपित किया जाता है और पृथ्वी या अंतरिक्ष में किसी अन्य पिंड के चारों ओर घूमता है।

कई उद्देश्यों की पूर्ति हेतु भिन्न भिन्न कक्षाओं में उपग्रहों को स्थापित किया जाता है। उपग्रह का निर्माण मनुष्य की सुख-सुविधाओं को ध्यान में रखकर किया जाता है। यह पृथ्वी गृह के चारो ओर परिक्रमा करती है, जिससे पृथ्वी पर हो रही सभी घटनाओं की जानकारी उपग्रह से मिलती रहती है। उपग्रह हमसे इतनी दूर स्थित होते है कि हम इन्हें देख नहीं पाते । लेकिन हमारे दैनिक जीवन के अधिकतर काम इनके उपर ही निर्भर होते है। उपग्रह पृथ्वी के वातावरण की और पृथ्वी की हर छोटी से बड़ी घटनाओं की निगरानी करता है (चित्र 3.1)।

चित्र 3.1: अंतरिक्ष से पृथ्वी के वातावरण की और पृथ्वी की निगरानी करता उपग्रह।

उपग्रह का आकार उनके काम के आधार पर निर्भर करता है की, उस उपग्रह को अंतरिक्ष में किस काम के लिए छोड़ा गया है। उपग्रह के दोनों तरफ सोलर पैनल लगे होते है। जिनसे इनको उर्जा मिलती है। और इनके बीच में ट्रांसमीटर या रिसीवर होते है जो सिग्नल को प्राप्त कर और भेजने का काम करते है।इनमें कंट्रोल मोटर भी होती है जिनके द्वारा हम उपग्रह को दूर से नियंत्रित कर सकते है। अगर इनके स्थान अथवा झुकाव कोण को बदलना हो या तो यह कंट्रोल मोटर के द्वारा कर सकते है। उपग्रह को किस काम के लिए बनाया गया है वह उद्देश्य उपग्रह में देखने को मिलते है। अगर उपग्रह को पृथ्वी की छवि लेने के लिए बनाया गया है तो उपग्रह में बड़े कैमरा लगाये जाते है। अगर स्कैनिंग के लिए बनाया गया है तो उसमें स्कैनर लगाये जाते है। उपग्रह को प्रमुख रूप से संचार के लिए काम में लिया जाता है। रेडियो और पृथ्वी की तरंगे धरती के पूरे संचार को कवर नहीं कर सकते इसलिए अधिकांशतः उपग्रह को संचार के काम में लिया जाता है।

उपग्रह का उपयोग से हमारी कई उद्देश्यों की पूर्ति होती है, उनमे से कुछ निम्नांकित है:

(i) उपग्रहों के माध्यम से पृथ्वी पर घटित होने वाले मौसमीय घटनाओं, प्राकृतिक आपदाओं का मानचित्रण किया जाता है।

(ii) पर्यावरण में हो रहे बदलाव की निगरानी के लिए भी उपग्रह तैयार किये गए है। इसके अतिरिक्त समुद्र के तापमान इत्यादि का मानचित्रण भी उपग्रह के द्वारा किया जाता है।

(iii) उपग्रह के द्वारा ही फोन, इन्टरनेट व अन्य संचार माध्यमों को चलाया जा सकता है।

(iv) उपग्रह से प्राप्त आंकड़ों का उपयोग करके ये पता लगाया जा सकता है है कि कितनी भूमि वनों से आच्छादित है और कितनी भूमि कृषि योग्य है।

(v) उपग्रह की सहायता से पौधों की वृद्धि की निगरानी तथा फसल की उपज का आंकलन किया जाता है।

3.2 उपग्रह कक्षा

उपग्रहों की कक्षा को तीन प्रकारों में बांटा गया है, जो इस प्रकार है–

3.2.1 पृथ्वी के निम्न कक्षा के उपग्रह

ये उपग्रह पृथ्वी की कक्षा के सबसे पास होते है। इनकी ऊंचाई 160 से 1600 किलोमीटर तक होती है। इनकी गति तेज होती है। यह तेज गति से पृथ्वी के चक्कर लगाते है। इसप्रकार यह उपग्रह एक दिन में कई बार पृथ्वी के चक्कर पूरे कर लेते है। और इन्हें पूरी पृथ्वी को स्कैन करने में बहुत कम समय लगता है। इन उपग्रहों का उपयोग अधिकांशत: छवि (इमेज) और स्कैनिंग के लिए किया जाता है।

3.2.2 पृथ्वी के माध्यम कक्षा के उपग्रह

यह उपग्रह ज्यादा तेज गति से पृथ्वी के चक्कर नहीं लगाते है। इन उपग्रहों की ऊंचाई 10 हजार किलोमीटर से 20 हजार किलोमीटर होती है और यह 12 घंटे में धरती का एक चक्कर पूरा कर लेते है। यह उपग्रह किसी स्थान विशेष से एक निश्चित समय पर होकर गुजरता है। प्राय: इनका उपयोग नेवीगेशन के लिए किया जाता है।

3.2.3 पृथ्वी के उच्च कक्षा के उपग्रह

यह उपग्रह धरती से करीब 36 हजार किलोमीटर दूर स्थित होते है। यह पृथ्वी की गति के साथ ही पृथ्वी का चक्कर लगाते है। इन उपग्रहों का प्रयोग कम्युनिकेशन के लिए किया जाता है। उपरोक्त के अतिरिक्त उपग्रहों को उनकी उपयोगिता के आधार पर भी निम्नानुसार वर्गीकृत किया गया है।

(i) भूस्थिर उपग्रह (Geostationary satellite)

(ii) उपग्रह डिश (Satellite dish)

(iii) मौसम उपग्रह (Weather satellite)

(iv) ओपन उपग्रह (Open Satellite)

(v) वाणिज्यिक/संचार उपग्रह (Commercial/communication satellite)

(vi) जियोडेसी उपग्रह (Geodesy satellite)

(vii) महासागर उपग्रह (Ocean satellite)

3.3 कृत्रिम उपग्रह

मानव द्वारा निर्मित एवं अन्तरिक्ष में पृथ्वी की कक्षा में स्थापित किये गए उपग्रह कृत्रिम उपग्रह कहलाते है। यह चंद्रमा के मुकाबले पृथ्वी के ज्यादा पास होते है। इन उपग्रहों को पृथ्वी के गुरुत्वाकर्षण बल से बाहर निकालने के लिए 11.2 किलोमीटर प्रति सेकंड की गति की जरुरत होती

है। वर्तमान में दुनिया के कुछ चुनिन्दा देशों के पास ही कृत्रिम उपग्रह को बनाने की और पृथ्वी की कक्षा में स्थापित करने की प्रौद्योगिकी है। इन देशों में भारत भी शामिल है। भारत का पहला प्रौद्योगिकी उपग्रह आर्यभट्ट था, जिसे अप्रैल 1975 में प्रक्षेपित किया गया था।

3.3.1 कृत्रिम उपग्रह के उपयोग

कृत्रिम उपग्रहों का उपयोग अनेक प्रकार के कार्यों में किया जाता है। इनमे से कुछ इस प्रकार से है:

(i) इन उपग्रहों के माध्यम से मौसम का पूर्वानुमान लगाया जाता है। यह हमें मानसून की जानकारी के साथ साथ बाढ़, चक्रवात, जंगल की आग जैसी आपदाओं की चेतावनी भी देते है।

(ii) कृत्रिम उपग्रहों का प्रयोग इंटरनेट, दूरसंचार और सुदूर संवेदी, कृषि, भूमि, महासागर की विशेषता आदि की जानकारी को एकत्रित करने के लिए किया जाता है।

(iii) इन कार्यों के अलावा कृत्रिम उपग्रहों का प्रयोग वैज्ञानिक अनुसंधान के लिए भी किया जाता है।

(iv) कई प्रकार की परामर्श सेवाओं का संचालन में भी कृत्रिम उपग्रहों की सहायता ली जाती है। जैसे फसलों की स्थिति जानना, समुद्र में मछलियों के घनत्व की जानकारी देना, किसानों और मछुआरों का भूमि प्रयोग आदि की जानकरी देना इसमें प्रमुख रूप से शामिल है।

(v) संचार उपग्रहों को टेलीफोन,टेलीविजन, रेडियो, इंटरनेट के प्रयोगों के लिए इस्तेमाल किया जाता है। संकेतों को एक स्थान से दूसरे स्थान तक ले जाने के लिए वायरलेस संचार विद्युत चुम्बकीय तरंगों का प्रयोग करता है।

3.4 भारत में उपग्रह प्रक्षेपण संस्थान

भारत में भारत सरकार की संस्था "भारतीय अन्तरिक्ष अनुसन्धान संगठन (इसरो)" ही उपग्रहों के निर्माण तथा प्रेक्षण के लिए उत्तरदायी है, अभी हाल ही में इसरो द्वारा अंतरिक्ष में एक ताकतवर इमेजिंग सैटेलाइट रीसैट-2 बीआर-1 स्थापित किया गया है जिससे भारत की सीमा सुरक्षा में लगे सैन्यबलों को काफी मदद मिलने की संभावना है। इसमें उच्च गुणवत्ता युक्त कैमरा लगाया गया है जो काफी अच्छी फोटो लेकर पृथ्वी पर भेजता है।

3.5 उपग्रह और कक्ष (Satellites and Orbits)

जब किसी उपग्रह को अंतरिक्ष में प्रक्षेपित किया जाता है, तो वह पृथ्वी के चारों ओर एक पूर्व परिभाषित पथ में परिक्रमा करता है, जिसे उपग्रह की कक्षा कहा जाता है। पृथ्वी का गुरुत्वाकर्षण खिंचाव और उपग्रह का वेग दो मूल कारक हैं जो उपग्रहों को किसी विशेष कक्षा में रखते हैं। उपग्रह का स्थानिक और सामयिक कवरेज कक्षा पर निर्भर करता है। उपयोग में तीन मूल प्रकार की कक्षाएँ होती हैं।

(i) भू-समकालिक कक्षाएँ (Geo-synchronous orbits)

(ii) ध्रुवीय या ध्रुवीय कक्षाओं के पास (Polar or near polar orbits)

(iii) सूर्य-समकालिक कक्षाएँ (Sun-synchronous orbits)

3.5.1 भू-समकालिक कक्षाएँ

भू-समकालिक कक्षाएँ या जियोस्टेशनरी ऑर्बिट वह है जिसमें उपग्रह को एक चक्र पुरा करने के लिए उतना ही समय लगता है, जितना कि पृथ्वी को अपनी ध्रुवीय धुरी पर एक बार परिक्रमा में लगता है। इस कक्षा अवधि को प्राप्त करने के लिए, भू-समकालिक कक्षाएँ आम तौर पर पृथ्वी से बहुत ऊँचाई (लगभग 36,000 कि.मी.) पर होती हैं। इन कक्षाओं का उपयोग संचार और मौसम संबंधी उपग्रहों के लिए किया जाता है। उदाहरण: ANSAT, MeteoSAT, GOES, GMS आदि भू-समकालिक कक्षा में उपग्रहों को किसी भी इच्छित क्षेत्र का निरंतर दृश्य प्राप्त करने के लिए किसी विशेष देशांतर से ऊपर प्रतिस्थापित किया जाता है।

प्राय: भू-समकालिक कक्षाएँ भूमध्यरेखीय तल में स्थित हैं, अर्थात् 180 डिग्री के झुकाव के साथ। इस प्रकार भूमध्य रेखा पर एक बिंदु से, उपग्रह स्थिर प्रतीत होता है। उपग्रह पृथ्वी की ही दिशा में घूमते हैं(पश्चिम से पूरब) (चित्र 3.2)।

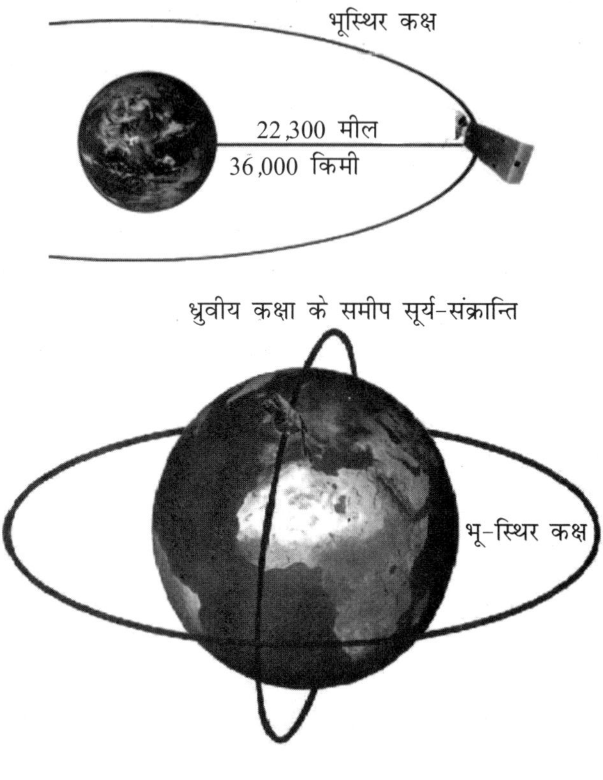

चित्र 3.2: भू-स्थिर कक्ष का सचित्र प्रतिनिधित्व करता उपग्रह

3.5.2 ध्रुवीय या ध्रुवीय कक्षाओं के पास (Polar or near polar orbits)

भू-समकालिक कक्षाओं की तुलना में ध्रुवीय कक्षाएँ आमतौर पर मध्यम या निम्न कक्षा (लगभग 700-800 किमी) की होती हैं (चित्र 3.3)। परिणामतः कक्षा की अवधि कम होती है, जो आमतौर पर 90-103 मिनट से भिन्न होती है। इसलिए ध्रुवीय कक्षाओं में उपग्रह एक ही दिन में पृथ्वी के चारों ओर एक से अधिक चक्र लगाते हैं। NOAA 17, NOAA 18 जैसे उपग्रहों ध्रुवीय परिक्रमा उपग्रहों के उदाहरण हैं।

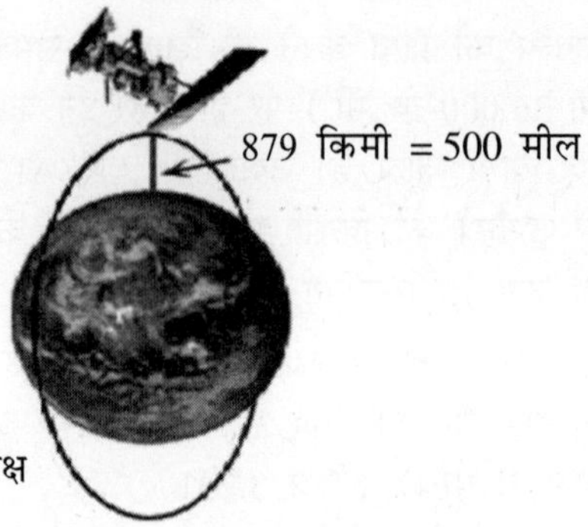

चित्र 3.3: एक ध्रुवीय कक्ष में प्रतिस्थापित उपग्रह

पृथ्वी के अपनी धुरी पर घूमते रहने के कारण हर बार पृथ्वी पर एक नया स्थान उपग्रह की निगरानी में रहता है। उपग्रह की कक्षा और पृथ्वी का अपनी धुरी पर घूमना, पृथ्वी की सतह के पूर्ण कवरेज की सुविधा प्रदान करते हैं, क्योंकि इसके द्वारा कक्षाओं का एक पूरा चक्र पूरा कर लिया जाता है।

भ्रमण का समय वह समय होता है जिस अंतराल में किसी उपग्रह द्वारा पृथ्वी के एक ही क्षेत्र में फिर से भ्रमण किया जाता है। जब किसी क्षेत्र की लगातार इमेजिंग की आवश्यकता होती है तब भ्रमण का समय अत्याधिक महत्वपूर्ण हो जाता है। इन कक्षाओं में, भुमध्यीय क्षेत्रों की तुलना में उच्च अक्षांशों पर क्षेत्रों को अधिक बार चित्रित किया जाता है क्योकि प्रायः उच्च अक्षांशों के आसन्न (swaths) के बढ़ने से ओवरलैप के कारण ओर अधिक क्षेत्रों का चित्रण हो पाता है ।

3.5.3 सूर्य-समकालिक कक्षाएँ (Sun-synchronous orbits)

यह ध्रुवीय कक्षा का एक विशेष कक्ष होता है। एक ध्रुवीय कक्षा की तरह, उपग्रह उत्तर से दक्षिण ध्रुवों की ओर घूमता है तथा पृथ्वी इसके नीचे से गुजरती है। एक सूर्य-समकालिक कक्षा में, उपग्रह पृथ्वी के एक ही हिस्से में लगभग हर दिन एक ही स्थानीय समय से गुजरता है। यह उपग्रह पृथ्वी की परिक्रमा 700 से 800 किमी की ऊँचाई से करते है। इनका उपयोग उन उपग्रहों के लिए किया जाता है जिन्हें सूर्य के प्रकाश की निरंतर आवश्यकता होती है।

एक विशिष्ट सूर्य समकालिक उपग्रह 14 दिनों में कक्षा में एक परिक्रमापूरी करता है, और प्रत्येक क्रमिक कक्षा भूमध्य रेखा पर लगभग 2875 किमी की दूरी पर पृथ्वी के किसी सतह पर स्थानांतरित हो जाती है। इसके अलावा, उपग्रह का मार्ग 1.170 (लगभग 130.54 किमी) देशांतर

पर पश्चिम की ओर प्रतिदिन, भूमध्य रेखा पर स्थानांतरित किया जाता है (चित्र 3.4)। लैंडसैट उपग्रह और आईआरएस उपग्रह सूर्य-समकालिक, निकट-ध्रुवीय उपग्रहों के विशिष्ट उदाहरण हैं।

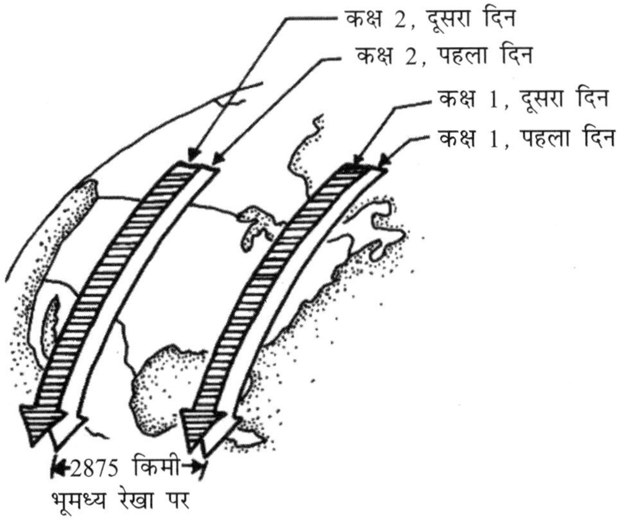

चित्र 3.4: एक विशिष्ट सूर्य-तुल्यकालिक उपग्रह की कक्षाएँ

3.6 उपग्रह कक्षाओं की विशेषताएँ

उपग्रह की कक्षाओं की क्षमता और उद्देश्य सेंसर से मेल खाते हैं। कक्षा का चयन पृथ्वी के सापेक्ष ऊंचाई और उनकी अभिविन्यास और घुर्णन (रोटेशन) के संदर्भ में भिन्न हो सकता है।

अंतरिक्ष में एक उपग्रह द्वारा अनुसरण किए जाने वाले मार्ग को उपग्रह की कक्षा कहा जाता है। कक्षा वृत्ताकर (या इसके पास) या अण्डाकार आकार में हो सकते हैं।

3.6.1 कक्षीय अवधि

पृथ्वी के चारों ओर अपनी कक्षा में एक चक्र पूरा करने में लिए गए समय को कक्षीय अवधि कहा जाता है। यह एक भू-स्थिर उपग्रह के लिए 24 घंटे तक तथा एक समीपध्रुवीय कक्षा के लिए लगभग 100 मिनट का होता है।

3.6.2 ऊँचाई

एक उपग्रह का ऊँचाई इसके पृथ्वी की सतह के सापेक्ष की ऊँचाई होती है। उपग्रह के डिजाइन किए गए उद्देश्य के आधार पर, कक्षा कम (160-2000 किमी), मध्यम और उच्च (~ 36000 किमी) की ऊँचाई पर स्थित हो सकती है।

3.6.3 एपोजी (Apogee) और पेरिजी (Perigee)

Apogee कक्षा में वह बिंदु है जहाँ उपग्रह पृथ्वी से अधिकतम दूरी पर है। पेरिगी कक्षा में वह बिंदु है जहां उपग्रह पृथ्वी के सबसे नजदीक है (चित्र 3.5)।

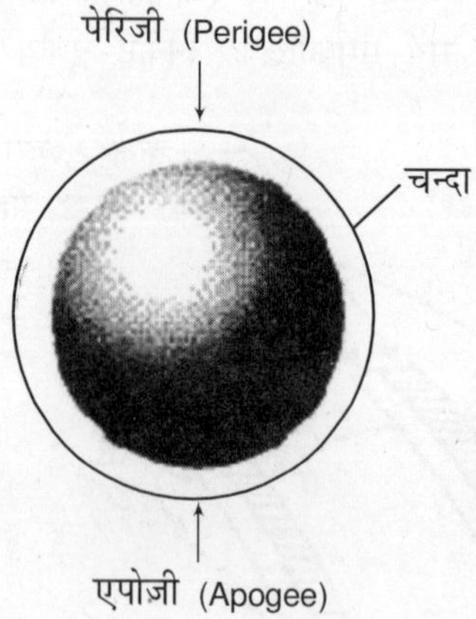

चित्र 3.5: Apogee और Perigee को दिखाने वाले उपग्रह कक्षा का योजनाबद्ध प्रतिनिधित्व

3.6.4 झुकाव

कक्षीय सतह (ऑर्बिटल प्लेन) का झुकाव भूमध्य रेखा से घड़ी की सुई के धुमाव के दिशा में मापा जाता है। सुदूर संवेदी उपग्रह के लिए कक्षीय झुकाव आमतौर पर 99 डिग्री है। भूमध्य रेखा पर किसी भी उपग्रह का झुकाव लगभग 180 डिग्री ह (चित्र 3.6)।

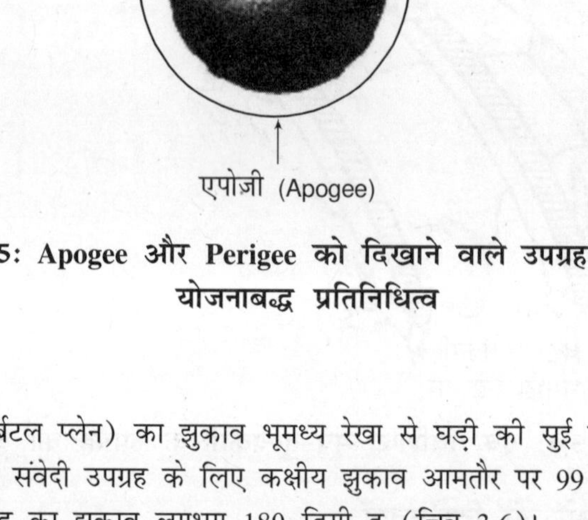

चित्र 3.6: कक्षीय ट्रैक और पृथ्वी से अन्तरिक्ष के झुकाव का प्रतिनिधित्व

3.6.5 स्वाथ (Swath)

एक उपग्रह का स्वाथ (आसन्न) पृथ्वी की सतह पर ली जानेवाली प्रतिबिम्बियी क्षेत्र की चौड़ाई है, जो एक एकल चक्रण के दौरान सेंसर द्वारा स्कैन की जाती है (चित्र 3.7)। उदाहरण के लिए, ARS-1C LISS-3 संवेदककी स्वाथ चौड़ाई दृश्य बैंड में 141 किमी और शॉर्टवेव अवरक्त बैंड में 148 किमी है।

चित्र 3.7: उपग्रह स्वाथ का योजनाबद्ध प्रदर्शन

3.7 उपग्रहीय संवेदक

पारंपरिक रूप से, सुदूरसंवेदकों को दो समूहों में विभाजित किया जाता है: निष्क्रिय संवेदक और सक्रिय संवेदक,वैकल्पिक रूप से, सुदूरसंवेदक छवि को इमेजिंग सेंसर और गैर-इमेजिंग सेंसर में भी वर्गीकृत किया जा सकता है। उनकी वर्णक्रमीय विशेषताओं के संदर्भ में, इमेजिंग सेंसर में ऑप्टिकल इमेजिंग सेंसर, थर्मल इमेजिंग सेंसर और रडार इमेजिंग सेंसर शामिल हैं।

3.7.1 प्रकाशीय इमेजिंग संवेदक

प्रकाशीय इमेजिंग संवेदक दृश्य और परावर्तक अवरक्त (आई.आर.) रेंज में काम करते हैं। अंतरिक्ष मंच पर विशिष्ट ऑप्टिकल इमेजिंग सिस्टम में एकल (पैंक्रोमेटीक)प्रणाली, बहुवर्णक्रमीय प्रणाली और अति सुक्ष्म वर्णक्रमीय (हाइपरस्पेक्ट्रल)प्रणालीशामिल हैं। एक एकल (पैंक्रोमेटीक) प्रणाली में, सेंसर एक एकल वर्णक्रमीय (मोनोस्पेक्ट्रल) चैनल डिटेक्टर है जो एक व्यापक तरंग दैर्ध्य रेंज के भीतर विकिरण के प्रति संवेदनशील है। एक मल्टीस्पेक्ट्रल सेंसर कुछ स्पेक्ट्रल बैंड के साथ एक मल्टीचैनल डिटेक्टर है। प्रत्येक चैनल एक संकीर्ण तरंग दैर्ध्य बैंड के भीतर विकिरण के प्रति संवेदनशील है। इस प्रकार परिणामी छवि एक बहुपरत छवि होता है जिसमें देखे जाने वाले लक्ष्यों की चमक और वर्णक्रमीय (रंग) दोनों जानकारी शामिल होते है।

3.7.2 गर्मी सम्बन्धी अवरक्त इमेजिंग संवेदक

एक थर्मल सेंसर प्राय: मध्य से दूर अवरक्त और माइक्रोवेव वर्णक्रम के बीच (लगभग 9 और 14 माइक्रोन मीटर के बीच) विद्युत चुम्बकीय स्पेक्ट्रम में संचालित होता है। शून्य से ऊपर के तापमान वाली कोई भी वस्तु अवरक्त विकिरण का उत्सर्जन कर सकती है और एक थर्मल इमेज का निर्माण कर सकती है। एक गर्म वस्तु एक ठन्डे वस्तु की तुलना में अधिक तापीय ऊर्जा का उत्सर्जन करती है। इसलिए, इसके प्रतिबिम्ब अधिक साफ दिखाई देते है। यह जानवरों और मानव शरीर सहित एक जीवित प्राणी पर नजर रखने में विशेष रूप से उपयोगी है, साथ ही साथ ज्वालामुखी और जंगल

की आग का पता लगाने में भी, क्योंकि एक थर्मल प्रतिबिम्ब दृश्य प्रकाश में रोशनी से स्वतंत्र है, अर्थात इसके प्रतिबिम्ब कभी भी प्राप्त हो सकते है ।

3.7.3 रडार इमेजिंग संवेदक

एक रडार (माइक्रोवेव) इमेजिंग सेंसर आमतौर पर एक सक्रिय सेंसर होता है, जो 1 मिमी से 1 मी के विद्युत चुम्बकीय स्पेक्ट्रम रेंज में सक्रिय होता है। सेंसर प्रकाश को जमीन पर पहुंचाता है, और माइक्रोवेव तरंगदैर्ध्य पर एक छवि बनाने के लिए लक्ष्य को रडार एंटीना से ऊर्जा परिलक्षित किया जाता है (चित्र 3.8)। राडार छवि में प्रत्येक पिक्सेल जमीन पर उस क्षेत्र के लिए रडार बैकस्कैटर का प्रतिनिधित्व करता है। एक माइक्रोवेव इंस्ट्रूमेंट बादल या धूमिल मौसम में भी काम कर सकता है और रेत, पानी और दीवारों में भी घुस सकता है।

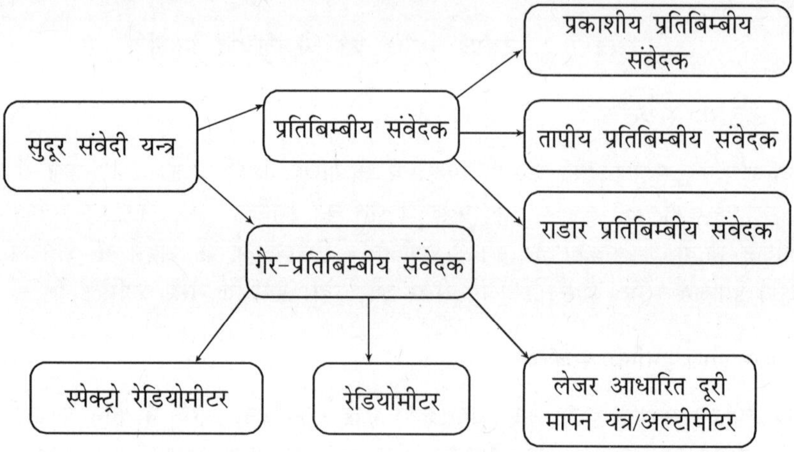

चित्र 3.8: प्रतिबिम्बीय संवेदक और गैर-प्रतिबिम्बीय संवेदक संवेदकों के संदर्भ की श्रेणियां

3.7.4 एक पुश-ब्रूम स्कैनर

इस प्रकार की इमेजिंग प्रणाली का उपयोग आमतौर पर ऑप्टिकल रिमोट सेंसिंग सैटेलाइट जैसे SPOT में किया जाता है। इमेजिंग सिस्टम में एक रेखीय डिटेक्टर सरणी (आमतौर पर सीसीडी प्रकार) होती है जिसमें कई डिटेक्टर तत्व (6000 तत्व) होते हैं जैसे स्पॉट एचआरवी।

3.8 उपग्रह चित्रों के प्रकार

उपग्रह चित्र मुख्यतया दो मुख्य प्रकार के होते हैं-

(i) दृश्य प्रतिबिम्ब और (ii) अवरक्त (IR) प्रतिबिम्ब।

(i) दृश्य प्रतिबिम्ब: यह अपने नाम के अनुरूप यह एक दृश्य प्रकाश में पृथ्वी की एक छवि होती है । उपग्रह के द्वारा प्राप्त छवि जैसे घने बादल और दृश्यमान चित्रों को दृश्य प्रकाश में उज्जवल व स्पष्ठ दिखने का कार्य करते हैं।

(ii) **अवरक्त प्रतिबिम्ब:** दृश्य चित्रों के साथ यह कठिनाई होती है कि यह केवल दिन के समय (सौर्य प्रकाश) में ही छवि उपलब्ध करा पाते हैं । इस समस्या से निपटने के लिए, अवरक्त (आईआर) संवेदक विकसित किया गया था, जो यह बादलों द्वारा दी गई ऊर्जा (गर्मी) को ग्रहण कर छवि प्राप्त करता है। गर्म बादल जो वायुमंडल में कम होते हैं, वे ठंडे, उच्च बादलों की तुलना में अधिक अवरक्त ऊर्जा देकर अवरक्त प्रतिबिम्ब प्रदान करते हैं।

3.8.1 अनुरूप और अंकीय डिजिटल छवियाँ (Analog and Digital Images)

एक छवि वास्तव में किसी वस्तु का दो–आयामी प्रतिनिधित्व है। दूरस्थ संवेदी चित्र अंतरिक्ष से देखा गए पृथ्वी की सतह के कुछ हिस्सों का प्रतिनिधित्व करते हैं जैसा उसके द्वारा देखा जाता है। चित्र अनुरूप (एनालॉग) या अंकीय (डिजिटल) हो सकते हैं। हवाई तस्वीरें अनुरूप (एनालॉग) अंकीय छवियों के उदाहरण हैं, जबकि इलेक्ट्रॉनिक सेंसर का उपयोग द्वारा प्राप्त उपग्रह चित्र डिजिटल छवियों के उदाहरण हैं।

3.8.2 बहुपरत चित्र (Multilayer Image)

एकल पिक्सेल द्वारा आवरण (कवर) किए गए पृथ्वी के क्षेत्र से कई प्रकार के माप किए जा सकते हैं। प्रत्येक प्रकार के माप से एक छवि बनती है जो क्षेत्र के बारे में कुछ विशिष्ट जानकारी ले जाती है। एक साथ एक ही क्षेत्र से इन छवियों को 'स्टैकिंग' करके, एक बहुपरत छवि बनाई जाती है। छवि का प्रत्येक घटक बहुपरत छवि का एक परत होता है। विभिन्न सेंसरों, और अन्य सहायक आंकड़ो से प्राप्त छवियों के संयोजन से बहुपरत चित्र भी बनाए जा सकते हैं (चित्र 3.9)। उदाहरण के लिए, एक बहुपरत छवि में SPOT मल्टीस्पेक्ट्रल छवि, ERS सिंथेटिक एपर्चर रडार छवि की एक परत से तीन परतें शामिल हो सकती है।

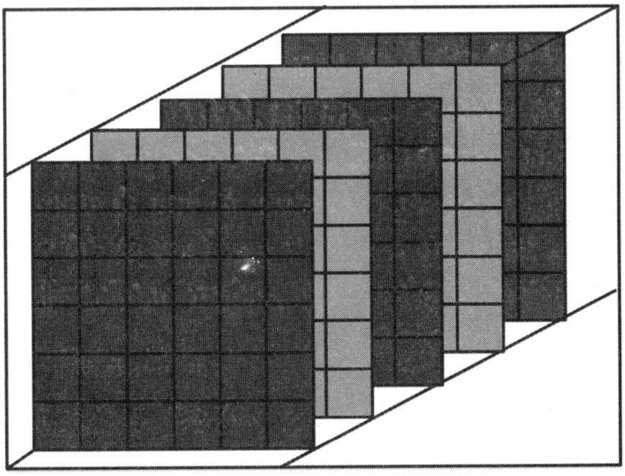

चित्र 3.9: एक बहुस्तरीय छवि का चित्रण जिसमें पाँच घटकों की परतें सम्मिलित हैं।

3.8.3 बहु वर्णक्रमीय छवि (Multispectral Image)

एक बहुवर्णक्रम (मल्टीस्पेक्ट्रल) छवि में कुछ छवि की परतें होती हैं और प्रत्येक परत एक विशेष तरंग दैर्ध्य बैंड पर अधिग्रहित छवि का प्रतिनिधित्व करती है। उदाहरण के लिए, मल्टीस्पेक्ट्रल मोड में कार्यरत SPOT HRV सेंसर तीन तरंग दैर्ध्य बैंडों में विकिरणों का पता लगाता है: हरा (500 - 590 नैनोमीटर), लाल (610 - 680 नैनोमीटर) और निकट अवरक्त (790 - 890 नैनोमीटर) बैंड। एक एकल स्पोट (SPOT) मल्टीस्पेक्ट्रल दृश्य में तीन तरंग दैर्ध्य बैंड में तीन तीव्रता के चित्र होते हैं। इस स्थिति में, दृश्य के प्रत्येक पिक्सेल में तीन बैंड के अनुरूप तीन तीव्रता मान होते हैं। उदाहरण के तौर पर एक बहुवर्णक्रम (मल्टीस्पेक्ट्रल)। KONOS छवि में चार बैंड होते हैं: ब्लू, ग्रीन, रेड और नियर इन्फ्रारेड, जबकि एक लैंडसेट टीएम (landsat TM) बहुवर्णक्रम (मल्टीस्पेक्ट्रल) छवि में सात बैंड होते हैं: ब्लू, ग्रीन, रेड, नियर-आईआर बैंड, दो SWIR बैंड और एक थर्मल AR बैंड।

3.8.4 सुपर स्पेक्ट्रल छवि (Super spectral Image)

विगत कुछ वर्षों में विकसित उपग्रहीय संवेदक अधिक तरंगदैर्ध्य बैंड पर छवियों को प्राप्त करने में सक्षम हैं। उदाहरण के लिए, NASA के TERRA उपग्रह में MODIS सेंसर में 36 वर्णक्रमीय बैंड होते हैं, जो विभिन्न तरंग दैर्ध्य क्षेत्रों को समाहित किये हुए रहते हैं, जो दृश्यमान, निकट अवरक्त, तापीय अवरक्त के लिए लघु-तरंग अवरक्त से होते हैं। बैंड में संकरा बैंडविंड होता है, जो सेंसर द्वारा कैप्चर किए जाने वाले लक्ष्यों की महीन वर्णक्रमीय विशेषताओं को सक्षम करता है।

3.8.5 अतिसूक्ष्म वर्णक्रमीय छवि (Hyperspectral Image)

अतिसूक्ष्म वर्णक्रमीय (हाइपरस्पेक्ट्रल) छवि में लगभग सौ या अधिक सन्निहित स्पेक्ट्रल बैंड होते हैं। अतिसूक्ष्म वर्णक्रमीय छवि में निहित सटीक वर्णक्रमीय जानकारी लक्ष्य के बेहतर लक्षण वर्णन और पहचान को सक्षम बनाती है। अतिसूक्ष्म वर्णक्रमीय छवियों का सटीक कृषि, तटीय प्रबंधन समेत अन्य क्षेत्रों में कई संभावित अनुप्रयोग हैं जैसे स्वास्थ्य, मृदा नमी की स्थिति और फसलों की परिपक्वता की निगरानी अति सूक्ष्म वर्णक्रमीय (हाइपरस्पेक्ट्रल) छवि के माध्यम से सहजता से प्राप्त किया जा सकता है। वर्तमान में, अति सूक्ष्म वर्णक्रमीय छवि का व्यावसायिक रूप से उपग्रहों से उपलब्ध नहीं होता है। ये अभी प्रायोगिक उपग्रह-संवेदक हैं जो वैज्ञानिक जांच के लिए हाइपरस्पेक्ट्रल इमेजरी का अधिग्रहण करते हैं, नासा के हाइपरियन सेंसर ऑन-ईओ 1 उपग्रह इसका उदाहरण है।

हाइपरस्पेक्ट्रल छवि आंकड़ों में आमतौर पर सौ से अधिक सन्निहित स्पेक्ट्रल बैंड द्वारा संगृहीत किये जाते है, जो तीन-आयामी (दो स्थानिक आयाम और एक वर्णक्रमीय आयाम) छवि का निर्माण एक क्यूब के रूप में करते है । प्रत्येक पिक्सेल imaged का क्षेत्र पूर्ण स्पेक्ट्रम के साथ जुड़ा हुआ है। हाइपर स्पेक्ट्रल छवियों का उच्च वर्णक्रमीय संकल्प भूमि कवर के बेहतर पहचान को सक्षम बनाता है (चित्र 3.10)।

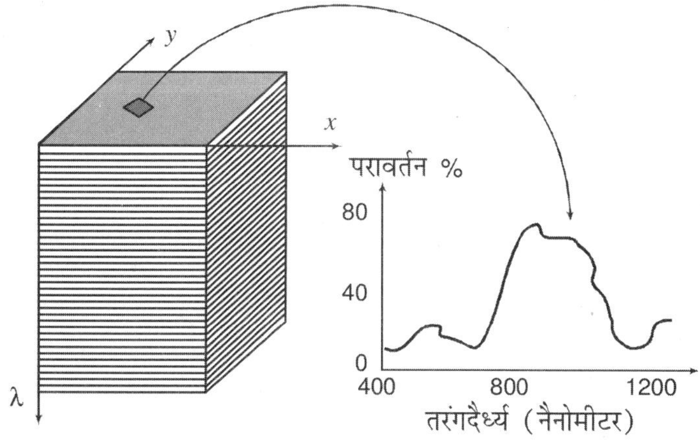

चित्र 3.10: एक हाइपरस्पेक्ट्रल इमेज क्यूब का चित्रण।

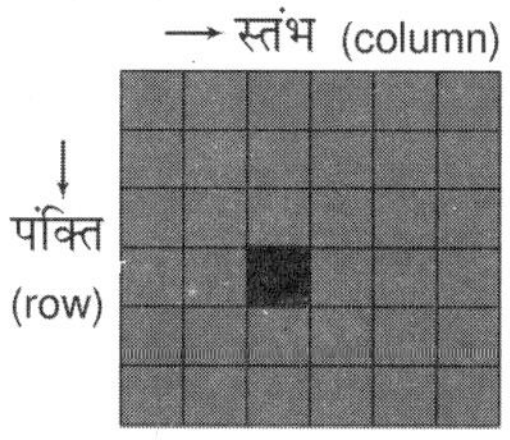

चित्र 3.11: किसी डिजिटल छवि पिक्सल दो आयामी (सारणी) है। प्रत्येक पिक्सेल की एक तीव्रता मूल्य (एक डिजिटल नंबर द्वारा दर्शाई जाती है) और इसे इसकी पंक्ति (row) और स्तंभ (column) संख्या द्वारा प्रदर्शित करते है।

3.8.6 सुदूर संवेदी प्रतिबिम्बीय प्रणाली एवं कैमरा फोटोग्राफी (Remote Sensing Imaging System and Camera Photography)

सुदूर संवेदी प्रतिबिम्बीय प्रणाली में कैमरा फोटोग्राफी के कई लाभ हैं जिसे निम्नांकित बिन्दुओं से समझा जा सकता है।

(i) यह केवल विद्युत चुम्बकीय स्पेक्ट्रम (तरंगदैर्ध्य में लगभग 0.4 से 0.7 माइक्रोमीटर तक) के दृश्य भाग तक ही सीमित नहीं है, बल्कि आँख के लिए अदृश्य तरंगदैर्ध्य जैसे कि निकट-अवरक्त, थर्मल अवरक्त और रेडियो तरंगदैर्ध्य की ऊर्जा को भी माप सकता है ।

(ii) अधिकांश सुदूर संवेदी उपकरण एक ही समय में अलग-अलग तरंग दैर्ध्य रिकॉर्ड कर सकते हैं अर्थात इनके माध्यम से पृथ्वी पर किसी एक स्थान के लिए एक नहीं बल्कि कई छवियों को एक साथ प्राप्त किया जा सकता है ।

इस प्रकार, पृथ्वी अवलोकन उपग्रहों द्वारा अधिग्रहित सुदूर संवेदी आंकड़ों की मदद से पृथ्वी की सतह का अध्ययन करने के लिए कई लाभ है, जो मुख्यतया निम्नांकित हैं:

(i) अच्छा वर्णक्रमीय (इन्फ्रा-रेड बैंड सहित) और स्थानिक संकल्प

(ii) व्यापक क्षेत्रीय कवरेज

(iii) आंकड़ों का सतत संग्रहण

(iv) नियमित पुनरीक्षण की क्षमता के कारण अद्यतन जानकारी

(v) लागत प्रभावी और मानचित्र-आधारित सटीक आंकडें

(vi) ऐतिहासिक आंकडें का बड़ा संग्रह

(vii) उपग्रह अंकीय आंकड़ों को अन्य अंकीय आंकड़ों के साथ संयोजित करने की क्षमता

(viii) अंकीय आंकड़ों में हेरफेर या वृद्धि करने की क्षमता

3.9 पिक्सेल (Pixels)

एक अंकीय छवि में व्यक्तिगत चित्र तत्वों के दो आयामी सरणी होते हैं जिन्हें कॉलम और पंक्तियों में व्यवस्थित किया जाता है। प्रत्येक पिक्सेल पृथ्वी की सतह के किसी विशेष क्षेत्र का प्रतिनिधित्व करता है। एक पिक्सेल की दो आयामी छवि में एक तीव्रता मान और दूसरा एक स्थान का पता होता है (चित्र 3.10)।

3.9.1 तीव्रता मूल्य

ये इनके भौतिक मात्रा के मापन को दर्शाता है, जैसे कि जमीन से परावर्तित तरंग दैर्ध्य बैंड में सौर चमक, उत्सर्जित अवरक्त विकिरण या backscattered राडार की तीव्रता। यह मान सामान्य रूप से पिक्सेल द्वारा आवरित (कवर) किए गए पूरे पृथ्वी क्षेत्र के लिए औसत मूल्य दर्शाता है। एक पिक्सेल की तीव्रता को अंकीय रूप (नंबर) में डिजिटल कर और संग्रहित किया जाता है। परिमित भंडारण क्षमता के कारण, एक डिजिटल नंबर बिट्स (बाइनरी अंक) की परिमित संख्या पद्धति द्वारा संग्रहीत किया जाता है। बिट्स की संख्या छवि के रेडोमेट्रिक रिजॉल्यूशन को निर्धारित करती है। उदाहरण के लिए, एक 8-बिट डिजिटल नंबर 0 से 255 (यानी 28- 1) तक होता है, जबकि 11-बिट डिजिटल नंबर 0 से 2047 (यानी 211-1) तक होता है। पहचाने गए तीव्रता मान के मूल्य को इस सीमा के भीतर फिट करने के लिए स्केल को परिमाणित करने की आवश्यकता होती है । एक रेडियो-कैलिब्रेटेड छवि में, वास्तविक तीव्रता मान पिक्सेल डिजिटल नंबर से प्राप्त किया जा सकता है।

एक पिक्सेल का पता इसकी पंक्ति और कॉलम के रूप में दो-आयामी छवि में समन्वित करता है। एक पिक्सेल के स्तम्भ-पंक्ति पते और प्रतिबिंबित स्थान के भौगोलिक निर्देशांक (जैसे देशांतर, अक्षांश) के बीच एक-दुसरे के समानांतर होता है।

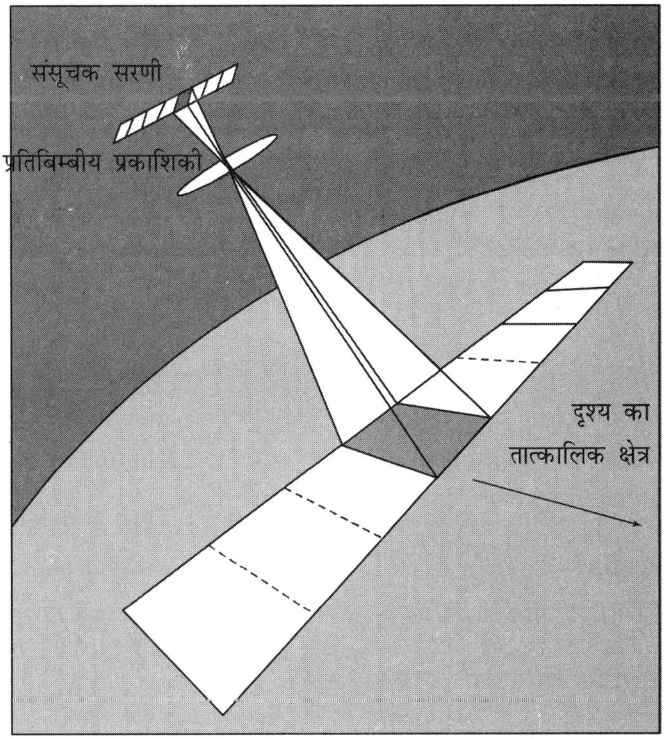

चित्र 3.12: उपग्रह की सहायता से दृश्य के तात्कालिक क्षेत्र द्वारा एकत्रित आंकड़ों का निरूपण

3.10 तात्कालिक क्षेत्र (IFOV)

प्रत्येक डिटेक्टर तत्व जमीन पर ''तात्कालिक क्षेत्र (IFOV)'' का प्रतिनिधित्व करता है। एक डिटेक्टर तत्व द्वारा दर्ज किया गया संकेत इसके IFOV के भीतर एकत्र कुल विकिरण के आनुपातिक होता है (चित्र 3.12)। डिटेक्टर सारणी अपने ट्रैक के साथ आकडों को संग्रहीत करती है, जिनके दो-आयामी छवि उत्पन्न करने के लिए पिक्सल की एक पंक्ति स्वीप करती है।

3.11 वनस्पति संकेत (Vegetation Indices)

वनस्पति संकेत (बहु-या हाइपरस्पेक्ट्रल इमेजरी बैंड के विश्लेषण के माध्यम से) उपग्रह और ड्रोन से प्राप्त आंकड़ों की पारिस्थितिक जानकारी का अधिग्रहण करने में सक्षम बनाते हैं। प्रकाश के परिवर्तन द्वारा प्राप्त प्रतिबिंब में परिर्वतन क्लोरोफिल सामग्री, पौधे के प्रकार, ऊतकों के भीतर पानी की सामग्री और अन्य कारकों के साथ होता है। इस तथ्य के कारण, उपग्रह प्रतिबिम्ब द्वारा ग्रहीत किए गए वर्णक्रमीय परावर्तन प्रतिक्रियाएं कार्बन, नाइट्रोजन और पानी के चक्रों के संपर्क और युग्मन को दर्शाती हैं (चित्र 3.13)। विभिन्न सूचकांकों के माध्यम से पौधों की विशेषताओं की एक विस्तृत श्रृंखला का अनुमान लगाया जा सकता है। सूचकांक वर्णक्रमीय जानकारी को बढ़ाते हैं और रुचि

के वर्गों की विभाज्यता को बढ़ाते हैं। इन सभी कारकों के परिणामस्वरूप लैंड यूज लैंड कवर (LULC) मैपिंग की गुणवत्ता में वृद्धि होती है।

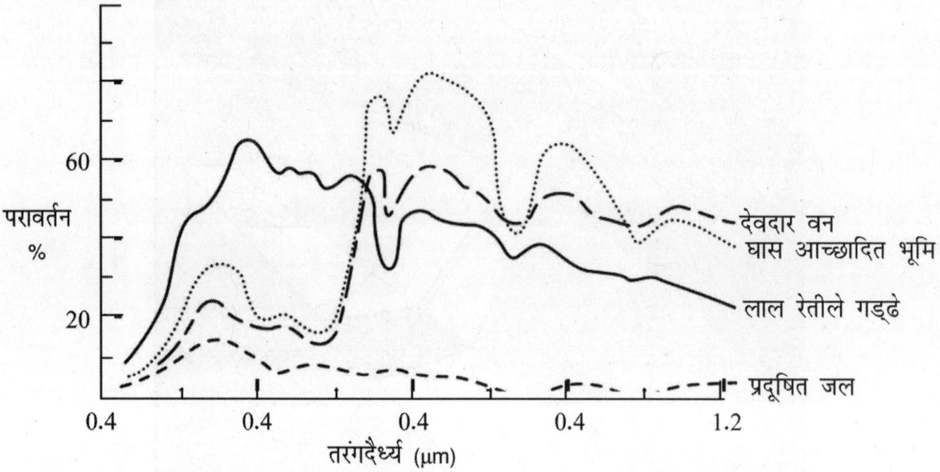

चित्र 3.13: विभिन्न प्राकृतिक गुणधर्मों के लिए वर्णक्रमीय वक्र (NASA, 2018)

3.11.1 वनस्पति संकेत के वर्णक्रमीय बैंड

फसल के विभिन्न गुणधर्मों जैसे फसल का प्रकार, पत्ती क्षेत्र सूचकांक, बायोमास का निर्धारण उनके वर्णक्रमीय परावर्तन के आधार पर किया जाता है। प्रत्येक दृश्य प्रकाश एवं अवरक्त किरणों का वर्णक्रमीय बैंड निम्नानुसार है।

I. दृश्य प्रकाश किरणें

(i) नीला: 450-495 नैनोमीटर

(ii) हरा: 495-570 नैनोमीटर

(iii) लाल: 620-750 नैनोमीटर

II. अवरक्त किरणें

(iv) निकट अवरक्त (एनआईआर): 750-900 नैनोमीटर

(v) शॉर्ट वेव इन्फ्रारेड (SWIR): 9003000 नैनोमीटर

(vi) थर्मल इन्फ्रारेड (टीआईआर): 3000-14000 नैनोमीटर

तरंग दैर्ध्य डोमेन उपग्रह से उपग्रह में भिन्न होते हैं। उदाहरण के लिए, वर्ल्डव्यू -3 उपग्रह का लाल बैंड 630 से 690 नैनो मीटर तक होता है जबकि प्लैनेटस्कोप उपग्रह 590 से 670 नैनो मीटर तरंग दैर्ध्य का उपयोग करता है। विभिन्न उपग्रहों में अलग-अलग संसर होते हैं जो विभिन्न वर्णक्रमीय बैंडों के साथ छवियां उत्पन्न करते हैं।

नासा के लैंडसैट 8 उपग्रह में कुल ग्यारह बैंड हैं। उन ग्यारह में से, नौ वर्णक्रमीय बैंडों में 30 मीटर का स्थानिक रिजॉल्यूशन है। बैंड 8 (पंचक्रोमाटिक) के लिए रिजॉल्यूशन 15 मीटर है। थर्मल

बैंड 10 और 11 अधिक सटीक सतह तापमान प्रदान करने में उपयोगी होते हैं और 100 मीटर के रिजॉल्यूशन पर अधिग्रहित किए जाते हैं, लेकिन 30 मीटर तक फिर से व्यवस्थित होते हैं। लैंडसैट 8 उपग्रह, लैंडसैट 7. (नासा, 2018) से 8-दिन की ऑफसेट में प्रत्येक 16 दिनों में पूरी पृथ्वी का चित्रण करता है।

3.12 वर्णक्रमीय हस्ताक्षर (Spectral signature)

वर्णक्रमीय हस्ताक्षर किसी वस्तु के परावर्तन या उत्सर्जन के साथ तरंग दैर्ध्य के संबंध में बदलाव को प्रदर्शित करता है। किसी वस्तु का वर्णक्रमीय हस्ताक्षर विद्युत चुम्बकीय वर्णक्रम के उस भाग के साथ आकस्मिक EM तरंग दैर्ध्य और भौतिक संपर्क के संबंध को भी बताता है। अधिकांश दूरस्थ संवेदी अनुप्रयोग प्रत्येक पिक्सेल पर वर्णक्रमीय हस्ताक्षर निकालने के लिए डिजिटल छवियों को संसाधित करते हैं और विभिन्न दृष्टिकोणों का उपयोग करके समान पिक्सल (विभाजन) के समूहों में छवि को विभाजित करने के लिए उनका उपयोग करते हैं। ज्ञात वर्णक्रमीय हस्ताक्षर के साथ प्राप्त हस्ताक्षर की तुलना करके प्रत्येक समूह (वर्गीकरण) या वस्तु को एक वर्ग अथवा नाम प्रदान किया जाता हैं।

3.13 विभिन्न प्रकार के सूचकांक

सुदूर संवेदी के कृषि तथा भूमि प्रबंधन में मुख्यत: प्रयुक्त होने वाले विभिन्न प्रकार के सूचकांक की सूची नीचे दी गयी है:

(i) सामान्यीकृत अंतर वनस्पति सूचकांक (NDVI)
(ii) संवर्धित वनस्पति सूचकांक (EVI)
(iii) उन्नत वनस्पति सूचकांक (IAVI)
(iv) सामान्यीकृत अंतर जल सूचकांक (NDWI)
(v) मृदा समायोजित वनस्पति सूचकांक (SAVI)
(vi) मृदा-समायोजित कुल वनस्पति सूचकांक (SATVI)
(vii) अनुकूलित मृदा समायोजित वनस्पति सूचकांक (OSAVI)

3.13.1 सामान्यीकृत अंतर वनस्पति सूचकांक (NDVI)

क्लोरोफिल, जो पौधों को उनका हरा रंग देता है, दृश्य प्रकाश को अवशोषित करता है। पत्तियां निकट-अवरक्त प्रकाश (NIR) किरणों को अवशोषित करती हैं; क्योंकि पौधे प्रकाश संश्लेषण के लिए केवल दृश्य प्रकाश का उपयोग करते हैं। इसका मतलब है कि अच्छी प्रकाश संश्लेषण गतिविधि वाले एक स्वस्थ पौधे का विश्लेषण एनआईआर की तुलना दृश्यमान लाल प्रकाश द्वारा स्पष्टता से किया जा सकता है। निर्बल और रोगग्रस्त वनस्पति अधिक दृश्य प्रकाश और कम एनआईआर को प्रतिबिंबित करेगी अर्थात स्वस्थ वनस्पति अपने ऊपर आपतित होने वाले दृश्यमान प्रकाश को अवशोषित कर लेती है । सामान्यीकृत अंतर वनस्पति सूचकांक को निम्न सूत्र से निरुपित किया जाता है:

$$NDVI = (NIR - RED) / (NIR + RED)$$

जहाँ NIR निकट-अवरक्त प्रकाश (NIR) किरणों व RED लाल किरणों को दर्शाता है।

मूल रूप से नासा द्वारा विकसित, NDVI सूचकांक का उपयोग व्यापक रूप से किया जाता है। NDVI मान 0 और 1 के बीच होता है (सामान्यीकरण प्रक्रिया के कारण)। NDVI ($< 0 - 1$) के बहुत कम मूल्य रॉक, रेत या बर्फ तथा बंजर क्षेत्रों के होते हैं। मिट्टी छोटे NDVI मान (0.1-0.2) उत्पन्न करते हैं। झाड़ियों और घास के मैदान जैसी विरल वनस्पतियों का NDVI मान मध्यम (0.2-0.5) हो सकता है। निम्नांकित तालिका में विभिन्न पारिस्थितिक तंत्रों का NDVI मान दर्शाया गया है।

तालिका 3.1: विभिन्न पारिस्थितिक तंत्रों का NDVI मान

पारिस्थितिक तन्त्र	NDVI सूचकांकमान
बोराल वन	0.6-0.8
शीतोष्णवन	0.3-0.7
तटीय वर्षावन	0.88-0.92
अल्पाइन के चारागाह	0-0.35
वार्षिक घास के मैदान	0.15-0.45
मरुस्थल	0.06-0.12

घने वनस्पतियों का NDVI मान उच्च होता हैं जो समशीतोष्ण और उष्णकटिबंधीय जंगलों या फसलों में अपने चरम विकास चरण में पाए जाते हैं। NDVI सूचकांक के मान के द्वारा ही प्रायः बड़े पैमाने पर वनस्पतियों के आकलन किया जाता है। NDVI का मुख्य दोष यह है कि यह मिट्टी (चमक और रंग), वायुमंडल (बादल के रंग और बादल छाया) और पत्तीयों के चंदवा छाया के प्रभावों के प्रति संवेदनशील होता है। NDVI के साथ एक और समस्या यह है कि घने वनस्पतियों में, यह जल्दी से संतृप्ति तक पहुंच जाता है। बावजूद इसके, NDVI बड़े क्षेत्रों का अध्ययन करने और वनस्पतियों के प्रकाश संश्लेषक गतिविधि की जानकारी एवं वृद्धि का आंकलन करने के लिए सबसे अच्छा है।

3.13.2 संवर्धित वनस्पति सूचकांक (The Enhanced Vegetation Index)

संवर्धित वनस्पति सूचकांक (EVI) सर्वाधिक उपयोग किया जाने वाला वैकल्पिक वनस्पति सूचकांक है जो एनडीवीआई (मिट्टी और वातावरण की सीमाओं) के दोषों का निराकरण प्रस्तुत करता है। वैज्ञानिक के. लियू और हियेट (1995) ने अपने अध्ययन के द्वारा वायुमंडलीय स्थितियों के प्रभाव को कम न्यून करते हुए और चंदवा (कैनोपी) पृष्ठभूमि संकेतों को सही करने हेतु संवर्धित वनस्पति सूचकांक की अवधारणा प्रस्तुत की। यह सूचकांक उच्च बायोमास क्षेत्रों की वृद्धि में बदलाव के प्रति यह अधिक संवेदनशील होता है तथा इसे निम्न सूत्र से निरूपित किया जाता है।

$$EVI = 2.5 \times \frac{(NIR - RED)}{(NIR + C_1 \times RED - C_2 \times BLUE + L)}$$

जहाँ C_1 एवं C_2 क्रमशः लाल और नीली किरणों के गुणांक है।

3.13.3 सामान्यीकृत अंतर जल सूचकांक (Normalized Difference Water Index)

सामान्यीकृत अंतर जल सूचकांक (NDWI) निकट अवरक्त किरणें और लघु तरंगधैर्य अवरक्त किरणें के बैंड का उपयोग करके पत्तियों में नमी की स्थिति में परिवर्तन को मापता है। क्योंकि NDWI पौधों की जल सामग्री के साथ-साथ जल निकायों के प्रति संवेदनशील है, इसका उपयोग अक्सर सूखे की निगरानी, उपज में कमी, जलाशय के निर्वहन, भूजल स्तर के कम होने आदि के लिए किया जाता है। इसे निम्न सूत्र से निरूपित किया जाता है:

$$NDWI = \frac{(NIR - SWIR)}{(NIR + SWIR)}$$

जहाँ NIR- निकट अवरक्त किरणों एवं SWIR लघु तरंगधैर्य अवरक्त किरणों को प्रदर्शित करता है।

सामान्यीकृत अंतर जल सूचकांक का मान वनस्पतियों के लिए बहुत कम होता है जबकि जल निकायों के लिए इसका मान 0.5 से अधिक होता है। इसप्रकार इसके मान के अंतर से जल निकायों के बीच भेद किया जाता है ।

3.13.4 मृदा समायोजित वनस्पति सूचकांक (SAVI)

प्राय: उन स्थलों पर जो कि वनस्पतियों द्वारा अधिक आच्छादित होते है उन स्थलों के लिए यह सूचकांक एक महत्वपूर्ण भूमिका निभाती है। यहाँ यह उल्लेखनीय है कि NDVI (एनडीवीआई) मिट्टी के प्रतिबिंब से प्रभावित हो सकती है, परन्तु मृदा समायोजित वनसपति सूचकांक (SAVI) मिट्टी के प्रतिबिंब से प्रभावित नहीं होती है। इस प्रकार मृदा समायोजित वनस्पति सूचकांक (SAVI), NDVI की तुलना में एक बेहतर सूचकांक है। इसे निम्न सूत्र से निरूपित किया जाता है:

$$SAVI = \frac{(NIR - RED)}{(NIR + RED + L)} \times (1 + L)$$

जहाँ NIR- निकट अवरक्त किरणों एवं RED लाल किरणों को दर्शाता है।

3.13.5 अनुकूलित मृदा समायोजित वनस्पति सूचकांक (OSAVI)

OSAVI कृषि की निगरानी के लिए अनुकूलित मिट्टी-समायोजित वनस्पति सूचकांक है। एक अध्ययन में, यह पाया गया कि, कृषि उपयोग के लिए, OSAVI ने अन्य सभी सूचकांकों से बेहतर प्रदर्शन किया। सामान्य तौर पर, OSAVI वनस्पति के प्रति अधिक संवेदनशील है और वनस्पतियों में SAVI से बेहतर अंतर दिखाता है।

$$OSAVI = \frac{(NIR - R)}{(NIR + R + 0.16)}$$

जहाँ NIR-निकट अवरक्त किरणों एवं RED लाल किरणों को दर्शाता है।

3.13.6 मृदा-समायोजित कुल वनस्पति सूचकांक (Soil-Adjusted Total Vegetation Index)

मृदा-समायोजित कुल वनस्पति सूचकांक (SATVI) प्रकाश संश्लेषण और मृत वनस्पति दोनों को मापता है। इसके लिए लघु तरंगधैर्य अवरक्त किरणों (SWIR) की आवश्यकता होती है, जिसके

परिणामस्वरूप केवल NIR और दृश्य प्रकाश पर निर्भर इस सूचकांक की उपयोगिता को सीमित कर देता है, क्योंकि कई उपग्रह लघु तरंगधैर्य अवरक्त किरणों के बैंड में आंकड़े एकत्रित नहीं करते हैं। SATVI बायोमास, जमीन के अवशेषों, पौधे के कूड़े, सतह की स्थिति के साथ प्रकाश संश्लेषण में मदद करता है, और मिट्टी की चमक और पृष्ठभूमि कलाकृतियों के लिए क्षतिपूर्ति करते हुए उपरोक्त भूमिगत बायोमास की गणना में उपयोगी है। SATVI का उपयोग लैंडसैट, एएसटीईआर, सेंटिनल और एमओडीआईएस इमेजरी पर किया जा सकता है तथा इसे निम्न सूत्र से निरूपित किया जाता है।

$$SATVI = \frac{SWIRI - RED}{SWIRI - RED + L} \times (1 + L) - \frac{SWIR2}{2}$$

जहाँ RED- लाल किरणों एवं SWIR लघु तरंगधैर्य अवरक्त किरणों को प्रदर्शित करता है।

3.13.7 उन्नत वनस्पति सूचकांक (The Advanced Vegetation Index)

उन्नत वनस्पति सूचकांक (AVI), NDVI की तुलना में, वनस्पतियों की मात्रा के प्रति अधिक संवेदनशील है और कैनोपी घनत्व में सूक्ष्म अंतर को भी प्रदर्शित करने में सक्षम है। इसका सूत्र निम्न है:

$$AVI = \sqrt[3]{((B4 + 1) * (256 - B3) * (B4 - B3))}$$

पाठ्य मूल्यांकन

I. रिक्त स्थान भरें

1. पौधों की पत्तियों द्वारा प्रकाश का सर्वाधिक परावर्तन ....तरंगधैर्य पर होता है।
2. पृथ्वी पर स्थित किसी वस्तु का सतत चित्रण संगृहीत करने हेतु ....उपग्रह का उपयोग किया जाता है।
3. पृथ्वी पर तारविहीन सूचनाओं का आदान प्रदान करने हेतु .... उपग्रह का उपयोग किया जाता है।
4. उपग्रह से पृथ्वी की अधिकतम दूरी के बिंदु को ....कहते है।
5. सबसे अधिक वर्णक्रमीय बैंड का उपयोग .... प्राप्त करने के लिए किया जाता है।

II. सत्य अथवा असत्य बताएं

1. अंकीय आंकड़ों में हेरफेर करना कठिन होता है।
2. प्रत्येक वस्तु का एक विशेष अंकीय हस्ताक्षर होता है।
3. वनस्पतियों की वृद्धि के बारे में NDVI सूचकांक द्वारा पता लगाया जाता है।
4. भारतीय अन्तरिक्ष विज्ञान संस्थान उपग्रह प्रक्षेपण के लिए उत्तरदायी है।
5. ध्रुवीय कक्षा पृथ्वी से 36000 किलोमीटर की ऊंचाई पर स्थित होता है।

III. लघु उत्तरीय प्रश्न

1. उपग्रह से आप क्या समझते है?
2. उपग्रह को कक्षा में स्थापित करने वाले भारतीय संसथान के बारे में लिखे।
3. तात्कालिक क्षेत्र (IFOV) क्या होता है?
4. उपग्रह कक्षा से आप क्या समझते है।
5. पिक्सेल (pixel) क्या होता है?

IV. टिपण्णी करें

1. कृत्रिम उपग्रह एवं इसकी उपयोगिता
2. स्वाथ
3. सूक्ष्म वर्णक्रमीय छवियों के बारे में चर्चा करें

V. दीर्घ उत्तरीय प्रश्न

1. उपग्रह की विभिन्न कक्षाओं की विवेचना करें।
2. विभिन्न संवेदकों के बारे में विस्तार से व्याख्या करें
3. कृषि उपयोगी विभिन्न सूचकांकों के बारे में विस्तार से लिखें।
4. सुदूर संवेदी प्रतिबिम्बीय तंत्र में कैमरा फोटोग्राफी के फायदे बताएं।
5. वनस्पतियों के वृद्धि की निगरानी हेतु सटीक सूचकांकों की व्याख्या करें।

अध्याय

4

सुदूर संवेदन

अध्ययन उद्देश्य

- इस अध्याय में सुदूर संवेदन प्रणाली का परिचय एवं परिभाषा के साथ इसके अन्य अवयवों का मौलिक परिचय प्रस्तुत किया गया है।
- यहाँ सुदूर संवेदन से सम्बंधित प्रमुख जानकारियों को सरल रूप में दर्शाया गया है।
- प्रकाशकीय विज्ञान के सिद्धांतों को प्रदर्शित करते हुए सुदूर संवेदन प्रणाली के कार्यों को प्रतिपादित किया गया है।
- यह अध्याय सुदूर संवेदन प्रणाली के विभिन्न साधन एवं तकनीकों का वर्णन करता है जिसके कारण विषय का व्यापक विकास व अनुप्रयोग संभव हो सका है ।
- अंत में अध्याय, सुदूर संवेदन प्रणाली के कृषि विज्ञान में उपयोगिता को प्रतिपादित करता है।

तकनीकों के बढ़ते प्रयोग ने कृषि क्षेत्र की लघु स्तरीय जानकारियों के व्यापक उपयोग को सहज व सरल बना दिया है। इन्ही तकनीकों में से एक तकनीक "सुदूर संवेदन" है। तकनीकी विकास के साथ ही सुदूर संवेदन तकनीक के सतत प्रयोग से कृषि का क्षेत्र जैसे अनुसन्धान, शिक्षण, प्रसार एवं प्रबंधन भी अछूता नहीं रहा। इस तकनीक के उपयोग से कृषि में अनेक सूचनाओं की उपयोगिता का महत्व बढ़ जाता है जिससे अनेक संस्थाओं को आवश्यक निर्णय लेने में मदद मिलती है। इस तकनीक की व्यावहारिकता को देखते हुए इसका परिचय स्नातक स्तरीय छात्रों को कराया जाना आवश्यक समझा जाने लगा है। किसी फसल विशेष का कुल क्षेत्रफल तथा इसकी प्रत्याशित उपज की जानकारी उपलब्ध कराने में सुदूर संवेदन तकनीक का व्यापक उपयोग किया जा रहा है।

4.1 परिचय

सुदूर संवेदन प्रणाली को एक कला व विज्ञान के रूप में समझा जा सकता है जिसकी सहायता से दूरस्थ वस्तुओं के बारे में वांछित जानकारी उस वस्तु के बिना भौतिक रूप से संपर्क में आए ही प्राप्त की जा सकती है। इसलिए उक्त प्रणाली को सुदूर संवेदन प्रणाली के नाम से जाना जाता है। प्राय: मनुष्य अपने दैनन्दिनी के कार्यों में इस प्रणाली का उपयोग करता है। उदाहरण के तौर पर जब हम किसी दूरस्थ वस्तु को देख कर उसके बारे में जानकारी प्राप्त करते है, तो हम इस तरह सुदूर संवेदन तकनीक का उपयोग कर रहे होते है। किसी वस्तु को देखकर उसकी जानकारी प्राप्त करने में आँख, मस्तिष्क तथा मस्तिष्क में पूर्व से उपलब्ध जानकारी की सहायता से ही हम उस वस्तु की वास्तविक परिचय प्राप्त कर पाते है। यहाँ मनुष्य का आँखे एक सेंसर, मस्तिष्क एक संगणक (कंप्यूटर) तथा मस्तिष्क में पूर्व से उपलब्ध जानकारी आंकड़ेबेस की तरह कार्य करता

है और इन्ही तीनों के वे समन्वित प्रतिक्रिया के रूप में हमें दूरस्थ वस्तु की वास्तविक जानकारी प्राप्त हो पाती है।

4.2 अवधारणा

दूरस्थ वस्तु की विविध विशेषताओं को मापने, निगरानी करने और इसका विश्लेषण करने की विधि ही सुदूर संवेदी प्रणाली की अवधारणा है। दुसरे शब्दों में, किसी वस्तु की वास्तविक विशेषता बिना भौतिक संपर्क में आये प्राप्त करना ही सुदूर संवेदन तकनीक की मूल अवधारणा है। इस तकनीक से बड़े क्षेत्रों की समग्र जानकारियों को समय व स्थान के छोटे पैमाने पर एकत्र कर प्राप्त की जाती है। वस्तु से उत्सर्जित, परावर्तित एवं अवशोषित प्रकाश तरंगें इन सूचनाओं के संग्रहण में सहायक की भूमिका निभाती है।

प्रत्येक वस्तु एक नियत तापमान पर एक निश्चित तरंग धैर्य की प्रकाश तरंगों को उत्सर्जित, परावर्तित एवं अवशोषित करता है, ये तरंगधैर्यों उस वस्तु के विशिष्ठ पहचान होती है। इसप्रकार इन तरंगधैर्य को वस्तुविशेष के पहचान चिन्ह के रूप में आंकडेंबेस के माध्यम से अनुरूपित किया जाता है। उल्लेखनीय है कि किसी वस्तु से उत्सर्जित होने वाली विभिन्न प्रकार के तरंगे जैसे दृश्य प्रकाश, एक्स रे, रेडियो तरंगे, उष्म तरंगे इत्यादि के समूह को विद्युत चुम्बकीय विकिरण के नाम से जाना जाता है। ये तरंगे प्रकाश के वेग के साथ निर्वात में गति करती है अर्थात इन तरंगो को एक स्थान से दुसरे स्थान पर जाने के लिए किसी माध्यम की आवश्यकता नहीं होती है (चित्र 4.1)।

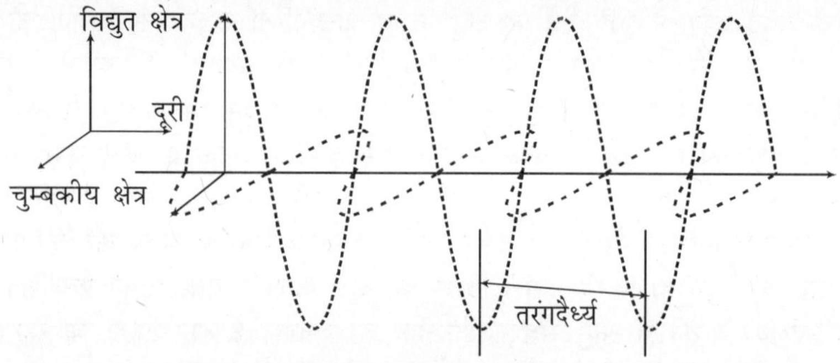

चित्र 4.1: विद्युत् चुम्बकीय तरंगों का स्वरुप तथा गति

4.3 सुदूर संवेदन के आवश्यक अवयव

सुदूर संवेदन के मुख्यत: तीन अवयव होते है- (i) संकेतक (ii) संवेदक (iii) संवेदन

(i) **संकेतक:** किसी वस्तु के द्वारा अथवा वस्तु के ऊपर भेजी गई विद्युत् चुम्बकीय तरंग संकेतक कहलाती है।

(ii) **संवेदक:** यह एक उपकरण है जिसका उद्देश्य वातावरण में होने वाली घटनाओं या परिवर्तनों तथा किसी वस्तु विशेष का गुणधर्म के बारे में जानकारी विद्युत् चुम्बकीय तरंग के माध्यम से एकत्र करना है।

(iii) **संवेदन:** संवेदक द्वारा प्राप्त संकेतक के विश्लेषण के बाद वस्तु या घटना के बारे में ज्ञान प्राप्त करना संवेदन कहलाता है।

4.4 साधन

सुदूर संवेदन प्रणाली के द्वारा दूरस्थ वस्तुओं के बारे में सूचनाओं को मापने, संगृहीत करने, इसका विश्लेषण करने तथा इन सूचनाओं के व्यावहारिक अनुप्रयोग करने हेतु मुख्यतया 3 प्रकार के साधनों की आवश्यकता होती है, जो इस प्रकार है।

- सिग्नल (संकेतक)
- सेंसर (संवेदक)
- सेंसिंग (संवेदन)

इन साधनों के द्वारा वस्तु या घटना के बारे में जानकारी प्राप्त करने के लिए उर्जा स्त्रोत, लक्ष्य (The target) तथा संगणक एवं विभिन्न सॉफ्टवेयरों की आवश्यकता होती है। सुदूर संवेदन प्रणाली के अंतर्गत दो प्रकार के उर्जा स्त्रोतों का उपयोग होता है ।

(i) प्राकृतिक स्त्रोत जैसे सौर विकिरण एवं

(ii) कृत्रिम स्त्रोत के अंतर्गत संवेदक सूचनाओं को एकत्रित करने के लिए स्वयं उर्जा स्त्रोत के रूप में कार्य करता है जैसे राडार।

4.4.1 सुदूर संवेदी के प्रकार

सुदूर संवेदन प्रणाली में मुख्य रूप से संवेदक के माध्यम से पृथ्वी की सतह पर वस्तुओं के बारे में जानकारी एकत्र करना शामिल है, जो निम्नलिखित दो प्रकार के संवेदन प्रणाली पर आधारित है।

(i) **सुसुप्त संवेदन प्रणाली (Passive Sensing System):** इसमें प्रणाली में प्राय: लघु संवेदक या डिटेक्टर होते हैं, जो पृथ्वी की सतह से परावर्तित और / या उत्सर्जित विद्युत चुम्बकीय विकिरण की मात्रा को संगृहीत करता है। इस प्रकार, सुसुप्त संवेदन प्रणाली छवि में सतह की स्वाभाविक रूप से परिलक्षित या उत्सर्जित ऊर्जा पर निर्भर करता है। मल्टी-स्पेक्ट्रल स्कैनर इस प्रणाली का एक महत्वपूर्ण उदाहरण है। अधिकांश सुदूर संवेदन उपकरण दृश्य (visible), निकट-अवरक्त (nearAnfrared) और तापीय अवरक्त (thermal infrared) ऊर्जा के चित्र सुसुप्त संवेदन प्रणाली के अंतर्गत नहीं प्राप्त कर पाते।

(ii) **सक्रिय संवेदन प्रणाली (Active sensing System):** इस तरह की प्रणाली अपने स्वयं के विद्युत-चुंबकीय विकिरण का प्रसार करती है और रिटर्न सिग्नल की तीव्रता को मापती है।

4.5 पैमाना एवं मानचित्रण इकाई

सुदूर संवेदन द्वारा एकत्रित जानकारी पैमाने पर निर्भर करती है। सामान्यत: 3 तरह की पैमाने का उपयोग किसी प्रतिविम्ब का निरूपण करने के लिए किया जाता है। तीनों पैमाने को निम्नांकित तालिका के माध्यम से दर्शाया गया है।

तालिका 4.1: सुदूर संवेदन द्वारा एकत्रित जानकारी के 3 तरह के पैमाने

पैमाने का प्रकार	प्रतिबिम्ब तथा वास्तविक क्षेत्र का अनुपात	प्रतिबिम्ब तथा वास्तविक क्षेत्र
लघु पैमाना	>1: 50,000	1 से.मी. = 5 कि.मी. या अधिक
मध्यवर्ती पैमाना	1: 50,000 से 1: 5,00,000	1 से.मी. = 0.5 कि.मी. से 5 कि.मी.
वृहद् पैमाना	1: 50,000	1 से.मी. = 0.5 कि.मी. या कम

उपरोक्त तालिका से यह स्पष्ट है कि वृहद् पैमाने का प्रतिबिम्ब लघु पैमाने के प्रतिबिम्ब की तुलना में अधिक जानकारी प्रदान करता है। इसके अतिरिक्त विभिन्न स्तरों पर अनुकूलतम भूमि उपयोग योजना का विभिन्न स्तर पर प्राप्त करने के लिए निम्नलिखित पैमानों की अनुशंसा की जाती है।

तालिका 4.2: विभिन्न स्तरों पर अनुकूलतम भूमि उपयोग योजना

पैमाने का स्तर	प्रतिबिम्ब तथा वास्तविक क्षेत्र का अनुपात
राष्ट्रीय स्तर	1: 1,00,0000
राज्य स्तर	1: 2,50,000
जिला स्तर	1: 50,000
प्रक्षेत्र स्तर/ ग्राम स्तर/ वृहद् जल संग्रहण क्षेत्र	1: 4,000 से 1: 8,000

4.6 रिजॉल्यूशन

किसी प्रतिबिम्ब को न केवल इसके पैमाने के संदर्भ में वर्णित किया जाता है, अपितु इसके रिजॉल्यूशन के संदर्भ में भी वर्णित किया जा सकता है। सुदूर संवेदन के अंतर्गत मूलत: तीन प्रकार स्थानिक, वर्णक्रमीय और तीव्रता की सूचनाओं को प्राप्त किया जाता है

सामान्य तौर पर, रिजाल्यूशन दो वस्तुओं के बीच की वह न्यूनतम दूरी है जिसके द्वारा उन वस्तुओं के अंतर को स्पस्ट रूप से इंगित किया जा सकता है। किसी वस्तु की रिजॉल्यूशन क्षमता से कम दूरी पर स्थित दो वस्तुओ की छवि की आकृति एकल वस्तु के रूप में ही दिखाई देती है अत: यंत्रों की रिजॉल्यूशन क्षमता वस्तुओं को एक दूसरे से पृथक करने में एक महत्वपूर्ण भूमिका निभाता है। कम दूरियों पर स्थित वस्तुओं की आकृति और प्रकृति के तुलनात्मक अध्ययन करने के लिए कम रिजॉल्यूशन वाले यंत्रों की उपयोगिता बढ़ जाती है।

सुदूर संवेदन के सन्दर्भ में रिजॉल्यूशन क्षमता को प्रदर्शित करने के लिए रिजॉल्यूशन शब्द का उपयोग किया जाता है, जिसमें न केवल दो वस्तुओं की उपस्थिति की पहचान करने की क्षमता शामिल है, बल्कि उनके प्रकृति की भी सूचना प्राप्त होती है। अर्थात रिजॉल्यूशन के माध्यम से किसी वस्तु की सूक्ष्म से सूक्ष्म विवरणों (आकृति एवं प्रकृति) को ज्ञात किया जा सकता है। इस प्रकार एक यन्त्र जिसकी रिजॉल्यूशन क्षमता अधिक है वह दूरस्थ वस्तु अथवा वस्तुओं के मोटे

विवरण को प्रदर्शित करता है जबकि कम रिजॉल्यूशन क्षमता वाला यन्त्र कम दूरस्थ वस्तुओं के विवरण अथवा सूक्ष्म विवरण प्रदर्शित करती है। वस्तुओं की प्रकृति और आकृति से सम्बंधित सूचनाओं में स्पष्ट रूप से अंतर करने हेतु सुदूर संवेदन प्रणाली में चार प्रकार के रिजॉल्यूशन परिभाषित किए गए हैं।

(i) स्थानिक रिजॉल्यूशन (Spatial Resolution)

(ii) वर्णक्रमीय रिजॉल्यूशन (Spectral Resolution)

(iii) सामयिक रिजॉल्यूशन (Temporal Resolution)

(iv) रेडिओमेट्रिक रिजॉल्यूशन (Radiometric Resolution)

4.6.1 स्थानिक रिजॉल्यूशन (Spatial Resolution)

स्थानिक रिजॉल्यूशन दो वस्तुओं के बीच की वह न्यूनतम दूरी है जिसे किसी संवेदक द्वारा स्पष्तः (पृथक रूप से) दर्ज किया जा सकता है। किसी वस्तु की अंकीय छवि (digital image) को पिक्सेलों के समूहों द्वारा प्रदर्शित किया जाता है। किसी वस्तु की दूरस्थ प्रणाली से प्राप्त सूचना पिक्सेलों के समूह पर निर्भर करता है तथा प्रत्येक पिक्सेल में भूमि की सतह पर एक छोटे से क्षेत्र के बारे में जानकारी होती है, जिसे एक ही वस्तु माना जाता है।

किसी वस्तु की छवि की विस्तृत जानकारी संवेदकों की रिजॉल्यूशन क्षमता पर निर्भर करती है उदाहरण के तौर पर यदि किसी संवेदक का रिजॉल्यूशन 10 मीटर है तो इसका अभिप्राय है कि संवेदक द्वारा संगृहीत सूचना का प्रत्येक पिक्सेल 10×10 वर्ग मीटर के सतही क्षेत्रफल को प्रदर्शित करता है और यदि किसी संवेदक का रिजॉल्यूशन 1 मीटर है तो संवेदक द्वारा संगृहीत सूचना का प्रत्येक पिक्सेल 1×1 वर्ग मीटर के सतही क्षेत्रफल को प्रदर्शित करता है। अर्थात संवेदकों का रिजॉल्यूशन कम होने पर वह सतही वस्तुओं का सूक्ष्म जानकारी प्राप्त की जा सकती है।

स्थानिक मोटा रिज़ॉल्यूशन

स्थानिक महीन रिज़ॉल्यूशन

चित्र 4.2: स्थानिक मोटा रिजॉल्यूशन एवं महीन रिजॉल्यूशन का प्रदर्शन

स्थानिक रिजॉल्यूशन पृथ्वी की सतह पर सबसे छोटे आयाम के क्षेत्र या आकार का एक माप है, जिस पर सेंसर द्वारा एक स्वतंत्र माप किया जा सकता है।

यह मीटर में जमीन पर पिक्सेल के आकार द्वारा व्यक्त किया जाता है। चित्र 4.2 एक स्थानिक मोटा रिजॉल्यूशन और एक स्थानिक महीन रिजॉल्यूशन के उदाहरण से यह बात स्पष्ट होती है।

स्थानिक रिजॉल्यूशन के आधार पर, उपग्रह प्रणालियों को निम्नानुसार वर्गीकृत किया जा सकता है।

(i) न्यून रिजॉल्यूशन प्रणाली (Low resolution systems)

(ii) मध्यम रिजॉल्यूशन प्रणाली (Medium resolution systems)

(iii) उच्च रिजॉल्यूशन प्रणाली (High resolution systems)

(iv) उच्चतम रिजॉल्यूशन प्रणाली (Very high resolution systems)

सामान्यत: 1 किमी से अधिक स्थानिक रिजॉल्यूशन वाले सुदूर संवेदन प्रणाली को न्यून रिजॉल्यूशन प्रणाली के रूप में माना जाता है। जैसे MODIS और AVHRR उपग्रह, सुदूर संवेदन में उपयोग किए जाने वाले न्यून रिजॉल्यूशन प्रणाली के प्रमुख उदाहरण है। जब स्थानिक रिजॉल्यूशन 100 मीटर से 1 किमी है, तो ऐसी प्रणालियों को मध्यम रिजॉल्यूशन प्रणाली के रूप में माना जाता है। जैसे लैंडसैट टीएम (120 मीटर रेजोल्यूशन), आईआरएस वाईएफएस (IRS WiFS) (188 मी रेजोल्यूशन), तथा लैंडसैट टीएम (120 मीटर रेजोल्यूशन) इस श्रेणी में आते है। 5-100 मीटर की रेंज में स्थानिक रिजॉल्यूशन वाले रिमोट सेंसिंग सिस्टम को उच्च रिजॉल्यूशन सिस्टम के रूप में वर्गीकृत किया गया है। लैंडसैट ईटीएम + (Landsat ETM + 30 मी रेजोल्यूशन), आईआरएस एलआईएसएस-III (IRS LISS-III) (23 डै और 6 मी पैनक्रोमैटिक) और एवीआईएफएस AWiFS 56-70 मीटर), एसपीओटी (SPOT) 5 (2.5-5 मी पैनक्रोमैटिक) कुछ उच्च रिजॉल्यूशन सेंसर हैं।

उच्चतम रिजॉल्यूशन प्रणाली वह हैं जो 5 मीटर से कम स्थानिक रिजॉल्यूशन प्रदान करते हैं। जिओआइ (GeoEye) (पैनक्रोमैटिक के लिए 0.45 मी एवं मल्टी स्पेक्ट्रल के लिए 1.65 मी.), इकोनोस (IKONOS) (0.8-1 मी पैनक्रोमैटिक), और क्विकबर्ड (Quickbird) (2.4-2.8 मी) उच्चतम रिजॉल्यूशन प्रणालियों के उदाहरण हैं।

4.6.2 वर्णक्रमीय रिजॉल्यूशन (Spectral Resolution)

सुदूर संवेदी उपकरण का वर्णक्रमीय रिजॉल्यूशन उपयोग किये जाने वाले चैंनल बैंड की चौड़ाई से निर्धारित होता है। अधिक वर्णक्रमीय रिजॉल्यूशन प्राप्त करने हेतु संकीर्ण बैंड की चौड़ाई तथा लघु वर्णक्रमीय रिजॉल्यूशन प्राप्त करने हेतु वृहद् बैंड की चौड़ाई का उपयोग किया जाता है।

वर्णक्रमीय रिजॉल्यूशन किसी संवेदक का विद्युत चुम्बकीय वर्णक्रम के महीन/सूक्ष्म तरंगधैर्यों के अंतराल को प्रदर्शित करने की क्षमता को दर्शाता है। वर्णक्रमीय रिजॉल्यूशन, फिल्टर के स्पेक्ट्रल या वर्णक्रमीय बैंड की चौड़ाई और डिटेक्टर की संवेदनशीलता को प्रदर्शित करता है । किसी छवि की विस्तृत जानकारी विद्युत चुम्बकीय वर्णक्रम के उस वस्तु से विभिन्न तरंगधैर्य रेंज की प्रतिक्रिया पर निर्भर करता है। उदाहरण के रूप में वनस्पति और जल को अलग अलग करने हेतु विस्तृत तरंगधैर्य रेंज की आवश्यकता होती है। जैसे दृश्यमान और अवरक्त (visible and infrared) तरंगधैर्यों में ही इनका वर्गीकरण किया जा सकता है। इसी प्रकार विभिन्न प्रकार के चट्टानों को वर्गीकृत करने के लिए सूक्ष्म तरंगधैर्य रेंज की जैसे दृश्यमान और निकट अवरक्त वर्णक्रम की आवश्यकता होती है अर्थात किसी छवि की सूक्ष्म सूचना प्राप्त करने होती संकीर्ण रेंज की तरंग धैर्यों की आवश्यकता होगी। अत: किसी संवेदक की वर्णक्रमीय रिजॉल्यूशन अधिक होने पर वह छवि की सूक्ष्म जानकारी प्राप्त की जा सकती है।

वर्णक्रमीय रिजॉल्यूशन के उचित तरंग दैर्ध्य अंतराल को परिभाषित करने के लिए एक संवेदक की क्षमता या एक सेंसर की क्षमता को पृथ्वी की सतह के विभिन्न घटकों को चिह्नित करने के लिए वर्णक्रमीय बैंडविड्थ में प्राप्त ऊर्जा को हल करने के लिए परिभाषित किया जा सकता है।

अनेक सुदूर संवेदन प्रणाली मल्टी-स्पेक्ट्रल हैं, जो विभिन्न वर्णक्रमीय रिजॉल्यूशन पर अलग-अलग तरंग दैर्ध्य रेंज पर ऊर्जा रिकॉर्ड करते हैं। उदाहरण के लिए आई आर एस लिस-III (IRS LISS-III) 4 प्रकार के बैंड का उपयोग करता है: 0.52-0.59 (हरा), 0.62-0.68 (लाल), 0.77-0.86 (निकट अवरक्त) और 1.55-1.70 (मध्य-अवरक्त) माइक्रो मीटर । एक्वा / टेरा मोडिस उपकरण 36 वर्णक्रमीय बैंडों का उपयोग करते हैं, जिसमें तीन दृश्य स्पेक्ट्रम में शामिल हैं। हाल ही में विकसित हाइपर-स्पेक्ट्रल सेंसर सैकड़ों बहुत संकीर्ण वर्णक्रमीय बैंडों का उपयोग करते हैं।

4.6.3 रेडिओमेट्रिक रिजॉल्यूशन (Radiometric Resolution)

रेडियोमेट्रिक रिजॉल्यूशन असतत स्तरों (discrete levels) की संख्या से निर्धारित होता है जिसमें संकेतक की शक्ति को विभाजित या परिमाणीकरण (quantization) किया जा सकता है। किसी प्रतिबिंब को शुद्ध सफेद से शुद्ध काले के बीच कितने ग्रे स्तर पर मापा जा सकता है इसकी क्षमता को रेडियोमेट्रिक रिजॉल्यूशन द्वारा बतलाया जाता है। दूसरे शब्दों में, रेडियोमेट्रिक रिजॉल्यूशन संवेदक की संवेदनशीलता को विद्युत् चुम्बकीय उर्जा के पैमाने पर दर्शाता है। रेडियोमेट्रिक रिजॉल्यूशन किसी प्रतिबिंब की चमक, छाया, रोशनी के स्तर में परिवर्तन की सूचना प्रदान करता है। एक संवेदक का रेडियोमेट्रिक रिजॉल्यूशन जितना अधिक महीन होगा, वह परावर्तित या उत्सर्जित ऊर्जा में छोटे अंतरों का पता लगाने के लिए उतना ही संवेदनशील होगा या दूसरे शब्दों में, वह संवेदक, शुद्ध सफेद से शुद्ध काले के बीच ग्रे स्तर की अधिक संख्या को माप सकता है।

रेडियोमेट्रिक रिजॉल्यूशन बिट्स में मापा जाता है। प्रत्येक बिट 2 के घातांक को रिकॉर्ड करता है (जैसे 1 बिट = 21 = 2)। संवेदक के अधिक रेडियोमेट्रिक रिजॉल्यूशन होने पर उपलब्ध चमक स्तरों की अधिकतम संख्या दर्ज की जाती है जो रिकॉर्ड ऊर्जा का प्रतिनिधित्व करने में उपयोग किए जाने वाले बिट्स की संख्या पर निर्भर करती है। उदाहरण के लिए, तालिका 4.3 में रेडियोमेट्रिक रिजॉल्यूशन और उपलब्ध चमक स्तरों को दिखाती है।

तालिका 4.3: रेडियोमेट्रिक रिजॉल्यूशन और संबंधित चमक स्तर

रेडियोमेट्रिक रिजॉल्यूशन	ग्रे स्तरों की संख्या	उदाहरण
1 बिट	$2^1 = 2$ स्तर	
7 बिट	$2^7 = 128$ स्तर	आई आर एस 1 ए (IRS 1A) एवं 1 बी (1B)
8 बिट	$2^8 = 256$ स्तर	लैंडसैट (Landsat TM)
11 बिट	$2^{11} = 2048$ स्तर	NOAA-AVHRR

इस प्रकार, यदि कोई संवेदक सूचना को रिकॉर्ड करने के लिए 11 बिट्स का उपयोग करता है, तो $2^{11} = 2048$ अर्थात 0 से 2047 तक अंकीय मान उपलब्ध होंगे। जबकि, यदि केवल 8 बिट्स का उपयोग किया जाय तो 0 से 255 तक केवल $2^8 = 256$ अंकीय मान उपलब्ध होंगे।

इस तरह 8 बिट्स का रेडियोमेट्रिक रिजॉल्यूशन 11 बिट्स की तुलना में बहुत कम होगा।

छवि के आंकडें को आमतौर पर ग्रे टोन की एक श्रेणी में प्रदर्शित किया जाता है, जिसमें काला 0 की अंकीय संख्या का प्रतिनिधित्व करता है और सफेद अधिकतम मूल्य का प्रतिनिधित्व करता है (उदाहरण के लिए, 8-बिट आंकडें में 255)। 8-बिट छवि के साथ 2-बिट छवि की तुलना करके, हम देख सकते हैं कि उनके रेडियोमेट्रिक रिज़ॉल्यूशन के आधार पर विवरण योग्य के स्तर में एक बड़ा अंतर है। 8 बिट सिस्टम में, काला को 0 के रूप में और सफेद को 255 के रूप में मापा जाता है। काले से सफेद के बीच की भिन्नता 0 से 255 तक 256 वर्गों में मापी जाती है। इसी तरह, 11 बिट सिस्टम में 2048 स्तरों का उपयोग किया जाता है जैसा कि चित्र 4.3 में दिखाया गया है।

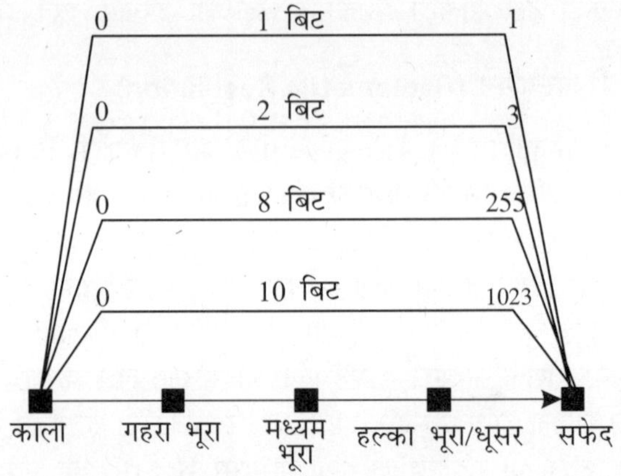

चित्र 4.3: विभिन्न रेडोमेट्रिक रिजॉल्यूशन में दर्ज की गई चमक के स्तर में बदलाव (स्त्रोत: गिब्सन, 2000)

विभिन्न रेडियो मेट्रिक रिजॉल्यूशन में दर्ज की गई चमक के स्तर में बदलाव को चित्र 4.4 में दर्शाया गया है।

2 बिट आंकडें मोटा रिजॉल्यूशन 8 बिट आंकडें महीन रिजॉल्यूशन

चित्र 4.4: एक ही छवि की 2 बिट आंकडें मोटा रिजॉल्यूशन के साथ 8 बिट आंकडें महीन रिजॉल्यूशन की तुलना

4.6.4 सामयिक रिजॉल्यूशन (Temporal Resolution)

किसी सुदूर संवेदन प्रणाली द्वारा किसी स्थान विशेष की सामान्य दृश्यता कोण पे पुनः या बार बार सूचना संगृहीत करने के समय अंतराल को ही सामयिक रिजॉल्यूशन कहते है। दूसरे शब्दों में, किसी क्षेत्र विशेष के लिए किसी समय अंतराल पर बार बार बार आंकडें अथवा सूचना प्राप्त करना सामयिक रिजॉल्यूशन कहलाता है। निकटवर्ती ध्रुवीय परिक्रमा उपग्रह का दोहराव चक्र आमतौर पर कई दिनों का होता है, जैसे, आईआरएस -1 सी और रिसोर्ससैट -2 के लिए यह 24 दिन है, और लैंडसैट के लिए यह 18 दिन है। एक संवेदक का सामयिक रिजॉल्यूशन सेंसर क्षमताओं, स्वाथ ओवरलैप, और अक्षांश समेत कई कारकों पर निर्भर करता है। निकटवर्ती कक्षाओं की छवि की सूचना एकत्र करने के दौरान कुछ हद तक स्वाथ ओवरलैप होने के कारण, किसी क्षेत्र विशेष की विभिन्न समय अंतरालों पे बार बार प्रतिबिम्ब प्राप्त करना संभव हो पाता है। नीचे प्रदर्शित चित्र 4.5 में निकटवर्ती ध्रुवीय कक्षीय उपग्रह के द्वारा योजनाबद्ध प्रकार से प्राप्त एक विशिष्ट छवि में स्वाथ ओवरलैप के द्वारा प्राप्त सूचना को दर्शाता है।

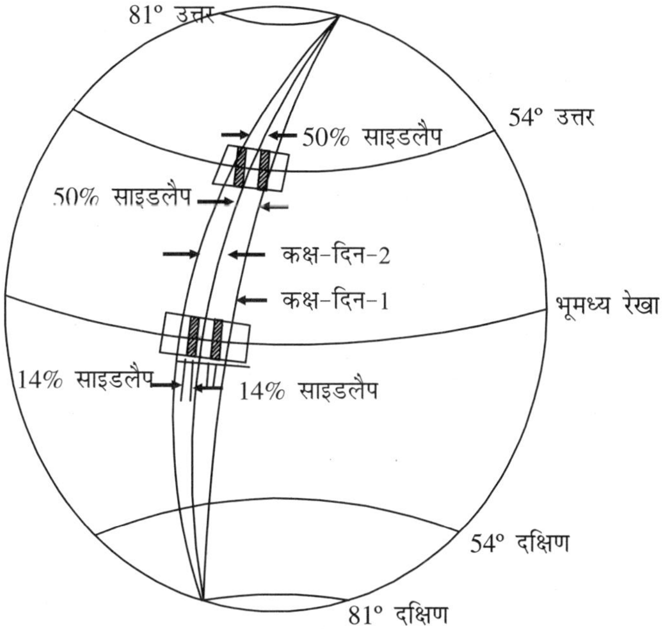

चित्र 4.5: निकटवर्ती ध्रुवीय कक्षीय उपग्रह के द्वारा योजनाबद्ध तरीके से प्राप्त एक विशिष्ट छवि में स्वाथ ओवरलैप (Source: http://eros-usgs-gov/)

स्थानिक सूचना को प्राप्त करने के लिए प्रतिविम्ब ग्राहक, ऊँचाई मापक तथा ध्वनि मापक का उपयोग किया जाता है। इसी प्रकार वर्ण क्रमीय सूचनाओं को प्राप्त करने के लिए स्पेक्ट्रोमीटर तथा रेडीओमेट्रिक (तीव्रता) सूचनाओं को रेडियो मीटर एवं स्कैटरोमीटर का उपयोग किया जाता है। सुदूर संवेदी उपकरणों में उपयुक्त रूपांतरण कर के दो या तीन सूचनाओं को एक साथ प्राप्त किया जा सकता है।

4.7 सुदूर संवेदी प्लेटफॉर्म

सुदूर संवेदकों को तीन प्रकार के।लेटफॉर्म से पृथ्वी की सतह या किसी वस्तु से परावर्तित, उत्सर्जित सूचनाओं को एकत्रित करने हेतु स्थापित किया जाता है। इन एकत्रित सूचनाओं को पृथ्वी पर स्थित रेसिविंग स्टेशनों पर पुनः विश्लेषण और व्याख्या की जाती है। ये तीन प्रकार के प्लेटफॉर्म इस प्रकार है। (i) जमीन अवलोकन प्लेटफॉर्म (Ground observation plateform) (ii) वायु जनित अवलोकन प्लेटफॉर्म (Air borne observation plateform) (iii) अंतरिक्ष जनित अवलोकन प्लेटफॉर्म (Space borne observation plateform)।

4.8 संकेत से शोर अनुपात (Signal-to-Noise Ratio)

एक संवेदक द्वारा रिकॉर्ड किये गए सूचना या संकेत और शोर (दोष) का अनुपात यंत्रों पर रिकॉर्ड किए गए आंकडें सिग्नल (परावर्तन) और शोर (इलेक्ट्रॉनिक्स यंत्रों में विसंगति तथा उपग्रह की गति तथा सूचना एकत्र करने वाले यंत्रों के दोष) पर निर्भर करता है।अतः संकेत और शोर अनुपात का मान कम होने वाले सूचनाओं का ही सुदूर संवेदन प्रणाली में उपयोग किया जाता है जिस सूचना का संकेत और शोर अनुपात अधिक रहता है उस तरह के सूचना वास्तविक छवि को निरुपित नहीं कर पाते है।

4.9 स्थानिक, वर्णक्रमीय और रेडियोमेट्रिक रिजॉल्यूशन के बीच विनिमय (Trade-offs between Spatial, Spectral and Radiometric Resolution)

सुदूर संवेदी में, सेंसर में दर्ज ऊर्जा संवेदक के स्थानिक और वर्णक्रमीय रिजॉल्यूशन पर निर्भर करती है। संवेदक का रेडियोमेट्रिक रिजॉल्यूशन संवेदक में प्राप्त ऊर्जा की मात्रा के साथ बदलता रहता है। महीन स्थानिक रिजॉल्यूशन के लिए एक छोटे AFOV की आवश्यकता होती है। AFOV जितना छोटा होगा, उतना ही सतह का स्थानिक रिजॉल्यूशन कम होगा तथा क्षेत्र भी कम होगा और इसलिए उस क्षेत्र से कम ऊर्जा प्राप्त होगी , जिसके कारण संवेदक का रेडियोमेट्रिक रिजॉल्यूशन घट जायेगा।

संकीर्ण वर्णक्रमीय बैंड के उपयोग से वर्णक्रमीय रिजॉल्यूशन बढ़ जाता है, जबकि यह विशेष बैंड में संवेदक से प्राप्त ऊर्जा को कम करता है। एक व्यापक बैंड परावर्तित ऊर्जा को बढ़ाता है। प्राप्त ऊर्जा की मात्रा बढ़ाने के लिए और स्थानिक रिजॉल्यूशन को कम किए बिना रेडियोमेट्रिक रिजॉल्यूशन में सुधार करने के लिए, व्यापक तरंग दैर्ध्य बैंड का उपयोग किया जा सकता है। हालांकि, यह व्यवस्था संवेदक के वर्णक्रमीय रिजॉल्यूशन को कम करेगा। उपरोक्त वर्णन से यह पता चलता है कि किसी विशेष उद्देश्य हेतु सूचना संग्रहण करने के लिए स्थानिक, वर्णक्रमीय और रेडियोमेट्रिक रिजॉल्यूशन के बीच समन्वय होना चाहिए । संवेदक की वांछित क्षमताओं और उद्देश्यों के अनुरूप इन तीन प्रकार के रिजॉल्यूशन को संतुलित किया जाना चाहिए।

अर्थात, एक सुदूर संवेदन प्रणाली में महीन स्थानिक, वर्णक्रमीय और रेडियोमेट्रिक रिजॉल्यूशन तथा संकेत से शोर अनुपात (एसएनआर) को एक सीमा तक कम रखने पर प्राप्त सूचना /आंकडें की विश्वसनीयता घट जाती है। इसलिए विभिन्न रिजॉल्यूशनों के मध्य सामंजस्य स्थापित करना आवश्यक होता है।

4.10 प्रतिबिम्ब प्रसंस्करण (Image Processing)

प्रतिबिम्ब प्रसंस्करण द्वारा प्रतिबिम्ब को परिवर्धित करना या उससे कुछ उपयोगी सूचना निकाली जाती है। इसप्रकार प्रतिबिम्ब प्रसंस्करण एक संकेतक संवर्धन है जिसमें इनपुट एक प्रतिबिम्ब होता है और आउटपुट या तो एक प्रतिबिम्ब ही होता है या प्रतिबिम्ब का गुणधर्म / विशेषताएं हो सकती हैं। वर्तमान समय में प्रतिबिम्ब प्रसंस्करण की तकनीको का उपयोग तेजी से बढ़ रहा है। प्रतिबिम्ब प्रसंस्करण के मुख्यतया दो तरीके- अनुरूप (Analogue) एवं अंकीय (Digital) है। अनुरूप प्रतिबिम्ब प्रसंस्करण का उपयोग हार्ड कॉपी जैसे कि प्रिंट आउट और फोटोग्राफ्स के लिए किया जाता है। अंकीय प्रतिबिम्ब प्रसंस्करण की सहायता से प्रतिबिम्ब को कंप्यूटर व सॉफ्टवेयर के माध्यम से इसमें हेर फेर या बदलाव किया जा सकता है।

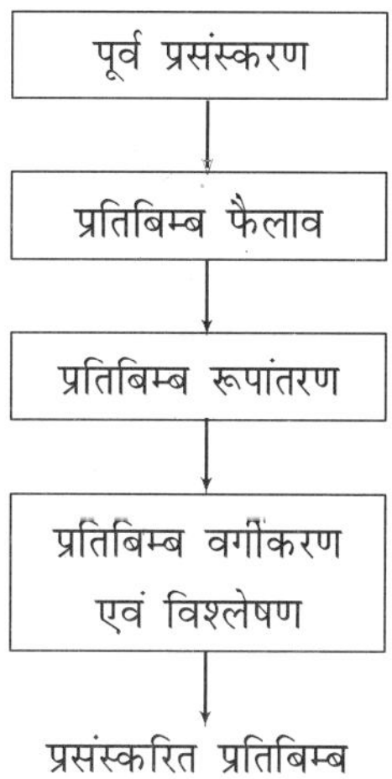

चित्र 4.6: प्रतिबिम्ब प्रसंस्करण के विभिन्न चरण

सुदूर संवेदी में, प्रतिबिम्ब प्रसंस्करण (image processing) प्रक्रिया को चार मुख्य प्रोसेसिंग चरणों में वर्गीकृत किया जा सकता है (चित्र 4.6)। (i) पूर्व प्रसंस्करण (pre-processing) (ii) प्रतिबिम्ब फैलाव (image enhancement) (iii) प्रतिबिम्ब रूपांतरण (image enhancement) (iv) प्रतिबिम्ब वर्गीकरण एवं विश्लेषण (image classification and analysis)

4.10.1 पूर्व प्रसंस्करण (pre-processing)

सुदूर संवेदकों द्वारा प्राप्त आंकड़ों के विश्लेषण के पूर्व आंकड़ों की प्रतिबिम्ब की गुणात्मक एवं मात्रात्मक अवयवों के व्याख्यात्मक क्षमता में वृद्धि करने हेतु विभिन्न प्रकार की शुद्धियाँ (corrections) की जाती है जिसमे मुख्य रूप से (i) ज्यामितीय शुद्धि (ii) रेडियोमेट्रिक शुद्धि (iii) वातावरणीय शुद्धि है। शुद्धियों की यह प्रक्रिया संवेदक द्वारा संगृहीत आंकड़ों की अनियमितताओं को सही करती है और अवांछित सेंसर विरूपण या वायुमंडलीय शोर को हटा देती है।

(i) ज्यामितीय शुद्धिः इसमें संवेदक अथवा पृथ्वी की ज्यामिति विविधता के कारण उत्पन्न ज्यामितीय त्रुटियों को सही करना शामिल है। इसके अतिरिक्त आंकड़ों को व्यवहारिक दुनिया के

निर्देशांक में रूपांतरित करना शामिल है जिसे भू संदार्भिकरण के नाम से भी जाना जाता है। इस प्रकार सूदूर संवेदक के आंकड़ों में ज्यामितीय त्रुटियां बाहरी स्त्रोतों से आती है। सुदूर संवेदक आंकड़ों में दोनों प्रकार व्यवस्थित और गैर-व्यवस्थित ज्यामितीय त्रुटियां हो सकती है। उपग्रहीय संवेदक द्वारा एकत्रित प्रतिबिम्बीय आंकड़ों में ज्यामितीय त्रुटि रहती है। एक प्रतिबिम्बीय ज्यामिति त्रुटि मुख्य रूप से प्लेटफॉर्म, उसके स्कैनर और पृथ्वी के सापेक्ष गतियों के कारण उत्पन्न होती है जो व्यवस्थित ज्यामितीय त्रुटि है। इस प्रकार की त्रुटि को आंकड़ों के गणितीय रूपांतरण के माध्यम से ठीक किया जा सकता है। गैर-व्यवस्थित ज्यामितीय त्रुटियां सूदूर संवेदकों के कोणीय झुकाव में अस्थिरता के कारण उत्पन्न होती है। इस प्रकार की त्रुटि का निराकरण प्रतिबिम्ब में अच्छी तरह से वितरित धरातलीय नियंत्रण बिंदुओं की पर्याप्त संख्या की मदद से किया जाता है।

(ii) रेडियोमेट्रिक शुद्धिः रेडियोमेट्रिक त्रुटियाँ दो तरह से घटित हो सकती है –आंतरिक और बाह्य। आंतरिक रेडियोमेट्रिक त्रुटि संवेदक की डिजाईन पर निर्भर करता है जिसको इन यत्रों के आंतरिक अंशांकन द्वारा दूर किया जा सकता है। बाह्य त्रुटियाँ बाह्य कारकों जैसे सूर्य दिगंश, वातावरण की अवस्था, सौर रोशनी, तथा देखने की ज्यामिति पर निर्भर करता है। इसप्रकार की त्रुटियों का निराकरण मौलिक आंकड़े के प्रसंस्करण से पहले कर लेना चाहिए।

(iii) वातावरणीय शुद्धिः सौर विकिरण जब पृथ्वी पर संचारित होता है तो वतावरण के द्वारा अवशोषित या बिखरा दिया जाता है। इसीप्रकार किसी संकेतक का समवेदक तक पहुचने से पहले वतावरण के द्वारा अवशोषित या बिखरा दिया जाता है। अर्थात संवेदक द्वारा दर्ज ऊर्जा त्रुटियों के कारण भू-सतह से उत्सर्जित या प्रतिबिंबित ऊर्जा के वास्तविक रूप को नहीं दर्शाती है। वे सामान्य रूप से सामना की गई त्रुटि का प्रतिनिधित्व करते हैं जो त्रुटियों को शामिल करके मूल आंकड़ों को बदल देती है। दूरस्थ संवेदी चित्रों के विश्लेषण से पहले, यह आवश्यक है कि त्रुटि प्रसार से बचने के लिए इन त्रुटि प्रकारों को चिन्हित कर हटा दिया जाए।

(iv) प्रतिबिम्ब संवर्द्धन (image enhancement): प्रतिबिम्ब की दृश्य व्याख्या को आसान बनाने के लिए प्रतिबिम्ब संवर्द्धन का उपयोग किया जाता है। छायाचित्र (डिजिटल इमेजरी) के प्रतिबिम्ब के पिक्सेल मान में जोड़-तोड़ करने की सुविधा के कारण इसका संवर्द्धन करना लाभप्रद होता है। प्रतिबिम्ब संवर्द्धन के चार तरीके होते है।

(क) रेडियोमेट्रिक संवर्द्धन

(ख) स्थानिक संवर्द्धन

(ग) वर्णक्रमीय संवर्द्धन

(घ) ज्यामितीय संवर्द्धन

(क) रेडियोमेट्रिक संवर्द्धनः रेडियोमीट्रिक संवर्द्धन वह तकनीक हैं जो पिक्सेल की विशिष्ट रेंज में स्क्रीन रंगों में फेरबदल करके पृथ्वी की सतह पर अलग अलग बिन्दुओं की दृश्यता को बढ़ा देती है।

(ख) स्थानिक संवर्द्धनः यह प्रक्रिया रैखिक किनारों (linear edges) के आधार पर सजातीय क्षेत्रों को परिभाषित करती है। स्थानिक संवर्द्धन में एक प्रतिबिम्ब की कम या उच्च आवृत्ति में वृद्धि से सम्बंधित जानकारी शामिल होती है। इस प्रकार स्थानिक संवर्द्धन स्थानिक आवृत्ति से प्रत्यक्षतः संबंधित है और अपने समीपस्थ क्षेत्रों के पिक्सेल मूल्यों के आधार

पर अपने पिक्सेल मूल्यों को संशोधित करती है। पारंपरिक रूप से स्थानिक संवर्द्धन का उपयोग सांख्यिकीय फिल्टरिंग और एडेप्टिव फिल्टरिंग का उपयोग करते हुए स्थानिक सुविधाओं को बढ़ाने के लिए किया जाता है।

(ग) **वर्णक्रमीय संवर्द्धनः** वर्णक्रमीय संवर्द्धन के माध्यम से किसी प्रतिबिम्ब के पिक्सल के धूसर पैमाने (ग्रे स्केल) को बदलकर उसकी सटीक दृश्यता अथवा व्याख्या प्राप्त की जा सकती है। वर्णक्रमीय संवर्द्धन में प्रतिबिम्ब के ग्रे स्केल के सभी पिक्सेल पर एक समान वर्णक्रमीय रूपांतरण लागू होता है। इसप्रकार किसी उपयोगकर्ता द्वारा प्रतिबिम्ब की बेहतर व्याख्या वर्णक्रमीय संवर्द्धन द्वारा संभव है।

(घ) **ज्यामितीय संवर्द्धनः** किसी प्रतिबिम्ब की ज्यामिती को फेरबदल करके बेहतर दृश्यता हेतु आगे की प्रक्रिया के लिए संशोधित किया जाता है। ज्यामितीय संवर्द्धन समीपवर्ती पड़ोसी पिक्सेल से चिन्हित की जाती है। प्रतिबिम्ब का नवीन पिक्सेल मूल्य जिसकी गणना समीपस्थ पिक्सेल सेट की चमक से की जाती है, वह ज्यामितीय विवरण की भिन्नता को इंगित करता है। सुदूर संवेदन में ज्यामितीय संवर्द्धन आमतौर पर स्मूथिंग, एज डिटेक्शन और संवर्धित लाइन डिटेक्शन से संबंधित होती है।

4.10.2 प्रतिबिम्ब रूपांतरण (Image Transformation)

प्रतिबिम्ब परिवर्तन में प्रायः आंकडें आंकड़े के कई बैंडों में हेरफेर होता है, चाहे एक मल्टीस्पेक्ट्रल प्रतिबिम्ब से या एक क्षेत्र के दो या दो से अधिक प्रतिबिम्बों से अलग-अलग समय पर लिया गया हो। दूसरे शब्दों में, प्रतिबिम्ब रूपांतरण दो या दो से अधिक स्रोतों से एक नया प्रतिबिम्ब बनाता हैं जो मौलिक इनपुट प्रतिबिम्ब की तुलना में बेहतर तरीके से उसकी विशेषताओं या गुणों को उजागर करते हैं। प्रतिबिम्ब रूपांतरण में बुनियादी अंकगणितीय ऑपरेशन (जैसे जोड़, घटाव, गुना, भाग) शामिल हैं- उदाहरण के तौर पर बैंड अंकगणितीय ऑपरेशन एक ही भौगोलिक क्षेत्र के दो या अधिक सह-पंजीकृत प्रतिबिम्बों पर किए जाते हैं। उनके पास एकल मल्टीस्पेक्ट्रल आंकडें से अलग वर्णक्रमीय बैंड हो सकते हैं या इसमें अलग-अलग समय श्रृंखला आंकडें सेट के अलग-अलग बैंड हो सकते हैं। शोर घटक को कम करने के लिए छवियों की एक जोड़ी पर जोड़ ऑपरेशन किया जाता है। बदलावों का पता लगाने के लिए, उन छवियों के बीच अंतर खोजने के लिए, छवियों की एक जोड़ी पर घटाव ऑपरेशन किया जाता है।

4.10.3 प्रतिबिम्ब वर्गीकरण और विश्लेषण (Image Classification and Analysis)

प्रतिबिम्ब वर्गीकरण और विश्लेषण सुदूर संवेदन का एक महत्वपूर्ण हिस्सा है। पृथ्वी की सतह पर पाए जाने वाले अवयव (जैसे पेड़-पौधे, पहाड़, तालाब, चट्टान इत्यादि) में एक अलग वर्णक्रमीय परावर्तन और प्रेषण गुण होते हैं, उनकी पहचान वर्गीकरण प्रक्रिया के माध्यम से की जाती है। व्यापक अर्थों में, प्रतिबिम्ब वर्गीकरण के अंतर्गत मौलिक सुदूर संवेदन उपग्रहीय आंकड़े को विभिन्न स्तर के विषयों या भूमि के भिन्न-भिन्न आवरणों के सभी पिक्सल को वर्गीकृत करने की प्रक्रिया के रूप में परिभाषित किया गया है। प्रायः वर्गीकरण ही प्रतिबिम्ब विश्लेषण का मूल उद्देश्य हो सकता है। उदाहरण के लिए, सुदूर संवेदी आंकड़ों से भूमि उपयोग (लैंडयूज) का वर्गीकरण तथा इसके अंतिम प्रतिबिम्ब एक मानचित्र के रूप में तैयार हो जाता है। इस प्रकार विश्लेषण के अंतिम उत्पाद

के रूप में प्राप्त प्रतिबिम्ब वर्गीकरण अंकीय प्रतिबिम्बों को जांचने के लिए एक महत्वपूर्ण माध्यम है। प्रतिबिम्ब वर्गीकरण मुख्यत: तीन प्रकार से किये जाते है। (i) पर्यवेक्षित वर्गीकरण (supervised classification) (ii) अपर्यवेक्षित वर्गीकरण (unsupervised classification) एवं (iii) वस्तु उन्मुख वर्गीकरण (object oriented classification)

(i) पर्यवेक्षित वर्गीकरण (supervised classification): पर्यवेक्षित वर्गीकरण सुदूर संवेदी प्रतिबिम्बीय आंकड़े से मात्रात्मक जानकारी निकालने के लिए उपयोग किया जाने वाला आवश्यक माध्यम है। प्रत्येक वस्तु अपने अंकीय हस्ताक्षर (digital signature) से पहचाना और प्रदर्शित किया जाता है। इस प्रकार विभिन्न वस्तुओं या भूमि उपयोग (लैंडयूज) के अलग अलग अंकीय हस्ताक्षर होंगे अर्थात उनका अलग अलग अंकीय मान होगा। पर्यवेक्षित वर्गीकरण के अंतर्गत किसी ज्ञात वस्तु के अंकीय मान के आधार पर विश्लेषक इन ज्ञात वर्ग के लिए प्रतिनिधि पैरामीटर उत्पन्न करने के लिए पर्याप्त ज्ञात पिक्सेल का उपयोग करता हैं। तथा इस कदम को प्रशिक्षण क्षेत्र के नाम से जानते है। एक बार प्रशिक्षित होने के बाद, वर्गीकारक का उपयोग प्रशिक्षित मापदंडों के अनुसार सभी प्रतिबिम्ब पिक्सलों पर लेबल लगाने के लिए किया जाता है।

(ii) अपर्यवेक्षित वर्गीकरण (unsupervised classification): प्रतिबिंब के पिक्सेल के मान के आधार पर प्रतिबिम्ब को अलग अलग समूहों में वर्गीकृत करने की प्रक्रिया को अपर्यवेक्षित वर्गीकरण कहते है । इस वर्गीकरण के उपयोगकर्ता उत्पन्न होने वाले समूह और बैंड की संख्या की पहचान करता है। इन जानकारियों के आधार पर प्रतिबिम्ब का विभिन्न समूहों में वर्गीकरण तैयार करता है। इसप्रकार इस वर्गीकरण के अंतर्गत किसी तरह के प्रशिक्षण क्षेत्र की आवश्यकता नहीं होती।

(iii) वस्तु उन्मुख वर्गीकरण (object oriented classification): वस्तु उन्मुख वर्गीकरण का तरीका मध्यम से उच्च रिजॉल्यूशन वाली उपग्रहीय प्रतिबिम्ब के लिए उपयुक्त वैध व्यवस्था है जो कि पारंपरिक प्रतिबिम्ब वर्गीकरण का एक वैकल्पिक व्यवस्था प्रदान करता है। वस्तु उन्मुख वर्गीकरण प्रतिबिम्ब को विभिन्न वस्तुओ में विभाजित करने की एक प्रक्रिया है। इन वस्तुओं की विशिष्ट भौगोलिक विशेषताएं होती है जैसे आकार, लंबाई, और स्थैतिक निकाय। ये विशेषताएँ नमूना वस्तुओं के लिए वर्गीकरण प्रक्रिया का आधार बनाती हैं, वस्तु उन्मुख वर्गीकरण में उच्च रिजॉल्यूशन प्रतिबिम्ब में परिवर्तन का पता लगाने की अधिक संभावनाएं हैं।

4.11 प्रतिबिम्ब विश्लेषण उपकरण/सॉफ्टवेयर (Image Analysis Tools/Softwares)

सुदूर संवेदकों के द्वारा प्राप्त प्रतिबिम्ब का विश्लेषण करने हेतु हार्डवेयर जैसे संगणक और सॉफ्टवेयर की आवश्यकता होती है। इनके संयुक्त उपयोग से प्रतिबिम्ब का विभिन्न विषयगत मानचित्रों के रूप में वर्गीकरण और विश्लेषण करते है। ये softwares निशुल्क रूप से उपलब्ध होते है अथवा क्रय किये जा सकते है। कुछ महत्वपूर्ण softwares का नामों का उल्लेख आगे किया गया है।

(i) GRASS, (ii) PolSARPro (iii) ArcGIS (iv) QGIS: Quantum GIS
(v) ERDASAMAGINE

4.12 सुदूर संवेदन प्रणाली का अनुप्रयोग

सुदूर संवेदन प्रणाली के मुख्य अनुप्रयोगों में कृषि शामिल है, जबकि वानिकी, भूविज्ञान, जल विज्ञान, समुद्री बर्फ, भूमि आवरण महासागरों और तटीय भागों का मानचित्रण भी इसकी सहायता से

व्यापकता के साथ किया जा रहा है। सुदूर संवेदी प्रतिबिम्बीय प्रणाली में कैमरा फोटोग्राफी के लाभों को विस्तार पूर्वक पिछले अध्याय (खंड 3.8.6) में बताया जा चूका है।

4.13 आंकड़ों का एकत्रीकरण, संग्रहण, स्थानिक व्यवस्थापन और वितरण

जैसे सुदूर संवेदन या विविध स्त्रोतों से प्राप्त/एकत्रित स्थानिक आंकड़ों का संग्रहण करना तथा सॉफ्टवेयर के माध्यम से इन आंकड़ों का वितरण कर विभिन्न प्रकार की फाइलें विश्लेषण हेतु तैयार की जाती है, प्रायः इस प्रकार की फाइलें बड़े संग्रहण क्षमता की होती है जो 10 से 500 मेगा बाईट रेंज की भी हो सकती है।

(i) **आंकड़ों का विश्लेषण:** संगृहीत फाइलों को विभिन्न सॉफ्टवेयर के माध्यम से विषयानुसार विश्लेषण किया जाता है जैसे किसी क्षेत्र विशेष में कौन सी फसल कितने क्षेत्रफल में लगायी गयी है।

(ii) **विभिन्न आंकड़ों के मायने एवं उनके बीच के संबंधों (को खोजना) का अध्ययन:** विभिन्न प्रकार के आंकड़ों की परतों का मॉडलों की सहायता से निष्कर्ष निकला जाता है जैसे जनसँख्या घनत्व, जल की गुणवत्ता को किस प्रकार प्रभावित करती है अथवा डी. ए.पी. का अधिकाधिक प्रयोग मृदा की क्षारीयता को कैसे बढ़ाती या घटाती है।

(iii) **मापदंडों का मिलान:** किसी समस्या का प्रबंधन कई तरह के मापदंडों का मिलान कर निष्कर्ष निकाला जाता है। जैसे किसी स्थान के जल संग्रहण क्षेत्र का निरूपण तथा उनके भूमि तथा भू आच्छादन और उपयोग को मापदंडों के मिलान से ज्ञात किया जा सकता है।

(iv) **संगृहीत व विश्लेषित आंकड़ों का अन्यत्र उपयोग:** GIS की सहायता से अन्य मशीन भाषाओँ में विश्लेषित अथवा संग्रहित आंकड़ों का भी उपयोग संभव है जैसे भूमिगत जल की गुणवत्ता एवं स्तर की जानकारी या विश्लेषण C^{++}, Fortran मशीनी भाषा में है तो GIS की सहायता से बाढ़ मोडलिंग के लिए भी उपयोग किया जा सकता है।

(v) **दृश्यमान सहायता:** विश्लेषित विभिन्न स्तर के मानचित्रों में पैटर्न तथा परिदृश्य की पहचान तथा इनकी व्याख्या को बेहतर बनाता है। इसके अतिरिक्त निर्देशांकों के विभिन्न समूहों को वर्गीकृत करने में मदद करता है।

पाठ्य मूल्यांकन

I. रिक्त स्थान भरें

1. संवेदक, सुदूर संवेदी का एक .... है।
2. सक्रीय संवेदक प्रणाली ....के द्वारा उत्सर्जित उर्जा का उपयोग करता है।
3. राष्ट्रीय स्तर पर प्रतिबिम्ब तथा वास्तविक क्षेत्र का अनुपात .... होना चाहिए।
4. उच्च रिजॉल्यूशन प्रणाली में .... मीटर से अधिक का स्थानिक रिजॉल्यूशन होता है।
5. सुदूर संवेदी प्रणाली ....प्रकार के होते है।
6. भूस्थिर उपग्रह पृथ्वी से लगभग .... किमी की ऊंचाई पर स्थित है।

7. भारत का पहला उपग्रह ....है।
8. DGPS का विस्तार रूप .... है।
9. .... भारतीय रिमोट सेंसिंग का जनक माना जाता है।
10. रिमोट सेंसिंग तकनीक में, अवलोकन स्थान को .... कहा जाता है।

II. सही विकल्प चुनें

1. विद्युत चुम्बकीय विकिरण के संबंध में निम्नलिखित में से कौन सा कथन गलत है?
   (A) ये विद्युत आवेश की गति से उत्पन्न होते है
   (B) आवेशित कणों के दोलन से विद्युत क्षेत्र बदलते हैं
   (C) बदलते विद्युत क्षेत्र आसपास के माध्यम में बदलते चुंबकीय क्षेत्रों को प्रेरित करते हैं
   (D) इनमें से कोई नहीं
2. सुदूर संवेदन अपनी प्रक्रिया में निम्नलिखित में से किस तरंग का उपयोग करता है?
   (A) विद्युत तरंगें (B) सोनार तरंगें
   (C) गामा- किरणें (D) विद्युत चुम्बकीय तरंगें
3. निम्नलिखित में से कौन सुदूर संवेदन का सिद्धांत नहीं है?
   (A) उपग्रह के साथ ऊर्जा का आदान-प्रदान
   (B) विद्युत चुम्बकीय ऊर्जा
   (C) विद्युत चुम्बकीय स्पेक्ट्रम
   (D) वायुमंडल के साथ ऊर्जा का आदान-प्रदान
4. निम्न तरंगों में से कौन सी तरंगदैर्घ्य न्यूनतम है?
   (A) 0.03 मिमी (B) 0.03 नैनोमी
   (C) 0.03 मी (D) 0.03 कि.मी.
5. सुदूर संवेदन प्रणाली निम्नांकित में से क्या संकलित करती है?
   (A) छवि (B) परिवर्तन
   (C) चाल (D) ध्वनि
6. इनमे से कौन सा विषयगत नक्शा (thematic map) नहीं है?
   (A) स्थलाकृतिक मानचित्र (Topographical Map) (1:50k)
   (B) सनसब प्रदर्शित करता हुआ नक्शा (Map showing lulc)
   (C) बंजर भूमि प्रदर्शित करता हुआ नक्शा (Map showing wasteland)
   (D) इनमे से कोई नहीं
7. निम्नलिखित में से कौन सेंसर की कार्यप्रणाली को इंगित करता है?
   (A) ऊर्जा का हस्तांतरण (B) अवशोषित तरंग धैर्य
   (C) तरंग धैर्य के प्रति संवेदनशीलता (D) ऊर्जा परावर्तन

II. सत्य अथवा असत्य बताएं

1. ध्वनि को सुदूर संवेदन का रूप नहीं माना जा सकता।
2. प्रकाश ऊर्जा विद्युत चुम्बकीय स्पेक्ट्रम के एक विस्तृत हिस्से पर रहती है
3. सुदूर संवेदन में लक्ष्य और विद्युत चुम्बकीय विकिरण के मध्य अंत:क्रिया होती है
4. सुदूर संवेदन में, प्लेटफॉर्म या तो स्थिर या गतिशील हो सकता है।
5. प्लेटफॉर्म की ऊँचाई बढ़ने से इमेजिंग सिस्टम का स्थानिक रिजॉल्यूशन तुलनात्मक दृष्टि से खराब हो जाता है।
6. प्लेटफॉर्म की ऊंचाई कम होने से इमेजिंग सिस्टम का एरिया कवरेज बढ़ता है।
7. एक निष्क्रिय सेंसर ऊर्जा के स्रोत के रूप में सूर्य का उपयोग करता है।

III. लघु उत्तरीय प्रश्न

1. फोटोग्रामेट्री पर संक्षेप में व्याख्या करें।
2. रिमोट सेंसिंग के दो प्रमुख घटक क्या हैं?
3. रिमोट सेंसिंग में इलेक्ट्रो मैग्नेटिक स्पेक्ट्रम के तीन बैंडों का क्या उपयोग किया जाता है?
4. मल्टीटैम्पोरल रिमोट सेंसिंग के दो सामान्य उपयोग बताएं?

IV. दीर्घ उत्तरीय प्रश्न

1. कृषि क्षेत्र में रिमोट सेंरिंग आंकडें का उगयोग कैसे किया जा सकता है, उदाहरण देकर समझाएं।
2. इमेजिंग सिस्टम के पांच मुख्य समूह कौन से हैं, उदाहरण सहित समझाएं?

अध्याय

5

भू-सूचना

अध्ययन उद्देश्य

- इस अध्याय में भू सूचना का परिचय एवं परिभाषा के साथ इसके अन्य अवयवों का मौलिक परिचय प्रस्तुत किया गया है।
- यह अध्याय भू सूचना के प्रमुख अवयवों की संक्षिप्त जानकारियों को सरल रूप में प्रदर्शित करता है।
- इस अध्याय में भू सूचना के प्रमुख उपकरणों का वर्णन उदहारण सहित प्रतिपादित किया गया है।
- यह अध्याय भू सूचना प्रणाली के विभिन्न साधन एवं तकनीकों का वर्णन करता है।
- अंत में अध्याय, सटीक खेती में भू सूचना की उपयोगिता को प्रतिपादित करता है।

भू-सूचना ऐसे विभिन्न विषयों का एकीकृत रूप है जहाँ स्थानिक सूचनाओं का व्यवहारिक अनुप्रयोग होता है। उपग्रह आधारित सुदूर संवेदन (सैटेलाइट रिमोट सेंसिंग) के आगमन और ग्लोबल पोजिशनिंग सिस्टम (जीपीएस) और भौगोलिक सूचना प्रणाली (जीआईएस) के विकास के बाद सर्वेक्षण एवं मानचित्रण के क्षेत्र में महत्वपूर्ण बदलाव हुये हैं जिसका प्रत्यक्ष प्रभाव कृषि, चिकित्सा, पर्यावरण एवं वास्तु अभियांत्रिकी समेत अन्य क्षेत्रों पर पड़ा है । इसी कारण, शिक्षा और उद्योग दोनों में, भू-सूचना सम्बन्धी ज्ञानवर्धन पर काफी जोर दिया जा रहा है।

5.1 परिचय

किसी वस्तु अथवा स्थान के बारे में सूचना तकनीकों के माध्यम से एकत्रित आंकड़ों की व्यवहारिक उपयोगिता एवं आवश्यकता विभिन्न क्षेत्रों में सिद्ध हुई है। इसीप्रकार, भूमंडलीय आंकड़ों से सम्बंधित विज्ञान (जिओडेसी) की समय के साथ उपयोगिता बढ़ रही है। अब विषय स्तरीय स्थानिक आंकड़ों का अधिकाधिक उपयोग भी हो रहा है। तकनीकों के विलय तथा इनके एकीकृत उपयोग से भू-संसाधनों के प्रबंधन तथा विषयगत निर्णय लेने की क्षमता संवर्धित हो रही है। इस तरह के तकनीक जो भू संसाधन सम्बन्धी आंकड़ों के संग्रहण, विश्लेषण तथा प्रबंधन हेतु उपयोग किये जा रहे है, उस तकनीक को ही भू सूचना तकनीक के नाम से जाना जाता है।

भू-सूचना शब्द दो शब्दों से मिलकर बना है, भू (पृथ्वी) और सूचना विज्ञान (सूचना प्रसंस्करण का अध्ययन)। अतः भू-सूचना को पृथ्वी विज्ञान और सूचना विज्ञान के समन्वित विज्ञान के रूप में समझा जा सकता है। इस प्रकार, भू-सूचना सामान्यतः तकनीकी विज्ञान में एक नई शाखा है,

जिसमें भौगोलिक स्थिति के सन्दर्भ में अलग-अलग विषयगत आंकड़ों के साथ काम करने के उद्देश्य से सूचना विज्ञान और जियोडेसी को एक विशेष सूचना प्रौद्योगिकी के रूप में विकसित किया गया है। इसप्रकार, भू-सूचना मूलरूप से पृथ्वी की सतह के बेहतर समझ और स्पष्ट व्याख्या हेतु लिए पृथ्वी के विविध आंकड़ों के साथ काम करता है।

भू-सूचना मूल रूप से वैज्ञानिक दृष्टिकोण के साथ स्थानिक आंकड़ों के विश्लेषण के माध्यम से जटिल सामाजिक और पर्यावरणीय चुनौतियों का समाधान करने वाली शक्तिशाली तकनीकों में से एक है। इसके अंतर्गत आंकड़ों को संगृहीत और व्यवस्थित किया जाता है और फिर गणना और भू-दृश्य के माध्यम से इन आंकड़ों का विश्लेषण होता है।

5.2 भू-सूचनाः ऐतिहासिक पृष्ठभूमि

भौगोलिक सूचना प्रणाली (जीआईएस) के क्षेत्र में अध्ययन और शोधों की औपचारिक शुरुआत 1960 के दशक में भौगोलिक घटनाओं की विस्तृत गणना के साथ हुई। भू-सूचना से सम्बंधित प्रारंभिक अध्ययन विश्व के चुनिन्दा शैक्षणिक संस्थानों तक ही सीमित थे। बाद के दशकों में, वैज्ञानिक माइकल गुडचाइल्ड के नेतृत्व में कैलिफोर्निया विश्वविद्यालय के नेशनल सेंटर फॉर ज्योग्राफिक इंफॉर्मेशन एंड एनालिसिस नामक संस्थान में स्थानिक विश्लेषण और प्रत्योक्षकरण (विजुअलाइजेशन) जैसे प्रमुख भौगोलिक सूचना विज्ञान से जुड़े विषयों पर विधिवत शोध आरम्भ किया गया। इन प्रयासों ने भौगोलिक विज्ञान के क्षेत्र में गणना सम्बन्धी अध्ययनों को बढ़ावा दिया और भू-सूचना विज्ञान के लिए एक बड़ा आधार तैयार किया। पहला कम्प्यूटरीकृत जीआईएस विकसित करने का श्रेय कनाडा के वैज्ञानिक रोजर टॉमलिंसन को जाता है। टॉमलिंसन ने अमेरिका के सभी प्रांतों से एकत्रित प्राकृतिक संसाधनों के आंकड़ों को विलय करने के लिए कंप्यूटर का उपयोग करने की कल्पना की थी। उन्होंने बड़ी मात्रा में आंकड़ों को संगृहीत करने और संसाधित करने के लिए वर्ष 1963 में स्वचालित कंप्यूटिंग तंत्र डिजाइन बनाया जिसे उन्होंने भू-सूचना प्रणाली (जीआईएस) का नाम दिया। इसी कंप्यूटिंग तंत्र की सहायता से कनाडा में राष्ट्रीय भू-उपयोग प्रबंधन कार्यक्रम शुरू हो सका । वर्ष 1964 में नॉर्थवेस्टर्न विश्वविद्यालय के हॉवर्ड फिशर नामक वैज्ञानिक ने SYMAP के नाम से जाना जाने वाला पहला कंप्यूटर मैपिंग सॉफ्टवेयर बनाया। SYMAP प्रोग्राम का उपयोग कंप्यूटर पर लाइन-प्रिंटेड नक्शा बनाने के लिए किया जा है। वर्ष 1969 में, वैज्ञानिक जैक डेंजरमंड और उनकी, पत्नी लौरा द्वारा पर्यावरण प्रणाली अनुसंधान संस्थान, (Environmental Systems Research Institute) की स्थापना की गई। इस संस्थान को GIS मानचित्रण और स्थानिक विश्लेषण के कई तरीकों को विकसित करने के लिए पर जाना जाता है। संस्थान द्वारा विकसित कई सॉफ्टवेयर जीआईएस के अंतरराष्ट्रीय स्तर के मानक हैं।

कंप्यूटर के तकनीकी क्षमता में वृद्धि के साथ साथ जीआइएस के भी उन्नत एवं दक्ष सॉफ्टवेयर विकसित किये गए। इसी क्रम में पर्यावरण प्रणाली अनुसंधान संस्थान द्वारा वर्ष 1981 में ARC/INFO नामक प्रोग्राम तैयार किया गया जिसे विश्व का पहला व्यावसायिक जीआईएस उत्पाद माना जाता है। जीआईएस, आज वेब और क्लाउड कंप्यूटिंग के उद्भव एवं विकास के साथ इंटरनेट के माध्यम से मानवीय समस्याओं जैसे बढ़ती जनसंख्या, पर्यावरण ह्रास और प्रदूषण के निराकरण का एक सशक्त जरिया बन चुका है। भविष्य में भी जीआईएस का उपयोग मानचित्रण की सर्वमान्य भाषा का उपयोग करके समेकित समाधानों को संप्रेषित करने के लिए किया जायेगा।

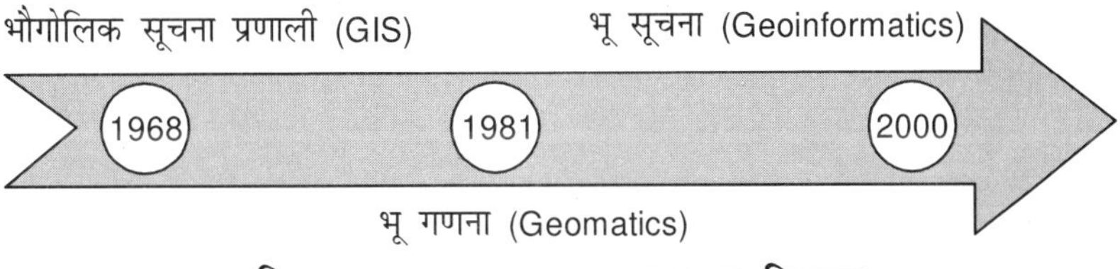

चित्र 5.1: भु सूचना का क्रमागत विकास

5.3 अवधारणा

भूमंडलीय स्थानिक आंकड़ों के अनुकूल संग्रहण, वर्गीकरण तथा प्रस्तुतीकरण हेतु उपलब्ध तकनीकयों का समन्वित उपयोग ही भू सूचना की प्रमुख अवधारणा है। वैज्ञानिक ओलेज्की के अनुसार भौगोलिक सूचनाओं (geoinformations) के अधिग्रहण, भंडारण, प्रसंस्करण, उत्पादन, प्रस्तुति और प्रसार से संबंधित कला, विज्ञान और प्रौद्योगिकी का समन्वित रूप ही भू सूचना कहलाता है। भू-सूचना, सुदूर संवेदन प्रणाली, भौगोलिक स्थानिक प्रणाली, भौगोलोक सूचना प्रणाली और फोटोग्रामेट्री के आवश्यक घटकों को एक साथ लाता है। इसप्रकार, उचित निर्णय लेने हेतु पृथ्वी की सतह से संबंधित सूचनाएँ एवं उनकी व्याख्या करने के लिए कई अलग-अलग तकनीकों, दृष्टिकोणों, प्रक्रियाओं और विधियों के समन्वित व सामूहिक अध्ययन को भू-सूचना विज्ञान कहते है (चित्र 5.2)।

भू-सूचना, भौगोलोक सूचना प्रणाली, सुदूर संवेदन प्रणाली, गैर-सुदूर संवेदन प्रणाली और सामाजिक-आर्थिक से लेकर विभिन्न प्रकार के आंकड़ों के समूहों (जैसे मानचित्रों, रिपोर्ट अथवा अन्य रूपों जैसे सर्वेक्षण से उत्पन्न परिणाम इत्यादि) को संयोजित कर पृथ्वी की सतह पर मानव गतिविधियों के बारे में बेहतर व्याख्या कर उचित प्रबंधन और निर्णय तक पहुंचाने में सहायक है।

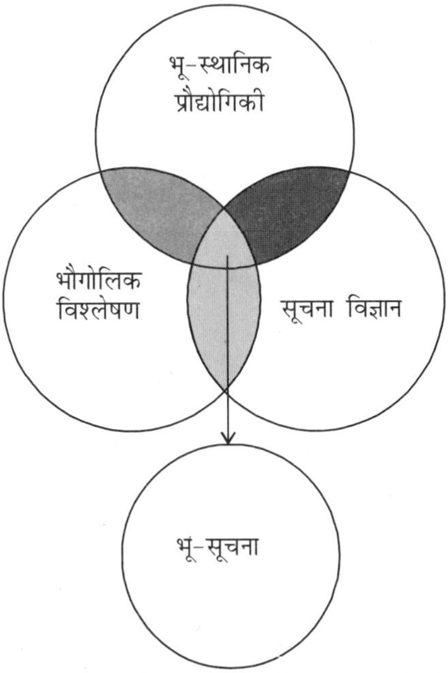

चित्र 5.2: भु-सूचना, भू-स्थानिक प्रौधौगिकी, भौगोलिक विश्लेषण और सूचना विज्ञान का समन्वित रूप है।

भू-सूचना के व्यवहारिक अनुप्रयोगों में विभिन्न तकनीकों और प्रक्रियाओं का लगातार उपयोग होता है अतः कृषि, चिकित्सा एवं पर्यावरण-विज्ञान समेत जल विज्ञान, आपदा प्रबंधन आदि क्षेत्रों में भू-सूचना के कुशल एवं यथोचित उपयोग हेतु भू-सूचना के घटकों अथवा अवयवों की मौलिक समझ होना अति आवश्यक है।

5.4 भू-सूचना के अवयव

उपरोक्त परिचय और अवधारणा के अध्ययन से यह स्पष्ट है कि भू-सूचना एक एकीकृत स्थानिक अनुसंधान उपकरण है, जो जियोकोडेड आंकड़ों पर आधारित आंकडेंबेस के माध्यम से उचित निर्णय लेने में मदद करता हैं। मूलतः भू-सूचना में सर्वेक्षण और मानचित्रण, रिमोट सेंसिंग, भौगोलिक सूचना प्रणाली (जीआईएस), ग्लोबल पोजिशनिंग सिस्टम (जीपीएस), जियोडेसी और कंप्यूटर विज्ञान सहित विषयों की एक विस्तृत श्रृंखला शामिल है। भू-सूचना के प्रमुख अवयव इस प्रकार है-

(i) कंप्यूटर विज्ञान
(ii) जियोडेसी
(iii) कार्टोग्राफी
(iv) फोटोग्रामेट्री
(v) सुदूर संवेदन (रिमोट सेंसिंग)
(vi) ग्लोबल पोजिशनिंग सिस्टम (जीपीएस)
(vii) भौगोलिक सूचना प्रणाली (जीआईएस)

5.4.1 कंप्यूटर विज्ञान

वर्तमान में प्रायः सभी क्षेत्रों में अधिक से अधिक और जटिल आंकड़ों के प्रबंधन की महती आवश्यकता ने सूचना विज्ञान को महत्वपूर्ण बना दिया है। आंकड़ों के प्रसंस्करण एवं प्रबंधन में कंप्यूटर के हार्डवेयर एवं सॉफ्टवेयर की महत्वपूर्ण भूमिका होती है। आंकड़ों को समझने और संसाधित करने और निष्कर्ष तक पहुँचने के लिए सम्बंधित हार्डवेयर और सॉफ्टवेयर का ज्ञान अति आवश्यक है। अधिकाधिक और जटिल आंकड़ों के अधिग्रहण, प्रसंस्करण, प्रसार और विश्लेषण के बारे में अगले अध्यायों में अध्ययन करते समय हम भू-सूचना में कंप्यूटर विज्ञान के अनुप्रयोगों के विभिन्न पहलुओं को भली भांति समझ पायेंगे।

5.4.2 जिओडेसी

पृथ्वी के ज्यामितीय आकार, अंतरिक्ष में अभिविन्यास (orientation in space) और गुरुत्वाकर्षण क्षेत्र को सटीक रूप से मापने और समझने का विज्ञान जिओडेसी कहलाता है। जियोडेसी अपनी दो शाखाओं के माध्यम से पृथ्वी के आकार और आयाम को परिभाषित करता है:

(i) ग्रेविमेट्री (Gravimetry) पृथ्वी के गुरुत्वाकर्षण और इसकी विसंगतियों के निर्धारण से संबंधित है जबकि गुरुत्वाकर्षण पृथ्वी के आकार को निर्धारित करता है।

(ii) स्थित खगोल विज्ञान (Positioning astronomy) तारों और कृत्रिम उपग्रहों के अवलोकन के माध्यम से ग्लोब पर बिंदुओं की स्थिति निर्धारित करती है।

जिओडेसी का अध्ययन पृथ्वी के अज्ञात को समझाने के लिए कभी न खत्म होने वाली मानवीय जिज्ञासा के साथ शुरू हुआ। शोधकर्ताओं के लिए 3-आयामी पृथ्वी को 2-आयामी मानचित्र रूपों में सटीक रूप से प्रस्तुत करना एक बड़ी चुनौती रही है, परन्तु जिओडेसी की अंतर्निहित अवधारणा पृथ्वी को 2-आयामों में प्रस्तुत करने में मदद करती है।

5.4.3 कार्टोग्राफी

यह दो शब्दों 'carta अर्थात मानचित्र' और 'graphy अर्थात जो किसी विषय के बारे में निर्दिष्ट तरीके से लिखा गया हो' से मिलकर बना है। दूसरे शब्दों में, यह किसी तकनीक या मानचित्र अथवा चार्ट को बनाने की एक कला है। कार्टोग्राफी के माध्यम से पृथ्वी या पृथ्वी के एक हिस्से, जिसकी सतह समतल है को व्यवस्थित रूप से दर्शाया जाता है।

5.4.4 फोटोग्रामेट्री

फोटोग्राफिक छवियों से वस्तुओं के ज्यामितीय गुणों का निर्धारण करने के लिए विकसित की गई तकनीक फोटोग्रामेट्री कहलाती है। यह तकनीक छवियों की सहायता से वस्तुओं की स्थिति और आकार का मापन करती है। भौतिक वस्तुओं की फोटोग्राफिक छवियों और पर्यावरणीय प्रक्रियाओं अथवा किसी घटना की रिकॉर्डिंग के विद्युत चुम्बकीय ऊर्जा के पैटर्न को मापकर उनकी व्याख्या करने की कला, अथवा तकनीक को फोटोग्रामेट्री कहते है। फोटोग्रामेट्री मुख्य रूप से दो आयामी तस्वीरों की विशेषताओं के माध्यम से त्रि-आयामी वस्तुओं के सटीक माप के निर्धारण से सम्बंधित है। फोटोग्रामेट्री मूलतः दो प्रकार की होती है। (i) एरियल (हवा में कैमरे के साथ) और (ii) स्थलीय (हाथों से संचालित कैमरे की मदद से)।

(i) **एरियल फोटोग्रामेट्री:** इसके अंतर्गत हवाई फोटोग्राफी की जाती है अर्थात किसी विमान या मानव रहित हवाई वाहन (यूएवी या 'ड्रोन') में स्थापित कैमरे से से तस्वीरें ली जाती है। कैमरे को स्थापित करने के लिए प्लेटफॉर्म के रूप में हेलीकॉप्टर, रॉकेट, पैराशूट, स्टैंड-अलोन टेलीस्कोपिंग, अथवा कबूतर या पतंग का इस्तेमाल किया जाता है। इस प्रकार एरियल फोटोग्रामेट्री में किसी क्षेत्र विशेष में ली गई तस्वीरों की संख्या को संकलित करके स्थलाकृतिक मानचित्र (topographic maps) तैयार किया जाता है।

(ii) **स्थलीय फोटोग्रामेट्री:** स्थलीय फोटोग्रामेट्री के अंतर्गत 200 मीटर दूर तक की वस्तुओं की फोटोग्राफी की जाती है। इसे क्लोज-रेंज फोटोग्रामेट्री भी कहा जाता है। इस फोटोग्राममेट्री में अनिवार्य रूप से दो या तीन स्टेशनों से मैप किए जाने वाले क्षेत्र अथवा वस्तु की तस्वीर ली जाती है और क्षेत्र अथवा वस्तु के तीन बिमीय (3 D) छवि में बिंदुओं के निर्देशांक की गणना विभिन्न पदों से शुरू की गई दो फोटोग्राफिक छवियों (या अधिक) में किए गए मापों द्वारा की जाती है। सामान्यतया बड़े ऊर्ध्वाधर सतहों को मापने और मैप करने के लिए स्थलीय फोटोग्राममेट्री तकनीकों को लागू किया जाता है। उदाहरण के रूप में स्थलीय फोटोग्राममेट्री के अनुप्रयोगों में ऊर्ध्वाधर चट्टानों की स्थलाकृतिक मानचित्रण, संरचनाओं की विरूपण माप और इमारतों की वास्तु मानचित्रण शामिल हैं।

एरियल फोटोग्रामेट्री और स्थलीय फोटोग्राममेट्री में मुख्य अंतर कैमरा की सुलभता का है। इस प्रकार, स्थलीय फोटोग्राममेट्री में कैमरे की स्थिति और अभिविन्यास को मापा जा सकता है। सैद्धांतिक रूप से यह कैमरे को उन्मुख करने के लिए एक अतिरिक्त नियंत्रण बिंदु की आवश्यकता को समाप्त करता है।

5.4.4.1 फोटोग्रामेट्री की उपयोगिता

(i) फोटोग्रामेट्री स्थलाकृतिक मानचित्रण, वास्तुकला, अभियांत्रिकी, गुणवत्ता नियंत्रण, पुलिस जांच और भूविज्ञान सहित विभिन्न क्षेत्रों में उपयोगी है।

(ii) पुरातत्वविद बड़ी या जटिल साइटों की योजनाओं का निर्माण करने के लिए फोटोग्राममेट्री का उपयोग करते हैं।

(iii) मौसम वैज्ञानिक फोटोग्रामेट्री का उपयोग उन जगहों पर चक्रवातों के दौरान हवा की वास्तविक गति को निर्धारित करने के लिए करते हैं, जहां मौसमी आंकडें उपलब्ध नहीं हो पाते है।

(iv) फिल्म उद्योग में, फोटोग्राममेट्री का उपयोग कंप्यूटर जनित इमेजरी के साथ लाइव एक्शन को संयोजित करने के लिए किया जाता है।

5.4.5 सुदूर संवेदन प्रणाली

दूर से बिना भौतिक संपर्क के किसी वस्तु के बारे में आंकड़ों का संग्रह करना सुदूर संवेदन कहलाता है। पिछले अध्याय में सुदूर संवेदन प्रणाली की चर्चा विस्तार पूर्वक की गई है। इस तकनीक से किसी वस्तु की समग्र जानकारियों को समय व स्थान के छोटे पैमाने पर एकत्र कर प्राप्त की जाती है। अधिकांश सुदूर संवेदी यन्त्र किसी वस्तु से प्रतिबिंबित और विकिरण करने वाली विद्युत चुम्बकीय ऊर्जा के संचरण को मापकर उस वस्तु की जानकारी प्रदान करती हैं। यहाँ यह समझ लेना आवश्यक है कि यह सुदूर संवेदन प्रणाली और फोटोग्रामेट्री किस तरह से भिन्न है। जहाँ एक ओर फोटोग्रामेट्री वस्तुओं अथवा क्षेत्रों के ज्यामितीय गुणों के माप से संबंधित है वहीँ सुदूर संवेदन प्रणाली वस्तुओं अथवा क्षेत्रों के रेडिओमेट्रिक गुणों के आधार पर सामयिक व स्थानिक स्थिति को निर्धारित करती है। वैज्ञानिक पृथ्वी के स्थलमंडल, जैवमंडल, जलमंडल और वायुमंडल में पाई गई घटनाओं की निगरानी या माप करने के लिए सुदूर संवेदन प्रणाली की तकनीकों का उपयोग करते हैं।

5.4.6 भौगोलिक स्थानिक प्रणाली

भौगोलिक स्थानिक प्रणाली एक उपग्रह पथ प्रदर्शन (navigation) प्रणाली है जिसका उपयोग किसी वस्तु की स्थानिक स्थिति को निर्धारित करने के लिए किया जाता है। इस पर अध्याय 7 में विस्तार से चर्चा की गई है। मूलत: भौगोलिक स्थानिक प्रणाली किसी भी क्षण किसी भी स्थान पर स्थिति, वेग और किसी वस्तु या समय के प्लेटफॉर्म पर सटीक जानकारी प्रदान करता है। इस अंतरिक्ष-आधारित रेडियो नेविगेशन प्रणाली का उपयोग लोगों को यह जानने में सक्षम बनाती है कि वे पृथ्वी की सतह पर कहां हैं।

5.4.7 भौगोलिक सूचना प्रणाली

भौगोलिक सूचना प्रणाली (जीआईएस) एक ऐसी प्रणाली है; जिसके अंतर्गत सभी प्रकार के भौगोलिक आंकड़ों को एकत्रित, संगृहीत, रूपांतरित व विश्लेषित कर प्रबंधन के साथ प्रस्तुत किया जाता है। यह प्रणाली उपयोगकर्ताओं को भौगोलिक आंकड़ों की परिकल्पना, प्रबंधन, विश्लेषण और व्याख्या करने में सहायता करता है। इसके लिए कुछ विशिष्ठ सॉफ्टवेयर की आवश्यकता होती है जिसके सहारे आंकड़ों के मध्य सम्बन्ध, पैटर्न तथा रुझानों को समझने के साथ साथ समस्या के निदान में सहायता मिलती है।

5.5 भू-सूचना उत्पाद

अनेक प्रकार के अनुप्रयोगों के लिए भू-सूचना के अंतर्गत अंकीय मानचित्र और भू-संदर्भित आंकड़ों का संयोजन होता है । विभिन्न प्रकार के आंकड़ों के समूहों जैसे मानचित्रों, रिपोर्ट अथवा अन्य रूपों जैसे सर्वेक्षण से उत्पन्न परिणाम इत्यादि को संयोजित करके ही भू-स्थानिक विश्लेषण और निर्णय तक पहुंचा जाता है। भू-स्थानिक विश्लेषण के परिणामों को विभिन्न रूपों में प्रस्तुत किए जाते हैं, जिन्हें भू-सूचना उत्पादों के रूप में जाना जाता है। सारणीबद्ध पाठ आंकडें, विषयगत मानचित्र, एनिमेशन, सूचना प्रणाली, स्थानिक निर्णय समर्थन प्रणाली (spatial decision support systems) प्रमुख भू-सूचना उत्पादों में शामिल हैं। इस उत्पादों को मुख्यत: दो वर्गों में विभाजित किया जाता है। (i) कार्टोग्राफिक उत्पाद (ii) गैर-कार्टोग्राफिक उत्पाद

(i) कार्टोग्राफिक उत्पाद: इनमें दोनों प्रकार के मानचित्र (हार्ड और सॉफ्ट कॉपी) शामिल होते हैं जो कार्टोग्राफिक मान्यताओं के आधार पर तैयार किए जाते हैं। मानचित्र की हार्ड कॉपी को जीआईएस सिस्टम से प्रिंटआउट के रूप में प्राप्त किया जा सकता है ।

(ii) गैर-कार्टोग्राफिक उत्पाद: गैर कार्टोग्राफिक आउटपुट में डिजिटल एलेवेशन मॉडल (डीईएम) और सूचना प्रणाली जैसे मानचित्र मॉडल शामिल हैं जो मुख्य रूप से दृश्य उद्देश्यों के लिए उपयोग किए जाते हैं। डीईएम स्थलाकृतिक आंकडें के बहुमुखी प्रदर्शन को अतिरिक्त परिदृश्य विशेषताओं के साथ प्रदर्शित करता है। गैर-कार्टोग्राफिक उत्पादों में टेक्स्ट, ग्राफिक आउटपुट, अंकीय आंकडें और हार्डकॉपी आउटपुट शामिल होता हैं। भू-सूचना सारणियों में वस्तुओं की विशेषता सम्बन्धी आंकडें अथवा इसमें पर्यटकों को ड्राइविंग निर्देश या किसी शहर में स्थित अस्पतालों की सूची या गांव में मंदिरों की सूची हो सकती है।

भू-सूचना उत्पादों में निर्णय समर्थन प्रणाली (Decision Support System) भी शामिल है, जो किसी संगठन के प्रबंधन, संचालन और योजना स्तरों पर निर्णय लेने में मदद करते हैं। किसी उद्देश्य के साथ तैयार किया गया निर्णय समर्थन प्रणाली एक परस्पर संवादात्मक (इंटरेक्टिव) सॉफ्टवेयर आधारित प्रणाली है, जिसका उद्देश्य मौलिक आंकडें, अभिलेखों, व्यक्तिगत ज्ञान, या व्यवसायिक मॉडल के संयोजन से उपयोगी जानकारी संकलित कर प्रबंधन को निर्णय तक पहुंचाने में मदद करना होता है।

5.6 भू-सूचना की बहु-विषयक प्रकृति

भू-सूचना के अभी तक के अध्ययन से यह बात तो स्पष्ट हो चुकी है कि इस विषय के विभिन्न तकनीकों की जटिलता या सरलता अन्य सम्बंधित विषयों की प्रकृति पर निर्भर करती है। वर्तमान मान्यताओं के अनुसार भू-सूचना अब महज एक उपकरण नहीं रह गया है अपितु एक वृहद् विज्ञान का रूप ले चूका है। भू-सूचना, पृथ्वी की विशेषताओं और प्रक्रियाओं को समझने और उनकी समस्याओं को निराकरण करने के लिए कंप्यूटर विज्ञान, जियोडेसी, भूगोल, कार्टोग्राफी, सुदूर संवेदन, भौगोलिक सूचना प्रणाली, भौगोलिक स्थानिक प्रणाली, अंकीय छवि प्रसंस्करण, कृत्रिम बुद्धिमत्ता (आर्टिफिशियल इंटेलिजेंस), संज्ञानात्मक मनोविज्ञान इत्यादि से कार्यप्रणाली को एकीकृत करता है। और इसी एकीकृत स्वरुप का उपयोग करते भू-सूचना हमें पृथ्वी की सतह पर विविध सुविधाओं जैसे भूमि उपयोग, सड़क नेटवर्क, जल निकाय, वन, वन्य जीवन और जनसांख्यिकी के बारे में अध्ययन कर पाने में सक्षम बनाता है ।

अतः, भू-सूचना के अनुप्रयोगों पर कार्य करने वाले विशेषज्ञों को सम्बंधित संसाधनों और विषयों के सैद्धांतिक पहलुओं और व्यावहारिक दृष्टिकोणों का सही ज्ञान होना चाहिए। इसके बहुविषयक प्रकृति को समझकर ही भू-सूचना का आवश्यकता के अनुकूल दक्ष और प्रासंगिक उपयोग किया जा सकता है। यह बहुत आवश्यक है कि शासकीय अथवा अशासकीय संस्थाओं में बेहतर प्रबंधन एवं उत्पादन हेतु निर्णय समर्थन प्रणाली के रूप में भू-सूचना विज्ञान का उपयोग सुनिश्चित हो।

5.7 भू-सूचना के व्यवहारिक अनुप्रयोग

यह निर्विवाद रूप से माना जाने लगा है कि भू-सूचना 21 वीं सदी की शक्तिशाली तकनीकों में से एक है। लगभग चार दशकों में, भू-सूचना विज्ञान पृथ्वी पर लगभग हर पहलू पर जानकारी एकत्र करने के लिए एक प्रमुख उपकरण के रूप में विकसित हुआ है। यह पूरी तरह से आकड़ों से संचालित विज्ञान सम्मत तकनीक है जो अनेक प्रकार के जटिल सामाजिक और पर्यावरणीय चुनौतियों का समाधान करने में मदद करता है। निश्चित रूप से भू-सूचना के अनुप्रयोग अनेक विषयों जैसे कंप्यूटर विज्ञान, सूचना प्रौद्योगिकी, सॉफ्टवेयर इंजीनियरिंग, बायोग्राफी, वास्तुकला, कृषि, भूगोल और पर्यावरण संरक्षण तक फैले है। भारत में भी विगत दशकों में, भू-सूचना का उपयोग विभिन्न अनुप्रयोगों के लिए किया गया है और इसने योजना और विकास में महत्वपूर्ण योगदान दिया है। भू-सूचना ने विभिन्न प्राकृतिक संसाधनों, जैसे कि वन, खनिज, मिट्टी, पानी, कृषि, आदि का विस्तृत मानचित्रण, और निगरानी की सुविधा प्रदान की है, जिससे सरकार और निति निर्धारकों को इनके संरक्षण और बेहतर प्रबंधन के लिए निर्णय लेने में मदद मिली है। इसके अतिरिक्त यह प्राकृतिक खतरों की निगरानी और आपदा की तैयारी और प्रबंधन के लिए कार्य योजना तैयार करने में कारगर साबित हुआ है। भू-सूचना विज्ञान के कुछ महत्वपूर्ण व्यवहारिक अनुप्रयोग निम्नलिखित है:

(i) इसका उपयोग शहरी नियोजन और भूमि उपयोग प्रबंधन के लिए किया जाता है।

(ii) इसका उपयोग पर्यावरण मॉडलिंग और विश्लेषण के लिए किया जाता है।

(iii) इसका उपयोग कृषि, मौसम विज्ञान और जलवायु परिवर्तन का अध्ययन करने के लिए किया जाता है।

(iv) पृथ्वी की विभिन्न घटनाओं को समझने हेतु इसका उपयोग आभासी पृथ्वी (वर्चुअल ग्लोब) बनाने के लिए किया जाता है।

(v) इसका उपयोग आपदा जोखिम प्रबंधन में किया जाता है।

(vi) इसका उपयोग समुद्र विज्ञान और वायुमंडल मॉडलिंग के लिए किया जाता है।

(vii) इसका उपयोग दूरसंचार, अपराध विज्ञान और अपराध निरूपण (सिमुलेशन) में किया जाता है।

(viii) इसका उपयोग विमानन, जैवविविधता संरक्षण और समुद्री परिवहन में किया जाता है।

(ix) यह कार नेविगेशन के लिए भी उपयोग किया जाता है।

5.8 सटीक कृषि में भू-सूचना की उपयोगिता

सटीक कृषि स्थानिक एवं सामयिक विविधताओं के अनुकूल संसाधनों का आवश्यकतानुसार उपयोग करके अधिकतम उत्पादन प्राप्त करने की कृषि पद्धति है। भौगोलिक सूचना प्रणाली, सुदूर संवेदन प्रणाली, भौगोलिक स्थानिक प्रणाली, स्वचालित कृषि मशीनरी और सूचना और प्रौद्योगिकी के कई नवाचारों के कारण ही सटीक खेती संभव हो पाई है । वास्तव में सटीक कृषि समन्वित मृदा, पोषण, अभियांत्रिकी और सूचना प्रबंधन प्रौद्योगिकियों के साथ-साथ अर्थशास्त्र के आधार पर लघु स्तर पर कृषि भूमि में स्थानिक और सामयिक परिवर्तनशीलता के प्रबंधन का एक समग्र दृष्टिकोण है। यह सर्वमान्य भी है कि मृदा संसाधन और मौसम समय के साथ बदलते रहते हैं। इस अंतर्निहित परिवर्तनशीलता को देखते हुए क्षेत्र विशेष के आदान प्रबंधन एक समान होने के बजाय समय और स्थान के लिए विशिष्ट होने चाहिए। सटीक कृषि में उपयोग की जाने वाली कई प्रकार की आधुनिक तकनीकें उत्पादन के तीन पहलुओं पर विचार करती हैं: (i) आंकड़ों का संग्रह या सूचना इनपुट, (ii) सटीक जानकारी का विश्लेषण या प्रसंस्करण, और (iii) अनुशंसाओं या सूचनाओं के अनुप्रयोग।

मृदा में नमी एवं पोषक तत्वों से सम्बंधित आंकड़ों का संग्रहीकरण मूल रूप से फसल की वृद्धि और उपज को नियंत्रित करने वाले निहित परिवर्तनशीलता कारकों को समझने के लिए किया जाता है। मृदा के इन कारकों की परिवर्तनशीलता का मानचित्रण भू-सूचना और और भू-स्थानिक तकनीकों के माध्यम से किया जाता है। विभिन्न कारक और उपज पर इनके प्रभाव संबंधों को समझने के लिए अंतर्निहित परिवर्तनशीलता के मानचित्र को, उपज की परिवर्तनशीलता के मानचित्र को एक दुसरे के सापेक्ष में समझा जाता है। इसप्रकार भू-सूचना और और भू-स्थानिक तकनीकों के माध्यम से अपेक्षाकृत समरूप प्रबंधन क्षेत्र परिभाषित और चिन्हित करने में मदद मिलती है।

पाठ-मूल्यांकन

I. रिक्त स्थान भरें

1. ....मानचित्र अथवा चार्ट को बनाने की एक कला है।
2. ....प्रोग्राम को विश्व का पहला व्यावसायिक जीआईएस उत्पाद माना जाता है।
3. पहला कम्प्यूटरीकृत जीआईएस विकसित करने का श्रेय ....को जाता है ।

4. पृथ्वी के ज्यामितीय आकार, अंतरिक्ष में अभिविन्यास और गुरुत्वाकर्षण क्षेत्र को सटीक रूप से मापने और समझने का विज्ञान .... कहलाता है।
5. पर्यटकों को ड्राइविंग निर्देश या किसी शहर में स्थित अस्पतालों की सूची या गांव में मंदिरों की सूची ....उत्पाद का उदाहरण है।

II. सत्य अथवा असत्य बताएं

1. भू-सूचना प्रणाली नाम सर्वप्रथम रोजर टॉमलिंसन द्वारा प्रतिपादित किया गया।
2. भु-सूचना, भू-स्थानिक प्रौधौगिकी, भौगोलिक विश्लेषण और सूचना विज्ञान का समन्वित रूप है।
3. जियोडेसी और कार्टोग्राफी भू-सूचना के अवयव नहीं है।
4. भूमंडलीय आंकड़ों से सम्बंधित विज्ञान जिओडेसी कहलाता है।
5. भु-सूचना का उपयोग आपदा जोखिम प्रबंधन में किया जाता है।
6. निर्णय समर्थन प्रणाली (डीएसएस) एक प्रकार का भू-सूचना उत्पाद है।

III. लघु उत्तरीय प्रश्न

1. भू-सूचना एवं भू गणना में अंतर स्पस्ट करें।
2. भू-सूचना की बहु-विषयक प्रकृति के बारे में संक्षेप में चर्चा करें।
3. फोटोग्राममेट्री सुदूर संवेदन प्रणाली से किस तरह से से भिन्न है, चर्चा करें।
4. सटीक कृषि में भू-सूचना की उपयोगिता का वर्णन करें।

IV. अंतर स्पष्ट करें

1. भू-सूचना के कार्टोग्राफिक उत्पाद और गैर-कार्टोग्राफिक उत्पाद।
2. एरियल फोटोग्रामेट्री और स्थलीय फोटोग्रामेट्री।

V. टिप्पणी करें

1. फोटोग्रामेट्री
2. भू-सूचना के विभिन्न उत्पाद

VI. दीर्घ उत्तरीय प्रश्न

1. भू-सूचना के विभिन्न व्यवहारिक अनुप्रयोगों को लिखें।

अध्याय

6

भौगोलिक सूचना प्रणाली

अध्ययन उद्देश्य

- यह अध्याय भौगोलिक सूचना प्रणाली का मौलिक परिचय प्रस्तुत करते हुए कृषि विज्ञान में इसके महत्व को रेखांकित करता है।
- भौगोलिक सूचना प्रणाली के क्षेत्र का विवरण रेखांकित करता है।
- भौगोलिक सूचना प्रणाली के विभिन्न अवयवों की उदहारण सहित व्याख्या प्रस्तुत करता है।
- भौगोलिक सूचना प्रणाली में उपयोग होने वाले आंकड़ों के प्रकार की व्याख्या प्रस्तुत करता है।
- विषय वस्तु के विभिन्न परतों का विश्लेषण इंगित करता है ।
- भौगोलिक सूचना प्रणाली में उपयोग होने वाले सॉफ्टवेयर का परिचय प्रस्तुत करता है।

सामान्यत: हम किसी भी प्रकार के आंकड़ो को एकत्रित तो कर लेते है परन्तु इन आंकड़ों को स्थानिक स्तर पर उपलब्ध अन्य गुणात्मक आंकड़ों के साथ जोड़कर विश्लेषण करने एवं विषयान्तर्गत निर्णय लेने में काफी दिक्कतों का सामना करना पड़ता है साथ ही अत्याधिक समय की खपत होती है। विभिन्न विषयों के स्थानिक आंकड़ों की परतों को एक साथ एकीकृत कर एक बड़े परिदृश्य में देखने पर इन आंकड़ों की परतों के बीच संबंधों की खोज की जा सकती है। इसके साथ ही किसी निर्धारित मापदंड के आधार पर विभिन्न आंकड़ों को सुमेलित (Matching) कर निर्णय किया जा सकता है। वर्तमान में प्राय: सभी क्षेत्रों में स्थानिक आंकड़ों का अन्य गुणात्मक आंकड़ों से जोड़कर देखा जा रहा है तथा इसी आधार पर निर्णय तक पहुँचने की कोशिश की जा रही है। इन क्रियाओं को कम समय में सुविधापूर्वक करने हेतु जिस प्रणाली का उपयोग किया जा रहा है, उसे ही भौगोलिक सूचना प्रणाली के नाम से जाना जाता है। भौगोलिक सूचना प्रणाली का उपयोग कृषि आदान प्रबंधन समेत अन्य क्षेत्रों के प्रबंधन में व्यापकता के साथ उपयोग हो रहा है।

6.1 परिचय

भौगोलिक सूचना प्रणाली (जीआईएस) एक ऐसी प्रणाली है; जिसके अंतर्गत सभी प्रकार के भौगोलिक आंकड़ों को एकत्रित, संगृहीत, रूपांतरित व विश्लेषित कर प्रबंधन के साथ प्रस्तुत किया जाता है। उल्लेखनीय है कि जीआईएस महज एक सॉफ्टवेयर नहीं है बल्कि एक उपकरण के रूप में प्रयोग किया जाता है जिसके माध्यम से स्थानिक आंकड़ों के प्रबंधन एवं विश्लेषण के सहारे जटिल योजना और प्रबंधन समस्याओं के समाधानमूलक निष्कर्ष तक पहुंचा जाता है। रोजर एफ. टॉमलिंसन (Roger F. Tomlinson) को जीआईएस का जनक माना जाता है।

6.2 अवधारणा

जीआईएस की मुख्य अवधारणा इसकी विश्लेषणात्मक क्षमताओं में निहित है, जिसमें कई सूचनाओं को स्थानिक सन्दर्भ आंकड़ों (Georeference data) से जोड़ा जा सकता है और साथ ही साथ निर्धारित मापदंड के अनुरूप निर्णय हेतु परिणाम को एक स्थानिक लेंस के माध्यम से देखा जा सकता है। जटिल योजना और प्रबंधन समस्याओं के समाधानमूलक निष्कर्ष को अधिक गतिशील बनाने के लिए जीआईएस का अन्य विजुअलाइजेशन टूल के साथ संयोजन कर उपयोग किया जा सकता है।

6.3 भौगोलिक सूचना प्रणाली के अवयव

जीआईएस के माध्यम से भौगोलिक सूचनाओं का संग्रहण और विश्लेषण कर निष्कर्ष तक पहुँचने के लिए पाँच प्रमुख अवयवों का एकीकृत उपयोग होता है। ये अवयव निम्नानुसार है (चित्र 6.1)।

(i) हार्डवेयर

(ii) सॉफ्टवेयर

(iii) आंकड़े

(iv) मानव संसाधन

(v) विधियाँ एवं प्रक्रियाएं

(i) **हार्डवेयर:** हार्डवेयर वह कंप्यूटर है जिस पर एक जीआईएस संचालित होता है, जिसके अंतर्गत आंकड़ों का भंडारण होता है। इसके अतिरिक्त आकड़ों के एकत्रीकरण करने हेतु अन्य अवयव की आवश्यकता पड़ती है जो निम्नांकित

(क) मीडिया रीडर जैसे एक्सटर्नल हार्ड डिस्क, पेनड्राइव, सी.डी., डी.वी.डी.

(ख) डिजीटाईजर

(ग) स्कैनर

(घ) लार्ज फॉर्मेट प्रिंटर

(ड.) भू-स्थानिक प्रणाली (GPS)

(च) मोबाइल फोन या टेबलेट

(ii) **सॉफ्टवेयर:** जीआईएस सॉफ्टवेयर भौगोलिक सूचना को संग्रहीत, विश्लेषण और प्रदर्शित करने के लिए आवश्यक निर्देश और उपकरण प्रदान करता है।

(iii) **आंकड़े:** स्थानिक और भू-संदर्भित आंकड़े और गुणात्मक आंकड़े

(iv) **मानव संसाधन:** ऐसे पेशेवर व्यक्ति जो जीआईएस सॉफ्टवेयर का उपयोग करने और स्थानिक आंकड़ों का विश्लेषण करने हेतु अच्छी तरह से प्रशिक्षित हो।

(v) **विधियाँ:** विधियां वह माध्यम हैं जिनकी सहायता से इंटरैक्टिव क्वेरी (उपयोगकर्ता द्वारा बनाई गई खोज) बनाने, स्थानिक जानकारी का विश्लेषण करने, मानचित्रों में आंकडें संपादित करने और इन सभी कार्यों के परिणाम का प्रस्तुतीकरण किया जाता है ।

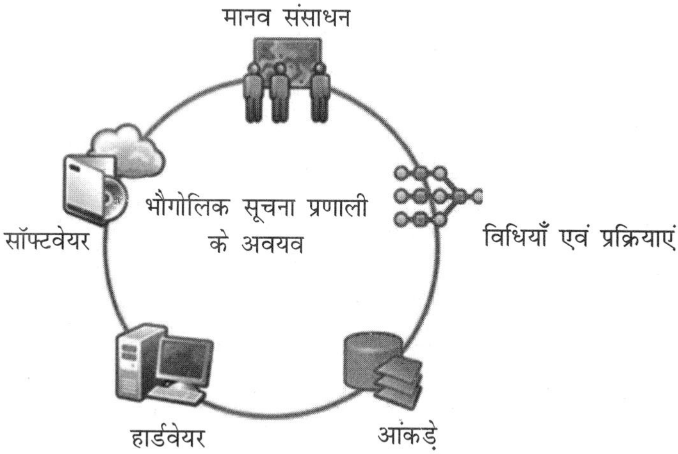

चित्र 6.1: भौगोलिक सूचना प्रणाली के विभिन्न अवयव

6.4 भौगोलिक सूचना प्रणाली के विभिन्न क्षेत्र

जीआईएस की निरंतर बढ़ती उपयोगिता इसके व्यापक क्षेत्र को दर्शाता है। इसे अब संसाधन के तौर पर इस्तेमाल किया जा रहा है और इसकी उपयोगिता दिन प्रतिदिन बढ़ती जा रही है। जीआईएस के वास्तुशिल्प अनुसंधान और अभ्यास में कई संभावित उपयोग हो रहे हैं, विशेष रूप से शहरी डिजाइन, सामुदायिक योजना, क्षेत्र चयन, कृषि प्रबंधन इत्यादि क्षेत्रों में जीआईएस का अनुप्रयोग कई तरह से किया जा रहा है। जीआईएस विभिन्न विषयों के स्थानिक और विवरणात्मक आंकड़ों में सम्बन्ध स्थापित कर इसे किसी मानचित्र पर दर्शाता है (चित्र 6.2)। इसप्रकार इन आंकड़ों को भौगोलिक विशेषताओं के रूप में संग्रहीत किया जाता है तथा इस प्रकार से संगृहीत आंकड़ों की सहायता से नई प्रकार की सूचना की गणना की जाती है एवं विभिन्न प्रकार के मानचित्रों को तैयार किया जाता है। इस तरह चित्र बनाने के आलावा भी संगृहीत आंकड़ों की सहायता से प्रत्येक विशेषताओं के बारे में निम्न मुख्य बातों का मानचित्रण किया जा सकता है (i) कोई वस्तु कहाँ है (ii) वस्तु क्या है (iii) वस्तु का घनत्व (iv) वस्तु का समय के साथ परिवर्तन और (v) यह अन्य विशेषताओं से कैसे संबंधि त है।

(i) कोई वस्तु कहाँ है, इसका मानचित्रण: मानचित्र पर प्रत्येक सुविधाओं के बीच परस्पर संबंध बनाए रखा जाता है।

(ii) वस्तु क्या है, इसका मानचित्रण: जीआईएस की सहायता से क्षेत्र विशेष की विशेषताओं को निर्धारित किया जात है।

(iii) वस्तु के घनत्व का मानचित्रण: वस्तु के सापेक्षिक घनत्व (कहाँ अधिक है अथवा कहाँ कम है) ज्ञात किया जाता है।

(iv) वस्तु का समय के साथ परिवर्तन का मानचित्रण: आने वाली परिस्थितियों का अनुमान लगाने, अथवा निर्णय लेने, किसी योजना या नीति के परिणामों का मूल्यांकन करने के लिए एक विशिष्ट भौगोलिक क्षेत्र में परिवर्तन का नक्शा बनाया जा सकता हैं।

(v) यह आस पास की विशेषताओं से कैसे संबंधित है इसका मानचित्रण: मानचित्र के माध्यम से यह पता लगाया जा सकता हैं कि किसी सुविधा या घटना के आस पास या एक निर्धारित दूरी के भीतर क्या हो रहा है।

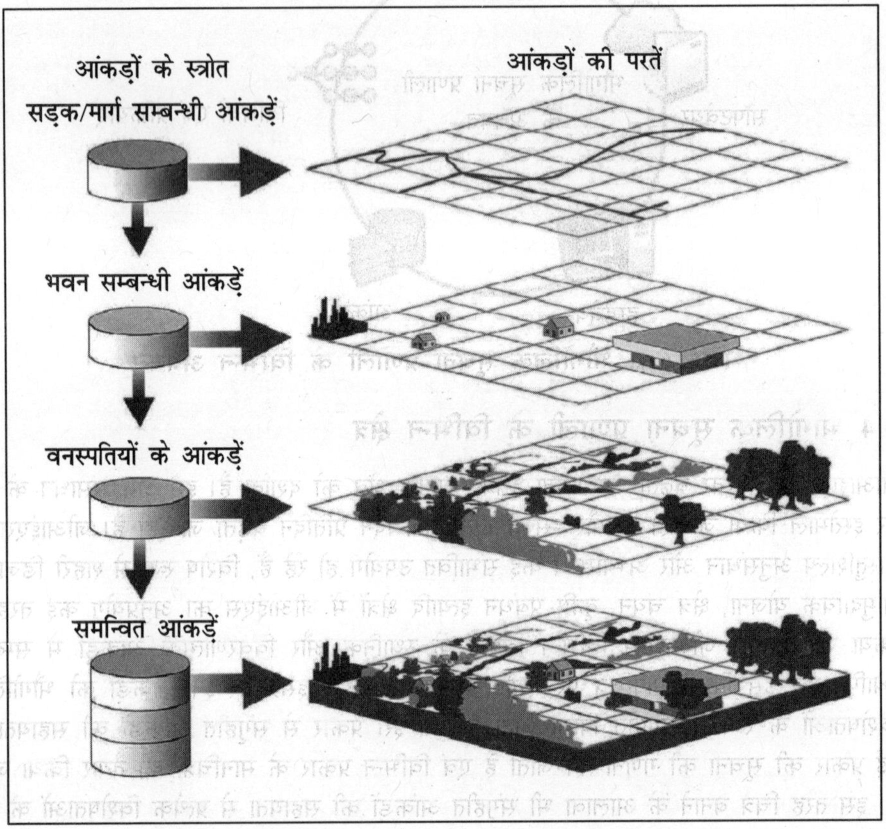

चित्र 6.2: विभिन्न क्षेत्रों में प्राप्त आंकड़ों का विभिन्न स्तर का मानचित्रण
(स्त्रोत: GAO, 2000)

6.5 स्थानिक आंकड़ों का पुन: प्रदर्शन

स्थानिक या भौगोलिक आंकड़ों को बिंदु, रेखा और क्षेत्र जैसे दृश्य तत्वों द्वारा दर्शाया जा सकता है। भौगोलिक आंकड़ों का दृश्य तत्वों के साथ सम्बन्ध बनाकर चित्रित किया जा सकता है (चित्र 6.3)। दृश्य तत्व तीन प्रकार के होते है। (i) बिंदु, (ii) रेखा और (iii) क्षेत्र

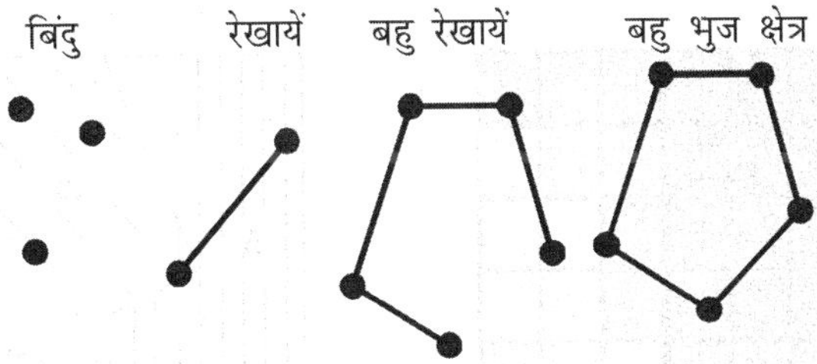

चित्र 6.3: बिंदु, रेखायें बहु रेखायें एवं बहु भुज क्षेत्र का प्रदर्शन

भू-स्थानिक आंकडें तीन प्रकार के होते है- (i) स्थानिक, (ii) गुणात्मक तथा (iii) मेटाआंकडें

भू-स्थानिक आंकडें को विभिन्न प्रारूपों में बनाया, साझा तथा संगृहीत किया जा सकता है जिसे हम समानतया दो प्रकार से प्रतिरूपित और निर्मित कर सकते है (i) रास्टर (ii) वेक्टर

(i) रास्टर आंकडें वैसी सूचनाओं के लिए उपयुक्त है जो सतत होते है और जिनकी कोई ठोस सीमा या स्थिति निश्चित नहीं होती है। उदाहरण के तौर पर ऊंचाई, जनसंख्या, शाकनाशी उपयोग का वर्णन करने वाली संख्याओं के आंकडें।

(ii) वेक्टर आंकड़ों को बिंदुओं, रेखाओं और बहुभुजों द्वारा प्रदर्शित किया जाता है। इसके अंतर्गत वैसे आंकड़े शामिल होते है जो असतत होते है एवं जिनकी निश्चित ठोस सीमा तथा स्थिति निश्चित होती है। उदाहरण के तौर पर सड़क, रेलवे लाइन इत्यादि। वेक्टर व रास्टर आंकड़ों में प्रमुख अंतर तालिका 6.1 में दर्शाया गया है।

तालिका 6.1: वेक्टर व रास्टर आंकड़ों में प्रमुख अंतर

वेक्टर आंकडें	रास्टर आंकडें
इसके अंतर्गत स्थानिक आंकड़ों की प्रविष्टि या आंकड़ों का अंकीयकरण किया जाता है।	इसके अंतर्गत प्रतिबिम्बीय (स्कैनर/रिमोट सेंसिंग) अधिग्रहित आंकड़े सम्मिलित है।
अंकीय आंकड़े होने कारण कम आंकड़ों के भंडारण की आवश्यकता होती है।	प्रतिबिम्बीय आंकड़ों के कारण अधिक आंकड़ों के भंडारण की आवश्यकता होती है।
इस तरह के अंकीय आंकड़ों का विश्लेषण और रूपांतरण आसान हैं।	इस तरह के आंकड़ों का विश्लेषण एवं रूपांतरण जटिल हैं।
ठोस सीमा तथा स्थिति निश्चित होती है।	ठोस सीमा या स्थिति निश्चित नहीं होती है।

6.5.1 स्थानिक आंकडें

स्थानिक आंकड़ों को रास्टर तथा वेक्टर के द्वारा प्रदर्शित किया जा सकता है जैसे कुछ आंकड़े रास्टर के अनुकूल होती हैं और कुछ वेक्टर के अनुकूल होती हैं। जैसे श्रेणीक्रम आंकड़े असतत प्रकार के होते है और ये रास्टर द्वारा प्रदर्शित किये जा सकते है - उसी प्रकार सतत आंकडें वेक्टर के द्वारा प्रदर्शित किये जा सकते है (चित्र 6.4)।

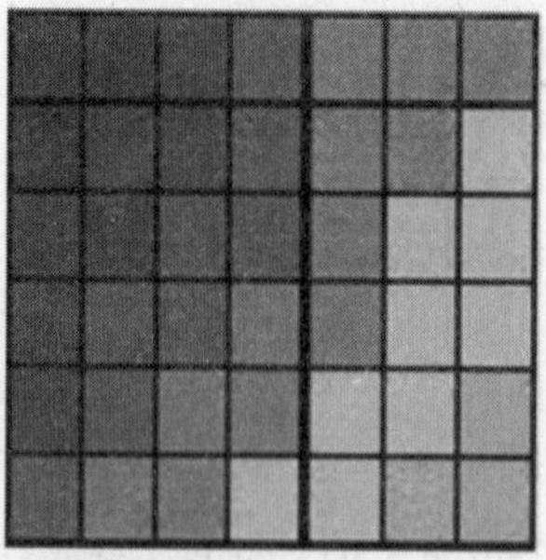

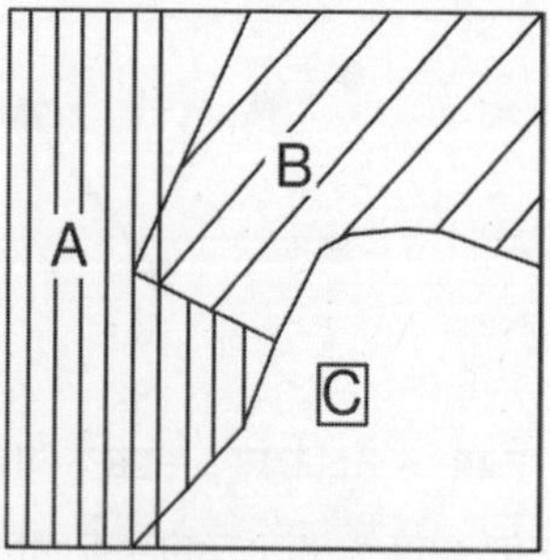

सतत आंकड़ें असतत आंकड़ें

चित्र 6.4 सतत और असतत आंकडें द्वारा रास्टर और वेक्टर का प्रदर्शन

6.5.2 गुणात्मक (Attribute data)

ये गैर-स्थानिक विशेषताएं हैं जो तालिकाओं से बिंदुओं, रेखाओं, लाइनों पर घटनाओं और बहुभुज से जुड़ी होती हैं वेक्टर या रास्टर भूगर्भिक मानचित्र पर किसी विशेष स्थान या वस्तु को एक बिंदु, एक संख्या, अक्षर या नाम के साथ चिन्हित कर सकते है (चित्र 6.5) परन्तु स्थान या वस्तु की विशेषता का वर्णन संबंधित विशेषता तालिका से की जाती है।

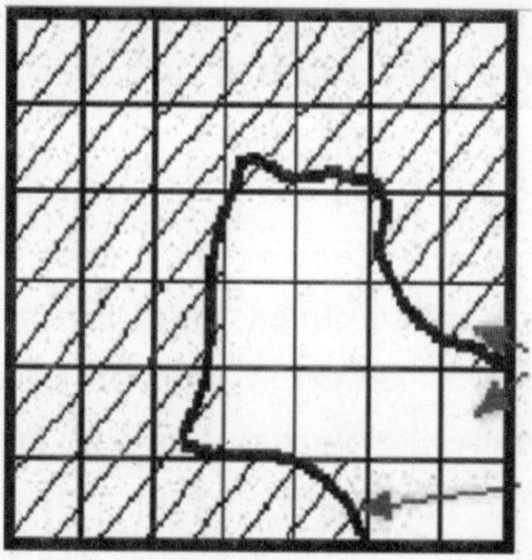

चित्र 6.5 रास्टर और वेक्टर बिन्दुओं का प्रदर्शन

इसी विशेषता तालिका को गुणात्मक आंकड़े कहते है। उदाहरणार्थ एक भूगर्भिक मानचित्र पर किसी चट्टान की विशेषता सम्बन्धी आंकड़ों को निम्नांकित गुणों के साथ प्रदर्शित किया जाता है।

- आयु
- चट्टान की रचना
- प्रतिशत क्वार्ट्ज
- चट्टान के विविध प्रकार आदि

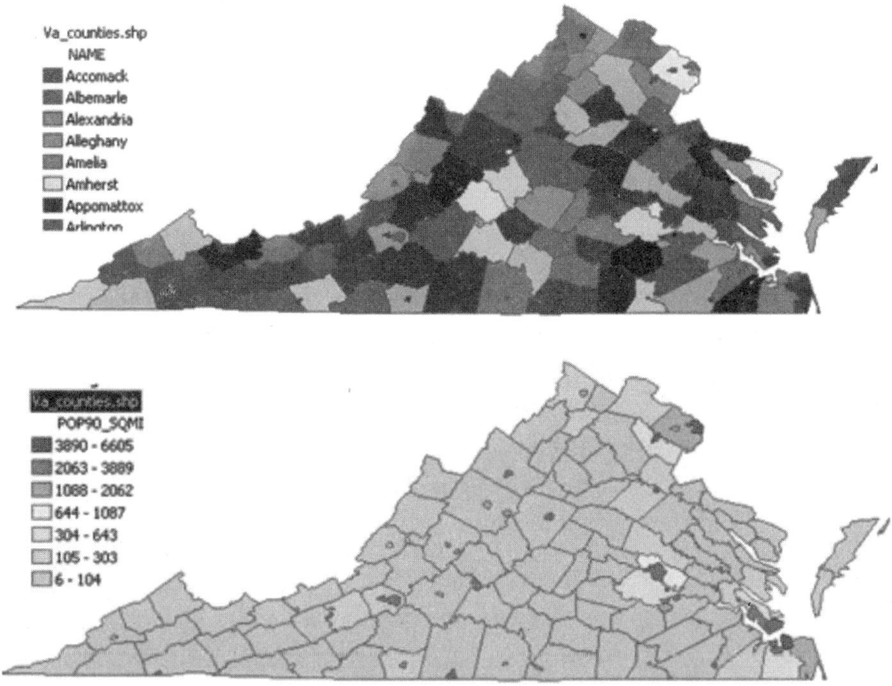

चित्र 6.6 गुणात्मक आंकड़ों का चित्रण (स्त्रोत, GAO, 2000)

उपरोक्त चित्र 6.6 से समझा जा सकता है जिसमे वर्जिनिया राज्य के जनगणना के आंकड़ों को दो तरीकों से चित्रित किया गया है। इसमे प्रत्येक स्थान के नाम को अलग अलग रंगों से तथा उन स्थानों की किसी विशेषता जैसे जनसँख्या घनत्व के स्तरों को अलग अलग रंगों से दर्शाया गया है।

6.5.3 मेटाआंकडें (Metadata)

मेटाआंकडें सबसे उपेक्षित आंकड़े होते है। यदि कोई व्यक्ति किसी अन्य के द्वारा विश्लेषित आंकडें का उपयोग करता है या किसी व्यक्ति द्वारा विश्लेषित आंकड़ों का बाद में उपयोग किया जा रहा है तो इस प्रकार के आंकड़ों को मेटाआंकडें कहते है। इस प्रकार के आंकडें निम्नांकित जानकारी प्रदर्शित करते है:

(i) पैमाना

(ii) शुद्धता

(iii) प्रक्षेपण

(iv) आंकड़ों का स्रोत

(v) जोड़तोड़

6.6 भौगोलिक सूचना प्रणाली के कार्य (GIS Functions)

जी आई एस के मुख्य रूप से चार प्रकार के फंक्शन होते है (i) आंकडें इनपुट फंक्शन (ii) आंकडें प्रबंधन फंक्शन (iii) आंकड़ों का जोड़-तोड़ और विश्लेषण फंक्शन (iv) आंकडें आउटपुट फंक्शन

(i) आंकडें इनपुट फंक्शनः इन फंक्शन की आवश्यकता मूल आंकड़ों को भौगोलिक सूचना प्रणाली हेतु उपयुक्त प्रारूप में परिवर्तित करने के लिए होती है। भू-संदर्भित आंकड़े सामान्यतया पेपर के मानचित्रों और तालिकाओं, उपग्रहीय प्रतिबिम्ब तथा फोटो से प्राप्त किया जाता है।

(ii) आंकडें प्रबंधन फंक्शनः इस तरह के फंक्शन के अंतर्गत भौगोलिक सूचना प्रणाली आंकडेंबेस से आंकड़ों को पुनर्प्राप्त करने तथा संरक्षित करने हेतु आवश्यकता होती है। जीआईएस में विशिष्ट वस्तुओं या विशेषताओं को खोजने और पहचानने के लिए आंकडें को एक लचीले और तार्किक तरीके से पढ़ने की क्षमता होती है। जबकि जीआईएस कई अन्य क्षमताओं को संसाधित भी करता है जो पूरे क्वेरी, रिट्रीवल और डिस्प्ले फंक्शन के रूप में सिस्टम की कार्यक्षमता में योगदान करते हैं और विशेष रूप से सिस्टम को कई आंकडें सेट की समस्याओं से निपटने के अन्य तरीकों पर व्यावहारिक मूल्य और श्रेष्ठता देते हैं।

(iii) आंकड़ों का जोड़-तोड़ और विश्लेषण फंक्शनः इन फंक्शन के द्वारा भौगोलिक सूचना प्रणाली के आंकड़ों से उत्पन्न सूचनाओं का निर्धारण किया जाता है। जैसे स्थानिक आंकड़ों का जोड़-तोड़ करना, मानचित्रों को एक दुसरे के ऊपर बिठाना, मानचित्रों का विलयन करना शामिल होता है।

(अ) स्थानिक आंकड़ों का जोड़-तोड़ करनाः प्रायः यह कुछ मूल स्थानिक आंकड़ों के समूहों को एक ज्यामिति में बदलने के लिए आवश्यक होता है क्योंकि मूल रूप से उपलब्ध आंकड़ों के समूहों या सिस्टम में एन्कोड किए जाने पर ये परिवर्तित आंकड़ों अधिक प्रबंधनीय, सटीक और सुसंगत हो जाते है। इस तरह के जोड़ तोड़ की आवश्यकता इसलिए पड़ती है क्योंकि उपलब्ध आंकड़ों के समूह पैमाना, प्रक्षेपण. उन्मुखीकरण, कवरेज इत्यादि के साथ कभी कभार ही सुसंगत होते है।

(ब) मानचित्रों को एक दुसरे के ऊपर बिठाना (नक्शा ओवरले): मानचित्र ओवरले फंक्शन के साथ वर्तमान मानचित्र से नए नक्शे के परतों को बनाया जाता है। इस प्रक्रिया में प्रत्येक कवरेज की विशेषताओं को नए ऑउटपुट के रूप में दर्शाया जाता है।

(स) मानचित्रों का विलयनः विघटित फंक्शन एक विशिष्ट विशेषता के लिए समान विशेषता मान वाले आसन्न बहुभुजों के बीच की सीमाओं को नष्ट कर देता है। ऑपरेशन भी भंग नक्शे से अवांछित बहुभुजों को क्लिप करके केवल आवश्यक विशेषताओं को बनाए रखता है।

(iv) **आंकडें आउटपुट फंक्शन:** जीआईएस आउटपुट या रिपोर्टिंग फंक्शन सिस्टम में उपलब्ध क्षमताओं की बजाय गुणवत्ता, सटीकता और संचालन में आसानी के साथ अधिक संक्षिप्त हैं। आउटपुट CRT डिस्प्ले, मानचित्र, आंकडें फाइल या टेक्स्ट का हार्ड कॉपी का रूप हो सकता है।

6.7 भौगोलिक सूचना प्रणाली के सॉफ्टवेयर

भौगोलिक सूचना प्रणाली, उपयोगकर्ताओं को भौगोलिक आंकड़ों की परिकल्पना, प्रबंधन, विश्लेषण और व्याख्या करने में मदद करता है। इसके लिए कुछ विशिष्ठ सॉफ्टवेयर की आवश्यकता होती है जिसके सहारे आंकड़ों के मध्य सम्बन्ध, पैटर्न तथा रुझानों को समझने के साथ साथ समस्या के निदान में सहायता मिलती है। विभिन्न कंपनियों तथा संस्थानों में भौगोलिक सूचना प्रणाली की सहायता से कई प्रकार की समस्याओं का निराकरण और विश्लेषण करने के लिए मानचित्र से जुड़े आंकड़ों को एकत्रित एवं रूपांतरित किया जाता है। इन कार्यों के लिए विभिन्न प्रकार के सॉफ्टवेयर उपलब्ध होते है ऐसे कई प्रकार के सॉफ्टवेयर निशुल्क रूप से उपलब्ध है अथवा क्रय किये जा सकते है ऐसे सॉफ्टवेयर का संक्षिप्त विवरण अध्याय 1 के खंड 1.3.2.3 में दिया जा चुका है। ऐसे सॉफ्टवेयर द्वारा स्थानीय जटिल आंकड़ों के परिचालन में व्यय एवं समय कम खर्च होता है। इन सॉफ्टवेयर की सहायता से भौगोलिक सूचना प्रणाली द्वारा आंकड़ों की विश्लेषण क्षमता में वृद्धि हो जाती है।

पाठ्य मूल्यांकन

I. रिक्त स्थान भरें

1. भौगोलिक सूचना तंत्र ....आंकड़ों का उपयोग करता है।
2. भौगोलिक सूचना प्रणाली में सूचनाओं को ....के रूप में एकत्रित और संग्रहीत किया जाता है।
3. भौगोलिक सूचना प्रणाली में उपयोग होने वाले 2 प्रकार के आंकडें.................... और .... है।
4. स्कैन किए गए नक्शे में समन्वित प्रणाली को दर्शाना .... कहलाता है।
5. .... को भौगोलिक सूचना प्रणाली का जनक माना जाता है।

II. सही विकल्प चुनें

1. निम्नलिखित में से कौन जीआईएस सॉफ्टवेयर से संबंधित नहीं है?

   (a) CAD (b) Arc GIS (c) Arc View (d) STAAD Pro
2. निम्नलिखित में से क्या जीआईएस के घटकों के अंतर्गत नहीं आता हैं?

   (a)हार्डवेयर (b)सॉफ्टवेयर (c) कम्पाइलर (d) आंकडें
3. निम्नलिखित में से कौन जीआईएस की क्षमता निर्धारित नहीं करता है?

   (a) एक मानचित्र को परिभाषित करना (b) कार्टोग्राफिक विशेषता को दर्शाना

   (c) आंकडें पुन: प्राप्त करना (d) आंकड़ों को स्थानांतरित करना

4. GIS आउटपुट के लिए निम्नलिखित में से किस प्रारूप का उपयोग किया जा सकता है?

   (a) DXF (b) PDF (c) GIF (d) HTML

5. GIS निम्नलिखित में से किस स्रोत से सूचना का उपयोग करता है?

   (a) गैर-स्थानिक सूचना प्रणाली (b) स्थानिक सूचना प्रणाली
   (c) वैश्विक सूचना प्रणाली (d) स्थिति सूचना प्रणाली

III. सत्य अथवा असत्य बताएं

1. भौगोलिक सूचना प्रणाली की प्रक्रिया में आंकडें साझा किया जा सकता है।
2. भौगोलिक सूचना प्रणाली की प्रक्रिया में, बेहतर आउटपुट के लिए डिजिटलाइजेशन किया जाता है।
3. की-बोर्ड को हार्डवेयर घटक के एक उदाहरण के रूप में व्यक्त किया जा सकता है।
4. गूगल मैप जीआईएस का एक सर्वर आधारित हार्डवेयर प्लेटफॉर्म है।
5. CAD, Arc, GIS, एवं Arc, View, जीआईएस सॉफ्टवेयर से संबंधित नहीं है।

IV. लघु उत्तरीय प्रश्न

1. जीआईएस के एक घटक के रूप में 'सॉफ्टवेयर' पर संक्षेप में व्याख्या करें।
2. GIS क्या है? और यह कैसे काम करता है?
3. भौगोलिक सूचना तंत्र के अनुप्रयोगों वाले पांच क्षेत्रों की सूची बनाएं।
4. स्थानिक आंकड़ों को संग्रहीत करने के लिए किस प्रकार का आंकडेंबेस सिस्टम सबसे उपयुक्त है?
5. पांच जीआईएस वेब साइटों की सूची बनाएं जिन्हें सामान्यत: अथवा सर्वाधिक रूप से उपयोग किया जाता है।

V. दीर्घ उत्तरीय प्रश्न

1. स्थानिक आंकडें और स्थानिक विश्लेषण क्या हैं, और उनका उपयोग कैसे किया जाता है?
2. जीआईएस में उपयोग किए जाने वाले आंकडें आउटपुट डिवाइस क्या हैं, समझाईये
3. भौगोलिक सूचना तंत्र के किन्ही तीन उपयोगों का वर्णन करें जो संभावित अनुप्रयोगों की विविधता को इंगित करते हो।
4. भौगोलिक सूचना तंत्र का निम्नांकित लाभों के सन्दर्भ में का विस्तार से व्याख्या करें

   (i) आंकड़ों का कुशल प्रबंधन
   (ii) सटीकता में सुधार
   (iii) समय कम करना

अध्याय

7

भूमंडलीय स्थानिक प्रणाली

अध्ययन उद्देश्य

- भूमंडलीय स्थानिक प्रणाली की परिभाषा, क्षेत्र एवं संभावनाओं सहित इसके अवयवों का परिचय प्रस्तुत किया गया है।
- भूमंडलीय स्थानिक प्रणाली में त्रिकोणासन की भूमिका की चर्चा की गई है।
- इस अध्याय में भूमंडलीय स्थानिक प्रणाली की कार्य प्रणाली तथा इसमें होने वाली विभिन्न त्रुटियों की विवेचना की गई है।
- इस प्रणाली की कृषि में उपयोगिता की जानकारी अध्याय में प्रस्तुत की गई है।
- सटीक कृषि में भूमंडलीय स्थानिक प्रणाली की उपयोगिता एवं प्रासंगिकता की विस्तृत चर्चा प्रस्तुत अध्याय में की गई है।

प्राचीन समय से ही मनुष्य अपने व्यापारिक क्षेत्र के विस्तार हेतु मुख्यत: समुद्री मार्ग द्वारा अथवा अन्यत्र माध्यमों से दुसरे देशों की यात्राओं हेतु स्थान विशेष को निर्धारित करने के लिए कई प्रकार के तरीकों का इस्तेमाल करता रहा है। उदहारण के तौर पर तारों की स्थिति, वायु की दिशा आदि को मानव प्राय: किसी स्थान को पहचानने और चिन्हित करने हेतु इस्तेमाल करता था। कालांतर में कई प्रकार के यंत्रों के विकास ने मनुष्य को दिशा तथा स्थान की सटीक जानकरी देने में महत्वपूर्ण भूमिका निभाई है । वर्तमान समय में, किसी स्थान अथवा वस्तु की भौगोलिक स्थिति का समय के साथ सटीक विवरण भौगोलिक स्थानिक प्रणाली के द्वारा प्राप्त करना अब संभव हो गया है। इस तथ्य के कारण है कि आज की गतिशील दुनिया में, जीपीएस के अनुप्रयोग तेजी से बढ़ रहा है। इलेक्ट्रॉनिक गैजेट्स की लोकप्रियता और बहुतायत में इसके उपयोग ने यह आज यह सिद्ध भी कर दिया है कि भविष्य में भौगोलिक स्थानिक प्रणाली (जीपीएस) का अनुप्रयोग और अधिक व्यापक होता चला जायेगा।

7.1 परिभाषा एवं परिचय

भूमंडलीय स्थानिक प्रणाली एक उपग्रह पथ प्रदर्शन (navigation) प्रणाली है जिसका उपयोग किसी वस्तु की स्थानिक स्थिति को निर्धारित करने के लिए किया जाता है। यह किसी भी क्षण किसी भी स्थान पर स्थिति, वेग और किसी वस्तु या समय के प्लेटफॉर्म पर सटीक जानकारी प्रदान करता है।

इसप्रकार, भू मंडलीय स्थानिक प्रणाली (जीपीएस) एक अंतरिक्ष-आधारित रेडियो नेविगेशन प्रणाली है जो दुनिया भर में उपयोगकर्ताओं को किसी भी स्थिति और समय पर सतत रूप से सेवाएं प्रदान करता है। प्रत्येक जीपीएस उपग्रह एक संदेश प्रसारित करता है जिसमें उपग्रह की वर्तमान

स्थिति, कक्षा और सटीक समय शामिल होता है। GPS रिसीवर सिस्टम (जैसे स्मार्ट फोन, टेबलेट और लैपटॉप) के द्वारा दुनिया में कहीं भी, किसी भी मौसम में उपयोगकर्ता स्थान विशेष की भू-स्थानिक विषय की सटीक जानकारी प्राप्त कर सकता है।

भू मंडलीय स्थानिक प्रणाली अथवा जीपीएस को मूल रूप से सैन्य उद्देश्यों के लिए डिजाइन किया गया था जिसे बाद में सामान्य नागरिकों के उपयोग हेतु भी उपलब्ध करवाया जाने लगा। आमतौर पर जीपीएस का उपयोग समुद्री नेविगेशन, सर्वेक्षण, कार नेविगेशन जैसे विभिन्न अनुप्रयोगों के लिए किया जाता रहा है। जीपीएस की सहायता से ही कोई व्यक्ति अपने मोबाइल हैण्ड सेट के माध्यम से अपने दिनभर की स्थानिक जानकारी का विवरण समय के साथ सहजता से प्राप्त कर सकता है।

7.2 उद्देश्य

भू मंडलीय स्थानिक प्रणाली का विकास मूलरूप से निम्नांकित उद्देश्यों की पूर्ति के लिए किया गया था:

(अ) भू-स्थल पर स्थित स्थान विशेष के स्थानीय निर्देशांकों (अक्षांश, देशांतर, तथा समुद्र ताल से ऊँचाई) की जानकारी सतत रूप से प्राप्त करने के लिए।

(ब) वैश्विक स्तर पर किसी भी मौसम में किसी स्थान विशेष की त्रिआयामी (Three Dimensional) जानकारी की सूचना प्रदान करने के लिए।

(स) विभिन्न नागरिक व सैन्य अनुप्रयोगों की क्षमता में वृद्धि करने के लिए।

सटीक और विश्वसनीय आंकड़ों के कारण ही वैश्विक स्तर पर सर्वेक्षण और मानचित्रण जैसे कार्यों के लिए जीपीएस का व्यापक रूप से उपयोग होने लगा है। जीपीएस की व्यवहारिक उपयोगिता इसलिए भी बढ़ गई है क्योंकि यह सड़कों, इमारतों, पहाड़ों और नदियों आदि वांछित गंतव्यों की सटीक मैपिंग करने में पूर्णतया सक्षम है । इसके अतिरिक्त जीपीएस प्रणाली के आधार पर आंकड़ों का संग्रहण, पारंपरिक सर्वेक्षण और मानचित्रण तकनीकों की तुलना में शीघ्रता से हो जाता है और इसमें उपकरण और श्रम की आवश्यकता भी न्यूनतम मात्रा में होती है।

जीपीएस के द्वारा एकत्रित भौगोलिक आंकड़ों को मानचित्रों और भौगोलिक सूचना प्रणालियों (जीआईएस) के साथ प्रदर्शित किया जा सकता है तथा भौगोलिक रूप से संदर्भित आंकड़ों में आवश्यकतानुरूप परिवर्तित कर प्रदर्शित किया जा सकता हैं। साथ ही संसाधनों का न्यायोचित तथा उचित समय पर उपयोग हेतु निर्णय लेने में मदद भी प्राप्त किया जा सकता है जिसके कारण इन दिनों अनेक शासकीय व अशासकीय संस्थाओं द्वारा जीपीएस आधारित आंकड़ों का संसाधनों के कुशल प्रबंधन हेतु उपयोग किया जा रहा है।

7.3 अंतरिक्ष आधारित जीपीएस प्रणाली

सर्वप्रथम भूमंडलीय स्थानिक प्रणाली का प्रयोग सैन्य उपयोग हेतु 1960 में यू.एस.ए. के रक्षा विभाग द्वारा किया गया तथा 1993 में यू.एस.ए. के रक्षा विभाग ने 24 उपग्रहों के नेटवर्क की सहायता से जीपीएस को पूर्ण रूप से क्रियाशील बना दिया। जीपीएस के नेटवर्क के व्यवहारिक अनुप्रयोगों को

बढाने एवं अधिक सक्षम बनाने हेतु अनेक देशों ने अपना पृथक अंतरिक्ष आधारित जीपीएस प्रणाली विकसित किया है, जिनमे से प्रमुख प्रणालियों का विवरण निम्नानुसार है (तालिका.7.1)।

तालिका 7.1: विभिन्न देशों द्वारा विकसित किये गए अन्तरिक्ष आधारित जीपीएस प्रणाली

क्र.	देश	अंतरिक्ष आधारित जीपीएस प्रणाली
1	संयुक्त राज्य अमेरिका	NAVSTAR
2	रूस	GLONASS
3	चीन	BeiDou
4	यूरोपियन संघ	Galilieo
5	भारत	IRNSS

7.4 भूमंडलीय स्थानिक प्रणाली : कार्य प्रणाली

किसी चिन्हित स्थान की स्थिति ज्ञात करने के लिए पृथ्वी की कक्षा से बाहर अन्तरिक्ष में अनेक उपग्रहों के एक अंतरजाल (नेटवर्क) की आवश्यकता होती है। जीपीएस सिस्टम में पृथ्वी की सतह से लगभग 12,000 मील (19,300 किलोमीटर) ऊपर अंतरिक्ष में तैनात 24 उपग्रह शामिल होते हैं तथा ये लगभग 12,000 मील प्रति घंटे (11,200 किलोमीटर प्रति घंटे) की बेहद तेज गति से हर 12 घंटे में एक बार पृथ्वी की परिक्रमा करते हैं। उपग्रहों को पृथ्वी के बाहर की कक्ष में इसप्रकार स्थापित किया जाता है ताकि भूमंडल में स्थित किसी भी स्थान की किसी भी समय की जानकारी चार उपग्रहों द्वारा एक साथ सीधी रेखा के माध्यम से सुलभ हों। रिसीवर के स्थान को निर्धारित करने के लिए तीन उपग्रहों की आवश्यकता होती है, हालांकि चार उपग्रहों का संपर्क आदर्श माना जाता है क्योंकि इससे अधिक सटीक और शुद्ध परिणाम प्राप्त होता है।

प्रत्येक जीपीएस उपग्रह एक संदेश प्रसारित करता है जिसमें उपग्रह की वर्तमान स्थिति, उसकी कक्षा और सटीक समय सम्मिलित होता है। एक जीपीएस रिसीवर कई सैटेलाइटों से प्रसारण को जोड़कर त्रिकोणासन (Ttriangulation) नामक प्रक्रिया का उपयोग करके इसकी सही स्थिति की गणना करता है। जैसा कि पूर्व में उल्लेख किया गया कि रिसीवर के स्थान को निर्धारित करने के लिए सिर्फ तीन उपग्रहों की आवश्यकता होती है, परन्तु चार उपग्रहों का एक ही समय में आपस में जुड़ाव होने से स्थान विशेष की स्थिति का आंकलन अधिक सटीकता से संभव हो पाता है। वर्तमान समय में अधिक शुद्धता और सटीकता के साथ उपयोगकर्ता काफी कम समय में अपनी ज्यामितीय स्थिति (अक्षांश, देशांतर और ऊंचाई) तथा समय की जानकारी न्यूनतम 4 उपग्रहों द्वारा एक साथ प्रेषित संकेतों को अपने रिसीवर (जैसे स्मार्ट फोन, टेबलेट) पर प्राप्त कर रहा है।

7.5 भूमंडलीय स्थानिक प्रणाली के अवयव

जीपीएस के प्रमुख अवयव इस प्रकार है-

(i) पृथ्वी की परिक्रमा करते हुए उपग्रह

(ii) पृथ्वी पर नियंत्रण और निगरानी हेतु स्थापित स्टेशन एवं

(iii) उपयोगकर्ता का जीपीएस रिसीवर

जीपीएस उपग्रह अंतरिक्ष से संकेत (सिग्नल) प्रसारित करते हैं जिन्हें जीपीएस रिसीवर द्वारा संगृहीत किया जाता है अथवा पहचाना जाता है। इन संकेतों के आधार पर प्रत्येक जीपीएस रिसीवर समय के साथ चिन्हित स्थान की त्रि-आयामी स्थिति (अक्षांश, देशांतर, और समुद्रतल से ऊंचाई) की जानकारी प्रदान करता है। इसके अतिरिक्त जीपीएस में तीन खंड (सेगमेंट) होते हैं (i) अन्तरिक्ष खंड, (ii) नियंत्रण खंड और (iii) उपयोगकर्ता खंड।

(i) **अंतरिक्ष खंडः** इसमें 24 उपग्रह शामिल हैं जो प्रत्येक 12 घंटे में लगभग 20200 किमी की दूरी पर पृथ्वी की परिक्रमा करते हैं। अंतरिक्ष खंड को इस तरह से डिजाइन किया गया है कि पृथ्वी की सतह के किसी भी बिंदु पर 15 कट ऑफ / मास्क कोण के ऊपर हमेशा न्यूनतम 4 उपग्रह दिखाई देते है।

(ii) **नियंत्रण खंडः** जीपीएस का नियंत्रण खंड धरातलीय स्टेशनों का एक नेटवर्क है जो उपग्रहों की कक्षाओं के आकार और वेग की सतत निगरानी करता है। जीपीएस आंकडें की सटीकता हर समय उपग्रहों की स्थिति जानने पर निर्भर करती है। कभी-कभी उपग्रहों की कक्षाएँ पृथ्वी और चंद्रमा के गुरुत्वाकर्षण बलों के परस्पर क्रिया से प्रभावित होकर स्थान परिवर्तन कर लेती हैं।

(iii) **उपयोगकर्ता खंडः** इस खंड में सैन्य कर्मियों और नागरिकों के वैसे उपकरण सम्मिलित होते हैं जो जीपीएस संकेतों प्राप्त करते हैं। सैन्य जीपीएस उपयोगकर्ता के उपकरण में लड़ाकू विमानों, हमलावरों, टैंकरों, हेलीकाप्टरों, जहाजों, पनडुब्बियों, टैंकों, जीपों इत्यादि उपकरणों की कार्य पद्धति को समन्वित किया जाता है।

7.6 जी.पी.एस. कैसे कार्य करता है?

अब तक इस अध्याय में हमने जाना कि जीपीएस का उपयोग रिसीवर की मदद से 3-डी स्पेस में किसी भी समय किसी लक्षित वस्तु की वास्तविक स्थिति का पता लगाने में किया जाता है। इसे तकनीकी रूप से छह चरणों में प्राप्त किया जाता है, जो इस प्रकार है।

(i) जी.पी.एस. मूलतः "triangulation (त्रिकोणासन)" या "trilateration" नामक विधि का उपयोग करके कार्य करता है।

(ii) जीपीएस रिसीवर एक समय में न्यूनतम तीन या अधिकतम चार उपग्रहों से एक संदेश प्राप्त करता है।

(iii) "त्रिकोणासन" करने के लिए, एक जीपीएस रिसीवर अपने और प्रत्येक उपग्रह के बीच की दूरी को मापता है। प्रत्येक उपग्रह के संदेश को जीपीएस रिसीवर तक पहुँचने में कितना समय लगा, इस आधार पर अपने और उपग्रह के बीच की दूरी को मापता है । (दूरी = आगमन का समय * प्रकाश की गति)

(iv) यात्रा के समय को मापने के लिए, जीपीएस को बहुत सटीक समय की आवश्यकता होती है जो प्रत्येक उपग्रह में स्थापित परमाणु घड़ियों की सहायता से प्राप्त करता है।

(v) दूरी के साथ, जीपीएस रिसीवर को यह जानने की आवश्यकता पड़ती है कि उपग्रह किसी भी समय अंतरिक्ष में कहां पर स्थित हैं। यह जानकारी GPS रिसीवर के अंदर लगे यन्त्र में ही होती है।

(vi) अंत में, जीपीएस रिसीवर तीनों उपग्रहों की स्थिति के ज्ञात मान (known respective position) के आधार पर पृथ्वी पर स्थित किसी अज्ञात स्थिति का मान बीज गणितीय सूत्रों के आधार पर जीपीएस सॉफ्टवेयर की सहायता से ज्ञात करता है ।

7.6.1 त्रिकोणासन (Triangulation or trilateration)

त्रिकोणासन (Triangulation) पृथ्वी पर चिन्हित स्थानों का पता लगाने के लिए "त्रिकोणासन" अंतरिक्ष में उपग्रहों का उपयोग संदर्भ बिंदु के रूप में करता है। ग्लोबल पोजिशनिंग सिस्टम (GPS) डिवाइस ट्राइलएटरेशन नामक प्रक्रिया से पृथ्वी पर एक विशिष्ट बिंदु का पता लगाने के लिए उपग्रहों के आंकड़ों का उपयोग करता है। एक जीपीएस रिसीवर रेडियो सिग्नल का उपयोग करके उपग्रहों से पृथ्वी पर किसी स्थान अथवा वस्तु की दूरी को को मापता है। न्यूनतम तीन उपग्रहों से पृथ्वी पर किसी स्थान अथवा वस्तु की दूरी को मापते हुए जीपीएस रिसीवर कहीं भी अपनी स्थिति को "त्रिकोणीय" कर सकते हैं, और इसी आधार पर लक्षित वस्तु की वास्तविक स्थिति का पता लगाया जाता है (चित्र :7.2)।

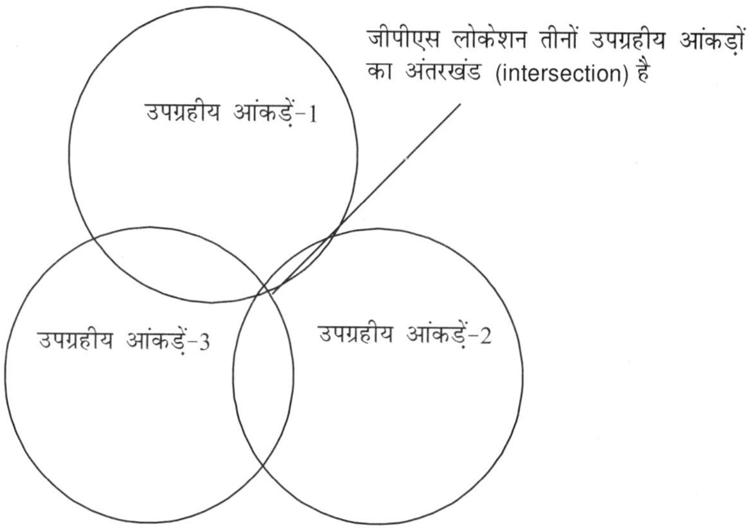

चित्र 7.1: तीन उपग्रहों का अंतर्गत आने वाला अंतरखंड

7.7 जीपीएस माप में त्रुटियां

जीपीएस कैसे काम करता है, यह समझने के लिए इसके उपयोग के माध्यम से ज्ञात की गई गणना में त्रुटियों का विश्लेषण एवं त्रुटियों की मात्रा का ज्ञान होना अतिआवश्यक है। विभिन्न स्रोतों से उत्पन्न त्रुटियों के कारण जीपीएस स्थिति की गुणवत्ता नाकारात्मक रूप से प्रभावित होती है। जीपीएस माप अथवा गणना में संभावित कुछ प्रमुख त्रुटियां इस प्रकार है (तालिका-7.1)।

(i) **आयनीकृत त्रुटियां (Ionospheric errors):** पृथ्वी से ऊपर 80 किमी से 600 किमी के बीच की वायुमंडल की परत आयनमंडल (ionosphere) कहलाती है। इस परत में विद्युत आवेशित कण या आयन उपस्थित होते हैं । इन आयनों के कारण उपग्रह संकेत

पृथ्वी तक विलम्ब से (धीमी गति से) पहुँचते हैं परिणामस्वरुप उपग्रह की स्थिति में त्रुटि (satellite position error) उत्पन्न हो जाती है जो कि प्रायः +5 मीटर तक की होती है परन्तु उच्च आयनोस्फेरिक गतिविधि की अवधि के दौरान यह त्रुटि इससे अधिक भी हो सकती है। इसके अतिरिक्त आयनोस्फेरिक त्रुटियां, सौर गतिविधि, वर्ष के समय, मौसम, दिन और स्थान के समय के साथ बदलती रहती है। इससे यह अनुमान लगाना बहुत मुश्किल हो जाता है कि गणना की स्थिति में आयनोस्फेरिक त्रुटियां कितना प्रभाव डाल रही है।

(ii) क्षोभमंडलीय त्रुटियां (Tropospheric errors): क्षोभमंडल पृथ्वी की सतह के सबसे करीब वायुमंडल की परत है। क्षोभ मंडल में बदलते आर्द्रता, तापमान और वायुमंडलीय दबाव के कारण यह त्रुटि उत्पन्न होती हैं। चूँकि किसी स्थानीय क्षेत्र में क्षोभमंडलीय स्थितियाँ प्रायः एक समान होती हैं, अतः बेस स्टेशन और रोवर रिसीवर्स लगभग एक जैसी त्रुटियों का अनुभव करते हैं। जीपीएस रिसीवर क्षोभमंडलीय त्रुटियों की मात्रा का अनुमान लगाने के लिए क्षोभमंडलीय मॉडल का भी उपयोग कर सकते हैं।

(iii) उपग्रह और रिसीवर घड़ी की त्रुटियां (Satellite and Receiver clock errors): उपग्रहों में नियोजित घड़ियाँ उच्च परिशुद्धता वाली परमाणु घड़ियाँ होती हैं जो लगभग 3 नैनोसेकंडों तक सटीक समय दर्शाती हैं। यद्यपि कभी-कभी उपग्रह में थोड़ा अपवहन (slight drift) आ जाने के कारण छोटे परिमाण की त्रुटियां संभव हैं।

(iv) कक्षा सम्बन्धी त्रुटियां: जीपीएस उपग्रह बेहद सटीक एवं पूर्व निर्धारित कक्षाओं में गमन करते हैं। इन कक्षाओं में थोडा बदलाव भी जीपीएस माप अथवा गणना में त्रुटि का कारण बनता है। जीपीएस का ग्राउंड कंट्रोल सिस्टम लगातार उपग्रह कक्षा की निगरानी करता है। जब उपग्रह अपनी कक्षा बदलता है, तो धरातलीय नियंत्रण प्रणाली (ग्राउंड कंट्रोल सिस्टम) की सहायता से उपग्रहों को सही स्थिति में लाया जाता है और इसी अनुसार उपग्रह के गणना तंत्र को अद्यतन (update) किया जाता है। हालाँकि जीपीएस ग्राउंड कंट्रोल सिस्टम से सुधार के बावजूद, कक्षा में छोटी त्रुटियां शेष रह जाती हैं, जिसके परिणामस्वरूप स्थानिक स्थितियाँ में 2.5 मीटर की त्रुटि प्राप्त हो सकती है।

(v) बहुपथ त्रुटियां (Multipath Errors): ऐसी स्थिति में जबकि सिग्नल, उपयोगकर्ता के जीपीएस रिसीवर तक पहुंचने से पहले ही अन्य कई पथ पर गमन करने लगता है तो बहुपथ त्रुटियां होती हैं। जब भी जीपीएस रिसीवर को शहरी क्षेत्रों में झीलों / इमारतों जैसी प्रतिबिंबित करने वाली कई सतहों के करीब स्थित किया जाता है, तो उपग्रह सिग्नल सीधे जीपीएस एंटीना के पथ पर गमन करने के बजाय, प्रतिबिंबित करने वाली इन सतहों को पहले स्पर्श करने के लिए जाता है और उसके बाद जीपीएस एंटीना में परिलक्षित होता है। फलस्वरूप यह एक गलत माप दर्शाता है। (चित्र 7.2.)

चित्र.7.2: बहुपथ त्रुटियां

बहुपथ त्रुटियों को एक चोक रिंग एंटीना का उपयोग करके कम किया जा सकता है जिसमें 4 से 5 गहरे घनत्व वाले छल्ले होते हैं जो किसी भी अप्रत्यक्ष संकेतों को रोकने या ट्रैप करने में सक्षम होते हैं (चित्र 7.3.)।

चित्र 7.3: बहुपथ त्रुटियों को समाप्त करने के लिए चोक रिंग एंटीना

[स्त्रोत: http//:www-leica&geosystems-com/en/page_catalog-htm?cid=227]

(vi) सटीकता का ह्रास (Dilution of Precision) (DOP): सटीकता के ह्रास या डाल्युशन ऑफ प्रिसिशन (डी.ओ.पी.) के प्रभाव से उपग्रह की त्रुटियों में और अधिक वृद्धि होती है। वास्तव में डीओपी उपग्रह ज्यामिति की क्षमता को दर्शाने के लिए प्रयुक्त एक पैमाना है। यह आकाश में उपग्रहों की स्थिति और उनके बीच के अंतर से संबंधित है (चित्र 7.4)। प्राय: व्यवस्थित दूरी वाले उपग्रहों में अव्यवस्थित उपग्रहों की तुलना में स्थिति की अनिश्चितता कम होती है। डीओपी दो प्रकार के होते हैं (i) ऊर्ध्वाधर DOP (vertical dilution of precision), एवं (ii) क्षैतिज DOP (horizontal dilution of precision)। जो क्रमश: ऊर्ध्वाधर और क्षैतिज दिशा के सटीकता को प्रभावित करते है।

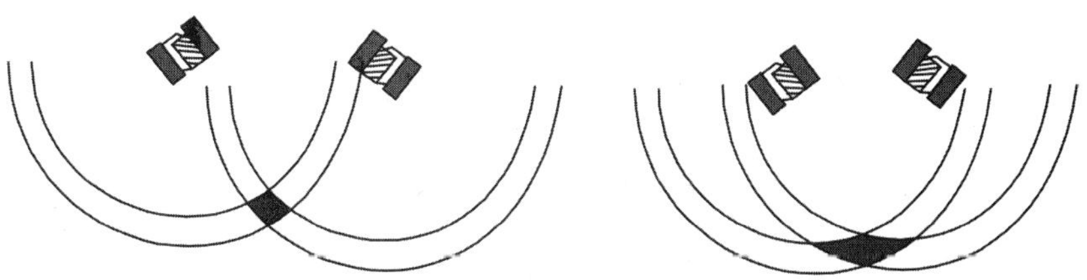

चित्र 7.4: सटीकता के ह्रास

तालिका 7.2: जीपीएस माप अथवा गणना में संभावित प्रमुख त्रुटियां व उनके स्त्रोत

त्रुटि स्त्रोत	जीपीएस से आंकड़े एकत्र करने के दौरान (मी.)	DGPS (मी.)
उपग्रहीय घड़ियाँ	3.0	0.0
कक्षीय त्रुटियाँ	2.7	0.0
आयनीकृत त्रुटियां	8.2	0.4
क्षोभमंडलीय त्रुटियां	1.8	0.2
गृहीता शोर (Reciever Noise)	0.3	0.3
बहुपथ	0.6	0.6
उपयोगकर्ता समकक्ष श्रेणी त्रुटि (User Equivalent Range Error)	+9.4	+0.9

7.7.1 विभेदक /डिफरेंशियल ग्लोबल पोजिशनिंग सिस्टम (DGPS)

डिफरेंशियल ग्लोबल पोजिशनिंग सिस्टम (DGPS), ग्लोबल पोजिशनिंग सिस्टम (GPS) का ही एक अभिवार्धित रूप है जो 5-50 मिमी तक की दूरी की सापेक्ष स्थिति को अत्यधिक सटीक रूप से बताने में सक्षम है। प्रत्येक डीजीपीएस, जीपीएस उपग्रह प्रणाली और ज्ञात बिन्दुओं के बीच के अंतर को प्रसारित करने के लिए निर्धारित ग्राउंड-आधारित संदर्भ स्टेशनों (fixed ground-based reference stations) के एक नेटवर्क का उपयोग करता है। डीजीपीएस में न्यूनतम दो जीपीएस रिसीवर एक ही समय में एक साथ उपयोग किए जाते हैं। डीजीपीएस में अनिवार्य रूप से एक संदर्भ रिसीवर और एक रोवर रिसीवर होता है । संदर्भ रिसीवर को पहले से ज्ञात बिंदु (अर्थात ज्ञात निर्देशांक) पर रखा जाता है। जब स्विच ऑन किया जाता है, तो संदर्भ रिसीवर उपग्रहों के कक्षीय गति को ट्रैक करना शुरू कर देता है। रोवर रिसीवर को संदर्भ रिसीवर द्वारा प्रसारित रेंज में सुधार (range corrections) प्राप्त करने के लिए बनाया जाता है। रोवर भी संदर्भ रिसीवर से प्राप्त रेंज सुधारों को लागू करके उपग्रहों की गणना करता है (चित्र 7.5)। एक एकल संदर्भ रिसीवर से सुधार प्राप्त करने वाले कई रोवर रिसीवर हो सकते हैं (चित्र 7.6)। डीजीपीएस का उपयोग आमतौर पर समुद्री नेविगेशन एवं सटीक खेती आदि के लिए किया जाता है।

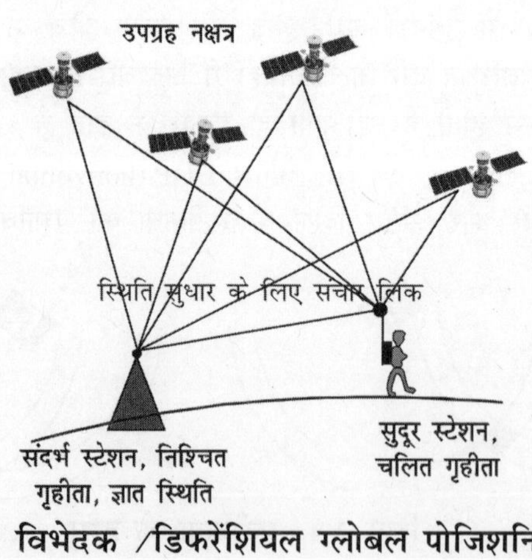

चित्र 7.5: विभेदक /डिफरेंशियल ग्लोबल पोजिशनिंग सिस्टम

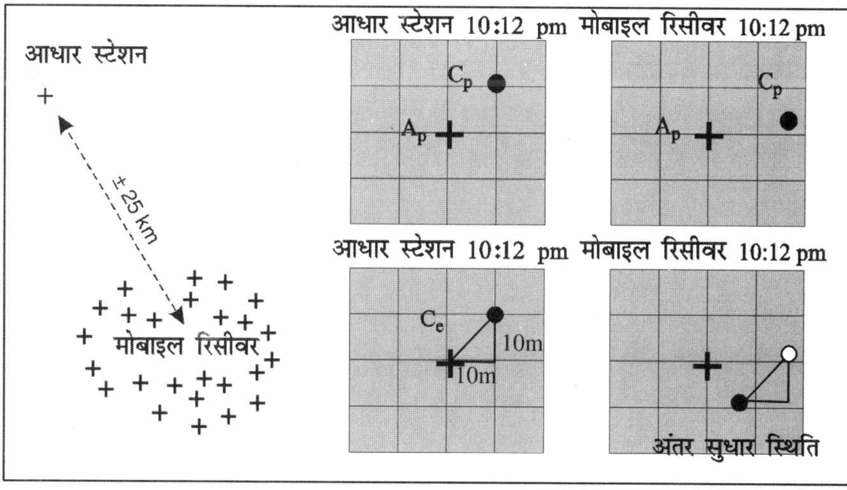

Cp: गणना की स्थिति, Ap: वास्तविक स्थिति, Ce: गणना की त्रुटियाँ

चित्र 7.6: मोबाइल रिसीवर और आधार स्टेशन के साथ अंतर/विभेदन सुधार स्थिति

7.8 जीपीएस का व्यवहारिक उपयोग

वर्तमान में जीपीएस सिस्टम बेहद लोकप्रिय हो चूका है और प्रायः हर प्रकार के औधोगिक क्षेत्र में उपयोग में लाया जा रहा है। जीपीएस का उपयोग वनक्षेत्र, पहाड़, जलाशयों सहित भूभाग का विस्तृत नक्शा बनाने से लेकर किसानों को अपने खेतों की कटाई करने और हवाई जहाज को जमीन पर या हवा में नेविगेट करने में मदद करने के लिए किया जा सकता है। वर्तमान में दुनिया भर में जीपीएस सिस्टम के लिए उपयोग किए जाने वाले कुछ अनुप्रयोगों में खनन, विमानन, सर्वेक्षण, कृषि, समुद्री, मनोरंजन और सैन्य शामिल हैं। इन दिनों डॉक्टर, वैज्ञानिक, सैनिक, पायलट, किसान, डिलीवरी ड्राइवर, नाविक, मछुआरे, डिस्पैचर, एथलीट और कई अन्य क्षेत्रों के लोग जीपीएस सिस्टम का उपयोग उन तरीकों से कर रहे हैं जो उनके काम को अधिक उत्पादक, सुरक्षित और आसान बनाते हैं। इसप्रकार, ग्लोबल पोजिशनिंग सिस्टम के विभिन्न अनुप्रयोगों को निम्नांकित पांच प्रमुख श्रेणियों में बांटा जा सकता है :

(i) स्थान - एक स्थिति का निर्धारण

(ii) नेविगेशन - एक स्थान से दूसरे स्थान तक पहुंचना

(iii) ट्रैकिंग - किसी स्थान/व्यक्ति अथवा वस्तु की निगरानी

(iv) मानचित्रण - चिन्हित भूभाग के नक्शे बनाना एवं

(v) समय - वैश्विक स्तर पर समय को सटीक बनाने हेतु

7.8.1 सटीक कृषि में जीपीएस का अनुप्रयोग

आज ग्लोबल पोजिशनिंग सिस्टम (जीपीएस) और भौगोलिक सूचना प्रणाली (जीआईएस) के संयोजन से सटीक कृषि या क्षेत्र-विशिष्ट खेती का विकास और क्रियान्वयन संभव हो गया है। इन

प्रौद्योगिकियों के माध्यम से सटीक स्थिति की जानकारी के साथ वास्तविक समय के आंकड़ों का संग्रह करना और विश्लेषण करना सहज और सरल हो गया है। सटीक खेती में जीपीएस-आधारित अनुप्रयोगों का उपयोग खेत नियोजन, फील्ड मैपिंग, मिट्टी नमूनाकरण, ट्रैक्टर मार्गदर्शन, फसल स्काउटिंग, आदान दर अनुप्रयोगों और उपज मानचित्रण के लिए किया जा रहा है। जीपीएस किसानों को कम दृश्यता की स्थितियों जैसे बारिश, धूल, कोहरे और अंधेरे के दौरान भी काम करने में सक्षम बनाता है।

अतीत में, किसानों के लिए एक ही भूमि में पुरानी अथवा पारंपरिक उत्पादन तकनीक को अपना कर अच्छी उपज के साथ फसलोत्पादन लेना मुश्किल था। मृदा की उर्वरकता, जल धारण क्षमता आदि में हो रहे स्थानिक परिवर्तन की उचित जानकारी न होने से किसानों के द्वारा आवश्यकतानुसार तकनीकी अपनाने के बावजूद फसलोत्पादन से प्रत्याशित लाभ नहीं मिल पा रहा था। सटीक कृषि में जीपीएस की उपयोगिता एवं प्रासंगिकता को निम्नांकित बिन्दुओं से समझा जा सकता है :

(i) आज, कीटनाशकों, खरपतवार नाशकों और उर्वरकों का अधिक सटीक अनुप्रयोग, और उन रसायनों के फैलाव का बेहतर नियंत्रण जीपीएस प्रयोग के माध्यम से संभव है।

(ii) मृदा, फसलों और पशुओं की आवश्यकताओं के अनुरूप समय पर भू-स्थानिक जानकारी एकत्र करने और क्षेत्र-विशिष्ट उपचारों को निर्धारित करने और लागू करने हेतु निर्देश प्राप्त करने के उद्देश्य से कृषि में जीपीएस का उपयोग किया जाता है। इस प्रकार जीपीएस आधारित सटीक कृषि में पर्यावरण के अनुकूल खेत का निर्माण कर, न्यूनतम खर्चों पर अधिक उपज का उत्पादन प्राप्त करना आज संभव हो पाया है।

(iii) आज जीपीएस, जीआईएस, और रिमोट सेंसिंग के उपयोग के माध्यम से, भूमि और पानी के उपयोग में सुधार के लिए आवश्यक जानकारी एकत्र की जा सकती है। उर्वरकों और अन्य मिट्टी संशोधनों के बेहतर उपयोग के संयोजन से किसान अतिरिक्त लाभ प्राप्त कर सकते हैं। किसान कीट और खरपतवार संक्रमण के इलाज के लिए आर्थिक सीमा का निर्धारण कर सकते हैं और भविष्य में उपयोग के लिए प्राकृतिक संसाधनों की रक्षा कर सकते हैं।

(iv) इन दिनों कई किसान अपने कृषि व्यवसायों में परिचालन बढ़ाने के लिए जीपीएस-आधारित उत्पादों का उपयोग कर रहे हैं। जीपीएस रिसीवरों द्वारा स्थान की जानकारी, खेतों की सीमाओं, सड़कों, सिंचाई प्रणालियों और खरपतवार या बीमारी जैसी समस्या सम्बन्धी जानकारी एकत्र की जाती है।

(v) जीपीएस किसानों को मिट्टी के नमूने एकत्र करने या फसल की स्थिति की निगरानी करने के लिए वर्ष के बाद किसी क्षेत्र के विशिष्ट स्थानों पर सटीक रूप से नेविगेट करने में मदद करता है।

(vi) फसल प्रक्षेत्र में में कीट समस्या क्षेत्रों (क्षेत्र विशेष) को चिन्हित कर इसका मानचित्रण करके भविष्य में प्रबंधन हेतु उचित अनुशंसा की जा सकती है। ऐसे कीट समस्या क्षेत्रों (क्षेत्र विशेष) में मानव ''फ्लैगर्स'' के उपयोग के बिना ही विमान स्प्रेयर के माध्यम से सटीक निदान पहुँचाया जा सकता है। जीपीएस से लैस फसल डस्टर क्षेत्र में कीटनाशक

का सटीक छिडकाव कर रसायनों की मात्रा को कम तो करता ही है, साथ ही रासायनिक बहाव को भी कम करता है, जिससे पर्यावरण को अनावश्यक नुक्सान नहीं पहुँचता है।

7.9 जीपीएस अनुप्रयोग की सीमाएं

चूंकि जीपीएस रिसीवर्स को अंतरिक्ष से अपेक्षाकृत अबाधित मार्ग की आवश्यकता होती है, इसलिए कभी कभी बंद कमरों में जीपीएस तकनीक के उपयोग के दौरान बाधा उत्पन्न होती है। अतः जीपीएस रिसीवर्स जैसे स्मार्टफोन, टैबलेट और अन्य मोबाइल डिवाइस अक्सर स्थान निर्धारित करने के लिए अन्य साधनों जैसे निकट के सेल टॉवर और सार्वजनिक वाई-फाई सिग्नल का उपयोग करते हैं । इसप्रकार, जब एक सुसंगत उपग्रह जुड़ाव (कनेक्शन) अनुपलब्ध होता है अथवा उसके प्रसारण में बाधा आती है तो इस तकनीक, जिसे प्रायः स्थानीय पोजिशनिंग सिस्टम (LPS) के रूप में जाना जाता है, का उपयोग किया जाता है ।

पाठय मूल्यांकन

I. रिक्त स्थान भरें

1. सर्वप्रथम भौगोलिक स्थानिक प्रणाली का प्रयोग सैन्य उपयोग हेतु वर्ष............ में किया गया था।
2. भारत द्वारा विकसित अन्तरिक्ष आधारित जीपीएस प्रणाली .... है।
3. .... जीपीएस प्रणाली का अवयव है।
4. जीपीएस में सबसे अधिक इस्तेमाल किया जाने वाला एंटीना ....है।
5. जीपीएस रिसीवर एक समय में .... उपग्रहों से सन्देश प्राप्त करता है।
6. जीपीएस में, ... घड़ियों का उपयोग रिसीवर के तौर पर किया जाता है।
7. NAVSTAR,................................. (देश) द्वारा विकसित अंतरिक्ष आधारित जीपीएस प्रणाली है।

II. सत्य अथवा असत्य बताएं

1. जीपीएस द्वारा मापी गई वस्तु हमेश त्रुटि विहीन होती है।
2. जीपीएस द्वारा स्थानिक मान, समय इत्यादि निर्धारित करने हेतु 12 उपग्रहों की आवश्यकता होती है।
3. बहुपथ त्रुटियों को दूर नहीं किया जा सकता।
4. विभेदक भौगोलिक स्थानिक प्रणाली में एक ही उपग्रह से सन्देश प्राप्त होता है।
5. किसी वस्तु की सतत निगरानी जीपीएस की मदद से नहीं की जा सकती है।
6. डी.ओ.पी. के प्रभाव से उपग्रह की त्रुटियों में और अधिक वृद्धि होती है

III. टिप्पणी करें

1. त्रिकोणासन
2. जीपीएस का व्यवहारिक उपयोग

IV. लघु उत्तरीय प्रश्न

1. जी.पी.एस. के प्रमुख अवयवों का नाम लिखें।
2. जीपीएस कैसे काम करता है, कृपया संक्षिप्त में समझाएं?
3. अंतरिक्ष आधारित जीपीएस प्रणाली

V. दीर्घ उत्तरीय प्रश्न

1. जीपीएस मापन में आने वाली त्रुटियों को विस्तार से समझाएं।
2. सटीक कृषि में जीपीएस की उपयोगिता की चर्चा करें।

अध्याय

8

फसल अनुरूपण मॉडल

अध्ययन उद्देश्य

- प्रस्तुत अध्याय में फसल अनुरूपण मॉडल का मौलिक परिचय तथा विभिन्न प्रकार के फसल मॉडल के बारे में चर्चा की गई है।
- यह अध्याय फसल मॉडल के संक्षिप्त इतिहास के साथ विभिन्न स्तर पर होने वाले प्रयोगों का विस्तृत वर्णन करता है।
- इस अध्याय में फसल मॉडल के कृषि में विभिन्न उपयोगों के साथ साथ अंशांकन (calibration) एवं प्रमाणीकरण की भी चर्चा की गई है।
- अंत में अध्याय में, फसल मॉडल के विविध उपयोगों और सीमाओं को प्रतिपादित किया गया है।

कृषि अनुसंधान के क्षेत्र में फसलों के विभिन्न अवयवों (उदहारण स्वरुप पत्ती क्षेत्रफल सूचकांक (लीफ एरिया इंडेक्स), बायोमास तथा फसल उपज को अनुमानित करने के लिए प्रक्षेत्र स्तर पर विभिन्न प्रयोग किये जाते रहे है। इस तरह के कृषि शोधों में संसाधन की काफी मात्रा में खपत भी होती है तथा परिणाम आने में अत्यधिक समय लग जाता है। फसलोत्पादन से सम्बंधित आंकड़ों को एकत्रित करने वाले यंत्रों (जैसे प्रकाश संश्लेषण को मापने हेतु इन्फ्रा रेड गैस एनालाइजर) में समय के साथ परिष्कृत होने से फसल कार्यिकी को गणितीय कथन के माध्यम से अभिव्यक्त करना आसान हो गया है। फलस्वरूप विभिन्न स्तरों पर फसल अनुरूपण मॉडल विकसित होने की अवधारणा को बल मिलने लगा है। वर्तमान में, कृषि विज्ञान में किसी फसल की उपज में आनुवंशिक उत्कृष्टता को पुनः प्राप्त करने के किये फसल मॉडलिंग एक महत्वपूर्ण तरीका समझा जाने लगा है।

विगत कुछ वर्षों में, फसलोत्पादन के विभिन्न घटकों के बारे में अनुमान लगाने में मदद करने के लिए कई गतिशील फसल विकास अनुरूपण (सिमुलेशन) मॉडल विकसित किए गए हैं। यहाँ मॉडल का अभिप्राय किसी प्रणाली अथवा प्रक्रिया के सरलीकृत रूप से है जबकि अनुरूपण का अर्थ मॉडल के निर्माण और प्रणाली के विश्लेषण की प्रक्रिया है।

8.1 फसल मॉडल

8.1.1 फसल मॉडल

किसी प्रणाली के मॉडल से मूल अभिप्राय लघु स्तर पर मानव निर्मित नकल अथवा संगत समीकरणों के योजनाबद्ध समूह से है, जो उस प्रणाली के व्यवहार को प्रदर्शित करता है। इसप्रकार, एक मॉडल

किसी वस्तु, प्रणाली या विचार को नकल के रूप में लघु स्तर पर दर्शाता है।

फसल मॉडल, फसलों पर जलवायु या मौसम, उर्वरक व अन्य सस्य क्रियायों इत्यादि प्रभावों का आकलन करने और फसल प्रबंधन सम्बन्धी निर्णयों को लेने, उत्पादन का पूर्वानुमान लगाने के अतिरिक्त वृहद् स्तर पर आर्थिक और व्यावसायिक नीतियों के निर्धारण हेतु एक शक्तिशाली उपकरण हैं।

8.1.2 अनुरूपण

अनुरूपण किसी प्रक्रिया या प्रणाली के संचालन का एक अनुमानित नकल है; जो समय के साथ उक्त प्रक्रिया अथवा प्रणाली के संचालन को प्रदर्शित करता है। अनुरूपण का उपयोग वैकल्पिक परिस्थितियों और प्रबंधन के वास्तविक प्रभावों को दिखाने के लिए किया जा सकता है। अनुरूपण हेतु पहली आवश्यकता यह है कि एक मॉडल को चयनित प्रणाली या प्रक्रिया की विशेषताओं, व्यवहार और कार्यों का प्रतिनिधित्व करते हुए विकसित किया जाए।

8.1.3 फसल अनुरूपण मॉडल

ऐसा अनुरूपण मॉडल जो फसल के विकास और विकास की प्रक्रियाओं का वर्णन मौसम, मृदा और फसल प्रबंधन की स्थिति के आधार पर करता है, फसल अनुरूपण मॉडल कहलाता है।

फसल अनुरूपण मॉडल पारिस्थितिक (eco-physiological) प्रक्रियाओं के मात्रात्मक विवरण का उपयोग कर मौसम, मृदा एवं फसल प्रबंधन की स्थिति से प्रभावित होने वाली फसलों की वृद्धि और विकास का अनुमान लगाते हैं। यहाँ मौसम, मृदा और फसल प्रबंधन सम्बन्धी सभी आवश्यक सूचनाएं इनपुट आंकड़ों के रूप में मॉडल के लिए निर्दिष्ट होती है।

8.2 अवधारणा

फसल अनुरूपण मॉडलिंग इस अवधारणा पर केन्द्रित होती है कि किसी भी दी गई फसल प्रणाली अथवा कार्यिकी को औपचारिक गणितीय कथन (formal mathematical statement) के तौर पर व्यक्त किया जा सकता है। इस प्रकार फसल अनुरूपण मॉडल, सिस्टम अनुसंधान प्रणाली का वह पहलू हैं; जिसके माध्यम से फसल उत्पादन से संबंधित समस्याओं के निदान में मदद मिलती हैं। फसल अनुरूपण मॉडल का मुख्य लक्ष्य ही स्थानीय मौसम और मिट्टी की स्थिति और फसल प्रबंधन के कार्य के अनुरूप में फसल उत्पादन, संसाधन उपयोग और पर्यावरणीय प्रभाव का सटीक अनुमान लगाना है।

8.3 फसल अनुरूपण मॉडलिंग के अवयव

फसल अनुरूपण मॉडलिंग के मुख्य अवयव इस प्रकार है-

1. मॉडल की इनपुट फाइलें
2. फसल की वृद्धि और विकास, कार्यिकी जैसे प्रकाशः संश्लेषण, श्वसन इत्यादि एवं जल, कार्बन, नत्रजन संतुलन, वाष्पोतसर्जन इत्यादि प्रक्रियाओं के अनुरूपण के लिए विविध प्रकार के संगत गणितीय समीकरण

3. विभिन्न प्रकार के विकल्पों का मूल्यांकन करने के लिए उपयोगिता और मौसम निर्माण कार्यक्रमों (utility and weather generation programs) की श्रृंखला
4. मॉडल की आउटपुट फाइलें

8.3.1 मॉडल की इनपुट फाइलें

फसल अनुरूपण मॉडलिंग के लिए आवश्यक इनपुट आंकडें फाइलों में मुख्यत: (i) मौसम (ii) मृदा (iii) जीनोटाइप (फसल किस्म) तथा (iv) फसल प्रबंधन से सम्बंधित आंकडें से संबंधित फाइलें होती हैं। इसके अतिरिक्त फसलोत्पादन सम्बंधित एकत्रित प्रयोगिक आंकडें की भी एक फाइल होती है जिसे EXP-LST के नाम से सुरक्षित रखा जाता है जो कि मॉडल के क्रियान्वयन हेतु आवश्यकता है। इनपुट आंकड़ों से सम्बंधित कुछ प्रमुख फसलों फाइलों के नामों जानकारी तालिका 8.1 में दर्शायी गई है।

तालिका 8.1: विभिन्न इनपुट फाइलें एवं सम्बंधित आंकडें

क्र.	इनपुट फाइल का प्रकार	सम्बंधित आंकड़े	फाइल का नाम
1.	मौसम सम्बंधित आंकड़े	सौर विकिरण (MJ/m^2), अधिकतम व न्यूनतम तापमान (°C) तथा वर्षा (mm) के दैनिक आंकडें	FILEW
2.	मृदा सम्बंधित आंकडें	(1) सतह अपवाह वक्र संख्या (runoff curve number), सतही अल्बीडो (surface albedo), जलनिकासदर एवं प्रथम स्तर पर मृदा का वाष्पोत्सर्जन। (2) मृदा के प्रत्येक परत की निम्नांकित आंकडें (अ) मृदा की संतृप्त जल धारण क्षमता (आ) मिट्टी के उपरी सतह से निकाले जाने योग्य पानी की मात्रा (इ) मृदा की प्रारंभिक जल धारण की मात्रा (ई) थोकघनत्व, (उ) मृदाबनावट (ऊ) मृदा में कार्बन की मात्रा	

3.	फसलोत्पादन सम्बंधित प्रयोगिक आंकडें	प्रायोगिक स्थितियों का विवरण जैसे मौसम प्रक्षेत्र का विवरण (स्टेशन का नाम,मृदा व प्रक्षेत्र का ब्यौरा इत्यादि), मृदा परिक्षण दिनांक, मृदा में अकार्बनिक नत्रजन की मात्रा, बुआई दिनांक, बीज बुआई की गहराई, पंक्ति से पंक्ति की दूरी, पौधे से पौधे की दूरी, सिंचाई की मात्रा तथा दिनांक, फसल अवशेष के प्रयोग की दर, बुआई हेतु जुताई विधियाँ, दिनांक एवं प्रकार, वातावरणीय परिवर्तन, जल,नत्रजन तथा विभिन्न प्रकार के मॉडल अवयवों को ऑफ व ऑन करना।	FILEX
4.	फसलप्रदर्शन सम्बंधित आंकडें	प्रयोग प्रदर्शन के आंकड़ों को चार फाइलों में सुरक्षित किया जाता हैं। फाइल FILEA में फसल अवयवों के औसत आकड़ें होते है जबकि फाइल FILET में फसलअवलोकन के सामयिक आंकड़े सुरक्षित रखे जाते है जिनका तुलनात्मक अध्ययन हेतु उपयोग होता है।	FILEP, FILED, FILEA और FILET
5.	किस्म सम्बन्धी सूचनाओं के आंकडे	किसी फसलकिस्म के चारित्रिक आंकड़ों (Genetic coefficient) से सम्बंधित जानकारी। ये जानकारी निर्धारक फसलों जैसे धान, गेहूं इत्यादि को मॉडल में प्रदर्शित करने हेतु सामान्यतः 7 से 9 चारित्रिक आंकड़ों की आवश्यक होती है जबकि अनिर्धारक फसले जैसे चना इत्यादि को मॉडल में प्रदर्शित करने हेतु सामान्यतः 15-17 चारित्रिक आंकड़ों की आवश्यकता होती है	FILEC

8.3.2 मॉडल की आउटपुट फाइलें

मॉडल से फसल के विभिन्न अवयवों की आउटपुट सम्बन्धी आंकड़ों को कंप्यूटर स्क्रीन पर प्रदर्शित या कंप्यूटर में संगृहीत करने के लिए विभिन्न फाइलों की संक्षिप्त जानकारी तालिका 8.2 में दर्शायी गई है।

तालिका 8.2 कुछ महत्वपूर्ण मॉडल आउटपुट फाइल एवं उनका विवरण

क्र.	फाइल नाम	विवरण
1	OVERVIEW-OUT	फसल आदान की स्थितियों और फसल प्रदर्शन के वास्तविक आंकड़ों की तुलना का अवलोकन इस फाइल से किया जाता है।
	SUMMARY-OUT	यह फाइल मुख्य विकास की घटनाओं का सारांश प्रदान करती है
	GROWTH-OUT	यह फाइल वृद्धि और विकास के विवरण का सारांश प्रस्तुत करती है
	WATER-OUT	इस फाइल में जल संतुलन घटकों का सारांश होता है
	NITROGEN-OUT	इस फाइल में मिट्टी और पौधे के नाइट्रोजन का विवरण उपलब्ध होता हैं
	CARBON-OUT	इस फाइल में मुख्यतः मृदा और पौधे के कार्बन संतुलन का सारांश होता है

8.4 फसल मॉडलिंग का क्षेत्र

फसल मॉडलिंग का उपयोग मुख्य रूप से फसल प्रबंधन के लिए निर्णय लेने हेतु एक सशक्त विकल्प के रूप में किया जाता है। इसके अतिरिक्त फसल मॉडलिंग, फसल कार्यिकी, अनुवांशिकी, कृषि अभियांत्रिकी, तथा जलवायु परिवर्तन एवं मौसम में बदलाव के फसलोत्पादन पर प्रभाव के आंकलन में भी उपयोगी होता है।

मॉडलिंग ऐसी संरचना प्रदान करता है जिसके अंतर्गत कई विषयों के समन्वित अंत:क्रिया के विभिन्न आयामों के अध्ययन में भी सहयोग प्रदान करता है। साथ ही साथ विभिन्न फसल प्रणाली के प्रभावों के आंकलन एवं विश्लेषण करने में भी सहायता प्रदान करता है। किसी विशेष परिस्थिति में मौसम, कीट, रोग, उर्वरक तथा तथा समेकित फसल प्रबंधन के निर्णयों के प्रभाव को भी इसकी मदद से विश्लेषित किया जा सकता है।

8.5 फसल मॉडलिंग का इतिहास

फसल विकास अनुरूपण मॉडल का विकास फसल विज्ञान अनुसंधान के क्षेत्र में एक महत्वपूर्ण उपलब्धि है। सर्वप्रथम जेम नामक वैज्ञानिक ने 1960 के दशक में फसल विकास अनुरूपण मॉडल के विकास के लिए फसलोत्पादन और पानी के उपयोग के बीच संबंधों को सरल जल-संतुलन मॉडल के आधार पर निर्धारित करने के प्रयास किया था। चार पांच दशक पहले, यह विश्वास कर पाना कठिन था कि किसी पौधे के विकास के लिए आवश्यक जटिल शारीरिक और कार्यिक प्रक्रियाओं को गणितीय रूप से वर्णित किया जा सकता है। हालांकि, विगत 40 वर्षों के दौरान, फसल विकास मॉडलिंग के क्षेत्र में, यंत्रों की बढ़ती भूमिका तथा कृषि के अन्य क्षेत्रों में महत्वपूर्ण शोधों से प्राप्त आंकड़ों के उपयोग से बड़ा परिवर्तन हुआ है। साठ के दशक में, डेविट, (1965) द्वारा फसल कैनोपी की प्रकाश संश्लेषक दरों का मॉडल बनाने का पहला प्रयास किया गया था। इस मॉडल से प्राप्त परिणामों का उपयोग दूसरों अन्य अध्ययनों के लिए किया गया था। डे विट

स्कूल ऑफ मॉडल्स साठ के दशक में, फसल कैनोपियों की प्रकाश संश्लेषक दरों के आंकल हेतु मॉडल बनाने का पहला प्रयास किया गया था (डे विट, 1965)। इस मॉडल से प्राप्त परिणाम दूसरों के बीच उपयोग किए गए थे। इसके बाद डे विट एवं सहयोगी द्वारा एक एलिमेंटरी सीआरओपी ग्रूप सिम्युलेटर (ईएलसीआरएस) का निर्माण 1970 में किया गया। इस मॉडल में स्थैतिक प्रकाश संश्लेषण मॉडल शामिल थे और फसल श्वसन को बायोमास के प्रति दिन एक निश्चित अंश के रूप में लिया गया था, साथ ही इसके विकास दर के अनुपात को भी प्रदर्शित किया गया था। प्राय: इन सभी अध्ययनों के उद्देश्य फसल उत्पादन और फसल प्रजनन रहा ।1970 में डे विट एवं सहयोगियों द्वारा एक प्राथमिक फसल विकास नियामक (elementary crop growth regulator) (ELCROS) का निर्माण किया गया। इस मॉडल को पूर्व में विकसित प्रकाश संश्लेषण तथा फसल श्वसन का उपयोग कर दैनिक आधार पर फसल बायोमास के निर्धारण हेतु किया गया। इसके पश्चात् पेनिंग डे ब्रीस एवं सहयोगियों द्वारा 1974 में जड़ और तना वृद्धि के कार्यिक दरों को फसल निरूपण मॉडल में जोड़ा गया। 1977 में गोद्रियाँन ने सूक्ष्म मौसमी मॉडल और गैस एक्सचेंजों में कनोपी प्रतिरोधकी की गणना को जोड़कर वाष्पोत्सर्जन के निरूपण में सुधार कर एक नए बुनियादी फसल मॉडल (BACROS) का विकास 1978 में किया गया। 1982 में उष्ण कटिबंधीय और शीतोष्ण कटिबंधीय क्षेत्र में कृषि उपयोग हेतु एक फसल अनुरूपण मॉडल ABSNAT संस्थान द्वारा विकसित किया गया। कई फसलों और क्षेत्रों हेतु उपयोगी इस विस्तृत मॉडल का नाम DSSAT रखा गया। इस मॉडल में मृदा, मौसम, उर्वरक, सिंचाई, तथा फसल सस्यकार्यिकी के आंकड़ों का उपयोग करते हुए फसल के दैनिक दर पर बायोमास, पत्ती क्षेत्रफल सूचकांक तथा विभिन्न फसल अवस्थाओं के साथ साथ फसल उपज का आंकलन करने की क्षमता है।

मक्का की फसल की वृद्धि और उपज का निरुपण करने के लिए EPIC, ALAMANC, CROPSYST, WOFOST, ADEL मॉडल का सफलता पूर्वक उपयोग किया जा रहा है। SORKAM, SorModel, SORGF के रूप में भी ALMANAC मॉडल का उपयोग ज्वार फसल प्रबंधन के विशिष्ट कार्यों को संबोधित करने के लिए किया जा रहा है। CERES – बाजरा मॉडल, CROPSYST, Pm Models का उपयोग दुनिया भर में बाजरा जीनोटाइप्स की उपयुक्तता और उपज निरुपण के अध्ययन करने के लिए किया जा रहा है। इसी तरह, कपास के लिए प्रयोग किए जाने वाले दो सब से सामान्य विकास मॉडल GOSSYM और COTONS मॉडल उपयोग किया जा रहा हैं। इसी समानता आधार पर मूंगफली के लिए PNUTGRO, चना के लिए CHIKPGRO, गेहूं के लिए WTGROWS, सोयाबीन के लिए SOYGRO, सूरजमुखी के लिए QSUN वर्तमान में किसानों, वैज्ञानिकों, निर्णय निर्माताओं, आदि की आवश्यकताओं को पूरा करने के लिए उपयोग में हैं। APSIM, GROWIT को कई मॉड्यूल्स के साथ जोड़ा गया है जिसका उपयोग फसल का चक्रिकरण, फसल अनुक्रम और निरुपण अध्ययन में बारह मासी फसलों को शामिल किया जा रहा है।

APSIM (द एग्रीकल्चर प्रोडक्शन सिस्टम्स Simulator) क्रॉपिंग सिस्टम के लिए एक व्यापक रूप से इस्तेमाल किया जाने वाला सिमुलेशन उपकरण है जो जलवायु और प्रबंधन स्थितियों के एकीकृत करके कई फसल प्रजातियों के लिए आर्थिक उत्पादों (जैसे, अनाज, बायोमास, या चीनी उपज) की सटीक भविष्यवाणियों को संयोजित करने के लिए डिजाइन किया गया था।

फसल मॉडल ने उपभोगकर्ताओं को विभिन्न परिस्थितिओं में फसल विधि तथा उपज का अनुमान लगाने के अतिरिक्त प्रभावी भूमि उपयोग एवं जलवायु और मिट्टी संसाधनों की एक व्यवस्थित मूल्यांकन की सुविधा प्रदान की है। विभिन्न फसलों हेतु प्रयोग होने वाले विविध फसल मॉडलों की सूची तालिका 8.3 में प्रदान की गई है।

तालिका 8.3: विभिन्न फसलों हेतु प्रयोग होने वाले विविध फसल मॉडलों की सूची

फसल	मॉडल का नाम	फसल	मॉडल का नाम
अल्फाल्फा (मेडिकागो सटाईवा)	ALSIM	गेहूं	TAMW
जौ	CERES-Barley		ARCWHEAT1
चना	CHICKPGRO		SIMTAG
कपास	SIMCOTAI		WINTER WHEAT
	ELCOMOD		CERES&Wheat
	GOSSYM		SWHEAT
	KUTIN		Shoot Gro 2-0
	COTTAM		AFRCWHEAT2
	COTCO2		WTGROWS
सूखी फलियाँ	BEANGRO		MODWht3
मक्का	CORNF		SIRIUS
	CUPID	सामान्य फसल मॉडल	CropSyst
	CERES- Maize		BACROS
	SIMCOY		EPIC
	GAPS		LINTUL
	CERES& Maize v 2-0		MACROS
मूंगफली	PNUTGRO		SUCROS
बाजरा	CERES-Millet		WOFOST
	RESCAP		WOFOST6-0
आलू	POTATO		PLANTGRO
	SWACROP		
	SUBSTOR		
	SIMPOTATO		
सरसों	BRASSICA		
धान	IRRIMOD		
	RICEMOD		
	CERES& Rice		
	ORYZA-1		
	ORYZA-w		
	SIMRIW		

ज्वार	SORGF CERES-Sorghum SORKAM	
सोयाबीन	SOYMOD GLYCIM SOYGRO SOYPHEN	
गन्ना	AUSCANE	

8.6 फसल मॉडल के विभिन्न प्रकार

उद्देश्यों के आधार पर मॉडल को विभिन्न समूहों या प्रकारों में वर्गीकृत किया जाता है।उनमें से कुछ हैं:

(i) व्यावहारिक मॉडल (Empirical models)

(ii) यंत्रवत मॉडल (Mechanistic models)

(iii) निर्धारक मॉडल (Deterministic models)

(iv) प्रसंभाव्य मॉडल (Stochastic models)

(v) निरूपण मॉडल (Simulation models)

(i) **व्यावहारिक मॉडल:** इस तरह के मॉडल एकत्रित प्रेक्षणों का विवरण हैं। प्राय: इस प्रकार के मॉडल को एक या कुछ कारकों के साथ प्रतिगमन समीकरण (regression equations) के रूप में व्यक्त किया जाता है जिसका उपयोग फसल की उपज का अनुमान लगाने के लिए होता है। अति सरल प्रारूप का होने से इस प्रकार का मॉडल कारण और कारक के बीच के संबंधों की व्याख्या नहीं करता। इस प्रकार का समीकरण उर्वरक के प्रयोग के विरुद्ध फसल उपज की प्रतिक्रिया तथा पत्ती क्षेत्रफल सूचकांक तथा तने की ऊँचाई आदि के बीच में स्थापित सम्बन्ध से प्राप्त किया जा सकता है।

(ii) **यंत्रवत मॉडल:** यह फसल मॉडल सबसे छोटी इकाई (जैसे कोशिका विभाजन) की विशेषताओं के सापेक्ष में फसल प्रणाली का वर्णन करता है। इस प्रकार के मॉडल प्रासंगिक भौतिक, रासायनिक या जैविक प्रक्रियाओं की नकल व उनकी व्याख्या अनेक समीकरणों के माध्यम से करते है। यह मॉडल एक प्रकार से व्यवहारिक मॉडल का ही परिष्कृत रूप है जिसके अंतर्गत कारण-कारक के मध्य सम्बन्ध स्थापित रहता है।

(iii) **निर्धारक मॉडल:** यह मॉडल बिना किसी सम्भावना वितरण तथा यादृच्छिकतत्व (random element) के फसल की उपज लिए एक निश्चित पूर्वानुमान लगाता है। परन्तु एकत्रित आंकड़ों या फसल प्रणालियों सम्बन्धी जानकारियों में त्रुटी के कारण इस मॉडल द्वारा लगाये गए पूर्वानुमान में दोष हो सकता है और इसप्रकार वह कभी कभी व्यवहारिक सिद्ध नहीं होता जैसे वर्षा का पूर्वानुमान, फसल की पत्ती क्षेत्रफल सूचकांक इत्यादि।मॉडल हेतु एकत्रित आंकड़ों में अनिश्चितताएं/त्रुटियाँ जितनी अधिक होती हैं, निर्धारक मॉडल द्वारा दिया गया पूर्वानुमान उतना ही दोषपूर्ण होगा।

(iv) **प्रसंभाव्य मॉडल:** जब आंकड़े एकत्रित करने से सम्बंधित फसल प्रणालियों में भिन्नता और अनिश्चितता उच्च स्तर तक पहुँच जाती है, तो प्रसंभाव्य मॉडल का उपयोग किया जाता है। इस मॉडल की सहायता से अपेक्षित औसत मान तथा उससे सम्बंधित विचलन का आंकलन किया जा सकता है। इस तरह इस प्रकार के मॉडल के द्वारा किसी चर का अनुमान करने से पहले निर्धारक मॉडल का उपयोग करना उचित होता है, अन्यथा इस मॉडल से आंकलित मान त्रुटी पूर्ण होने की सम्भावना रहती है।

(v) **निरूपण मॉडल:** इस तरह के मॉडल किसी तंत्र के व्यवहार का नकल करने के उद्देश्य से बनाया जाता है। यह मॉडल किसी तंत्र के प्रणाली की नकल करने के लिए विभिन्न समूहों के सहायता से डिजाइन किए गए हैं। इसकी सहायता से कम समय अंतराल (दैनिक परिवर्तन) पर किसी चर का मान (जैसे फसल का बायोमास, फसल वृद्धि) को आंकलित करने के लिए विस्तृत आदान आंकड़ों (input data) की आवश्यकता होती है। ये मॉडल आमतौर पर प्रबंधन विकल्पों को निर्दिष्ट करने के उद्देश्य से बनाये जाते हैं और इनका उपयोग कम लागत पर प्रबंधन योजना बनाने के लिए किया जा सकता है।

8.7 फसल मॉडल के व्यवहारिक विभाजन

फसल मॉडल को व्यवहारिक रूप से मुख्यतया दो भागों में बांटा जा सकता है

(i) वर्णनात्मक मॉडल (Descriptive model)

(ii) व्याख्यात्मक मॉडल (Explanatory model)

(i) **वर्णनात्मक मॉडल:** यह मॉडल किसी प्रणाली के व्यवहार को सरल तरीके से परिभाषित करता है। यह मॉडलीकरण और कारक के बीच के संबंधों की बहुत थोड़ी व्याख्या ही करता है। जबकि इस मॉडल में एक या एक से अधिक गणितीय समीकरण किसी फसल प्रणाली के व्यवहार को निरुपित करने के लिए होते हैं। उदाहरणार्थ किसी फसल के वजन की क्रमिक तौल से निर्मित एक समीकरण हो सकता है। इस तरह के समीकरण से यदि फसल वजन के आंकड़े उपलब्ध नहीं हो तो इसकी सहायता से आसानी से फसल तौल का क्रमिक आंकलन किया जा सकता है।

(ii) **व्याख्यात्मक मॉडल:** यह मॉडल किसी तंत्र के प्रक्रियाओं का मात्रात्मक विवरण की सहायता से प्रणाली के व्यवहार के कारक की व्याख्या करता है। इस मॉडल को बनाने के लिए, एक प्रणाली का विश्लेषण किया जाता है और इसकी प्रक्रियाओं और तंत्रों को अलग-अलग मात्रा में निर्धारित किया जाता है। पूरे फसल तंत्र के विभिन्न विवरणों के समीकरण को एकीकृत करके यह मॉडल बनाया जाता है। जैसे फसल की वृद्धि की प्रक्रिया का वर्णन फसल के अन्य प्रक्रियाओं जैसे पत्ती क्षेत्र विस्तार, शाखा वृद्धि/उत्पादन की सहायता से किया जाता है।

इसके अतिरिक्त अनेक वैज्ञानिकों ने भी फसल मॉडलों को विभिन्न प्रकार से बांटा है, जिसमे कुछ प्रमुख का वर्णन नीचे दिया गया है।

पासीउरा ने वर्ष 1973 में मोटे तौर पर दो प्रकार के फसल मॉडल बताया-

(i) कार्यात्मक मॉडल

(ii) यांत्रिकी मॉडल।

(i) कार्यात्मक मॉडल: यह एक व्यावहारिक मॉडल है, जिसने फसलों के व्यवहार की भविष्यवाणी करने के लिए अंगूठे (thumb) के नियमों को संयुक्त किया है।

(ii) यांत्रिकी मॉडल: इस प्रकार का मॉडल जैविक और शारीरिक प्रक्रियाओं का प्रतिनिधित्व करते है, जो पौधों और उनके वातावरण में होता है।

बैयर ने सन 1979 में तीन प्रकार के फसल मॉडल प्रस्तावित किए

(i) अनुभवजन्य / सांख्यिकीय मॉडल

(ii) फसल-मौसम मॉडल

(iii) फसल वृद्धि सिमुलेशन मॉडल।

रिची ने सन 1994 में तीन प्रकार के निर्धारक फसल मॉडल

(i) सांख्यिकीय मॉडल (ii) कार्यात्मक मॉडल और (iii) यंत्रवत मॉडल को वर्गीकृत किया

अंततः फसल मॉडलिंग को दो व्यापक श्रेणियों (i) अनुभवजन्य / प्रतिगमन मॉडल और (ii) यांत्रिकी/फसल सिमुलेशन मॉडल के तहत व्यवस्थित किया गया है।

8.8 फसल सिमुलेशन मॉडलिंग

डेविट तथा अन्य वैज्ञानिकों ने पौधे के विकास मॉडल के विकास के संबंध में चार अलग-अलग स्तर या फसल सिमुलेशन मॉडलिंग को परिभाषित किया है, जिसमें संभावित उत्पादन से लेकर पोषक तत्व और कीट-सीमित उत्पादन शामिल हैं।

- **स्तर 1:** पहले स्तर के मॉडल केवल मौसम, मुख्यरूप से तापमान और सौर विकिरण पर प्रतिक्रिया करते हैं। यह एक आदर्श मॉडलिंग स्थिति या उत्पादन प्रणाली है जिसमें पानी, पोषक तत्वों, कीटों और बीमारियों के तनाव के बिना एक फसल उगती है। तापमान और सौर विकिरण विकास और विकास का अनुकरण करते हैं और संभावित उत्पादन की गणना करने के लिए उपयोग किया जाता है।
- **स्तर 2:** दूसरे स्तर का मॉडल जल तनाव की स्थिति में फसल की वृद्धि और उपज का निरूपण करता है। तापमान और सौर विकिरण के अलावा, वर्षा और सिंचाई का उपयोग पौधे की वृद्धि और उपज के लिए किया जाता है, इस स्तर पर मिट्टी और पौधे के पानी के संतुलन का निरुपण किया जाता है।
- **स्तर 3:** इस स्तर के अंतर्गत मॉडल के द्वारा पानी, नाइट्रोजन, तापमान और विकिरण की तनाव स्थितियों के तहत फसल की वृद्धि और उपज का अनुकरण करता है। मृदा नाइट्रोजन को विकास और उपज का निरुपन करने के लिए इनपुट के रूप में जोड़ा जाता है।
- **स्तर 4:** चौथे स्तर पर मॉडल विभिन्न जैविक (कीट, रोग, खरपतवार) और अजैविक तनाव (नाइट्रोजन, फॉस्फोरस और अन्य पोषक तत्व, पानी, तापमान और विकिरण) के तहत फसल की वृद्धि और उपज का निरुपण करता हैं। अन्य मिट्टी के खनिजों के

साथ-साथ कीट, बीमारियों और खरपतवार को इनपुट के रुप में जोड़ा जाता है और पूरा मिट्टी-फसल-वायुमंडल प्रणाली को निरुपीत (नकल) किया जाता है। शायद ही कोई फसल निरूपण मॉडल है जो वर्तमान में स्तर 4 पर संचालित होता है। व्यापक रूप से उपयोग किये जाने वाले अधिकांशतः फसल निरूपण मॉडल स्तर 3 पर संचालित होते है।

8.9 विश्व स्तर पर प्रचलित विभिन्न प्रकार के फसल सिमुलेशन मॉडल के वर्ग

दुनिया में विभिन्न मॉडलिंग समूह हैं, जिन्होंने विभिन्न फसलों के लिए अलग-अलग मॉडल विकसित किए हैं। हूगेनबूम ने वर्ष 2000 में विभिन्न प्रकार के फसल निरूपण मॉडल प्रस्तुत किया था जो निम्न प्रकार से है:

(i) **डीसट मॉडलसः** IBSNAT ने प्रक्रिया उन्मुख गतिशील फसल सिमुलेशन मॉडल को एक कंप्यूटर सॉफ्टवेयर पैकेज में एकीकृत किया है जिसे एग्रोटेक्नोलोजी ट्रांसफर के लिए DSSAT के रूप में जाना जाता है। वर्तमान में DSSAT v 4.5 में 21 अलग-अलग फसल सिमुलेशन मॉडल शामिल हैं, जिनमें मॉडल CERES का अनाज परिवार और मॉडल CROPGRO का फली परिवार, जड़ फसल परिवार मॉडल SUBSTOR, और गन्ना मॉडल CANEGRO, कसावा मॉडल CROPSIM और सूरजमुखी मॉडल OILCROP जैसे अन्य फसल मॉडल शामिल हैं। DSSAT फसल सिमुलेशन मॉडल दुनिया भर में किसी भी क्षेत्र में कई अलग-अलग अनुप्रयोगों के लिए व्यापक रूप से उपयोग किया जाता है।

(ii) **वागेनिनगेन मॉडलसः** Wageningen University और रिसर्च सेंटर, नीदरलैंड्स द्वारा विकसित मॉडल के SUCROS परिवार। चावल उत्पादन (SARP) गतिविधि के लिए सिमुलेशन और सिस्टम विश्लेषण के माध्यम से इन मॉडलों को दुनिया भर में व्यापक रूप से वितरित किया गया। चावल के मॉडल ORYZA का बड़े पैमाने पर दक्षिण पूर्व एशिया और अन्य स्थानों में परीक्षण किया गया था। इस मॉडल के SUCROS परिवार का हिस्सा होने वाले मॉडल में MACROS और BACROS मॉडल के साथ साथ WOFOST नामक एक सरलीकृत मॉडल भी शामिल हैं।

(iii) **एप्सिम (APSIM) मॉडलसः** मॉडल के इन समूहों को कृषि उत्पादन प्रणाली अनुसंधान इकाई (APSRU) द्वारा विकसित किया गया है और इसे इन समुहों ने मजबूत समर्थन दे रखा है। कृषि उत्पादन प्रणाली सिमुलेशन (APSIM) मुख्य रूप से ऑस्ट्रेलिया में व्यापक रूप से उपयोग किया गया है। मॉडल के उपयोगकर्ता-मित्रतापूर्ण इंटरफेस ने इस मॉडल को गैर-मॉडलर के लिए उपयोग करना आसान बना दिया और वे इसका उपयोग अपनी स्थानीय स्थितियों के लिए भी कर सकते है।

(iv) **जी सी टी इ (GCTE) मॉडलसः** ग्लोबल चेंज टेरेस्ट्रियल इकोसिस्टम (GCTE) ने कई फसल सिमुलेशन मॉडल विकसित किए हैं जो एक या अधिक फसलों के लिए उपयोगी हैं। गेहूं की फसल के अनुकरण के लिए उन्होंने 19 अलग-अलग गेहूं मॉडल की सूची शामिल की है। चावल, आलू, अनाज फलियां और कसावा के लिए अतिरिक्त मॉडल मौजूद हैं। इस केंद्र ने फसल के अनुकरण के साथ गतिशील पीट मॉडल को जोड़कर इसकों कीटों और फसलों के बीच परस्पर संवादात्मक प्रभावों का अनुकरण करने के लिए भी निरुपणीय बना दिया है।

(v) **अन्य फसल मॉडलसः** अन्य फसल सिमुलेशन मॉडल भी विभिन्न देशों में विकसित किए गए थे। ये मॉडल कई अन्य अनुप्रयोगों के लिए उपयोगी हैं, जैसे कि एरोसियन प्रिडिक्टर इम्पैक्ट कैलकुलेटर (EPIC) जो मूल रूप से भूमि कटाव के भविष्यवाणी के लिए विकसित किया गया था, जिसे बाद में फसल प्रणाली के विश्लेषण के निरुपण के लिए भी उपयोग में किया जाने लगा। इस मॉडल का विशेष रूप से यूएसए में उपयोग जलवायु परिवर्तन अनुप्रयोगों के लिए भी किया गया है । इसके समुह में PLANTGRO, CENTURY और Crop Syst अन्य अच्छी तरह से ज्ञात फसल किस्म सिमुलेशन मॉडल साम्मिलित हैं।

8.10 मॉडल के प्रमुख उप-अंक (Subroutines of the Model)

इस मॉडल में तीन सबरूटीन्स होते हैं, जिसमें आगे चलकर विभिन्न प्रक्रियाओं की शुरुआत और घटना को अंजाम देने के लिए कई अन्य सबरूटीन शामिल होते हैं। मौसम, मिट्टी, फसल प्रजाति और नाइट्रोजन के प्रभाव का अनुकरण करते हुए मॉडल, पानी के संतुलन, कार्बन संतुलन और नाइट्रोजन जैसे विभिन्न मॉड्यूल चलाते हैं। मॉडल के प्रमुख उप-अंक तालिका 8.2 में प्रस्तुत किए गए हैं।

तालिका 8.4 फसल मॉडल के प्रमुख उप अंग

Ipxxx	इनपुट प्रोग्राम (Input programme)
INSEQ	क्रम विश्लेषण के लिए इनपुट (Input of sequence)analysis
PROGRI	पौधे का आरंभीकरण (Plant initialization)
SOILRI	मृदा आरंभीकरण (Soil initialization)
SOILTI	मृदा तापमान (Soil temperature)
SOILNI	मृदा नाइट्रोजन आरंभीकरण (Soil nitrogen initialization)
WEATHER	दैनिक मौसम (Daily Weather)
NBAL	नाइट्रोजन संतुलन की जाँच करने का कार्यक्रम (Programme to check nitrogen balance)
WATBAL	दैनिक जल उप अंगों का औसत (Mean daily water sub routine)
NTRANS	दैनिक नाइट्रोजन परिवर्तन दिनचर्या (Daily nitrogen transformation routine)
AUTPLT	स्वचालित प्लांटिग कार्यक्रम (Automatic plantig routine)
PHENOL	फेनोलॉजी दिनचर्या (Phenology routine)
WGROSUB	फसल वृद्धि की दिनचर्या (Crop growth routine)
AUTHAR	स्वचालित कटाई की दिनचर्या (Automatic harvesting routine)
Opxxx	उत्पादन दिनचर्या (output routine)

8.11 आदान आकडों की फसल मॉडलिंग के लिए आवश्यकता

फसल मॉडलिंग के लिए मुख्य आदान आकड़ें संबंधित होते है मौसम, फसल, मिट्टी, प्रबंधन प्रथाओं और कीटों तथा इन आकडों की आवश्यकता मॉडलिंग के लिए होती है।

(i) **मौसमी आकड़े:** इसमे शामिल हैं:- अधिकतम और न्यूनतम तापमान, वर्षा, सापेक्षिक आर्द्रता, सौर विकिरण और हवा की गति । दैनिक फसल विकास प्रक्रियाओं का आकलन करने के लिए दैनिक समय के आधार पर मौसम के आंकड़ों की आवश्यकता होती है।

(ii) **फसल के आकड़े:** इसमें शामिल हैं:- फसल का नाम, प्रजाति का नाम, फसल फेनोलॉजी (फूल निकलने के दिन, परिपक्वता के दिन), पत्ती क्षेत्र सूचकांक, जमीन के ऊपर का बायोमास, अनाज की उपज, 1000 अनाज का वजन।

(iii) **मृदा के आकड़े:** इसमें शामिल हैं:- मिट्टी की परत की मोटाई, पी. एच., ई.सी., एन. , पी., के., मिट्टी कार्बनिक कार्बन, मिट्टी की बनावट, रेत और मिट्टी का प्रतिशत, मिट्टी की नमी, संतृप्ति, क्षेत्र की क्षमता और मिट्टी का घनत्व बिंदु, थोक घनत्व।

(iv) **फसल प्रबंधन के आकड़े:** इसमें शामिल हैं:-सिमुलेशन प्रक्रिया शुरू करने के लिए फसल की बुवाई की तारीख की आवश्यकता होती है। आम तौर पर बुवाई की तारीख सिमुलेशन के लिए शुरुआती समय के रूप में ली जाती है। रोपाई की तारीख के दौरान रोपाई की तारीख का उपयोग बुवाई की तारीख के बजाय किया जाता है।बीज दर और बोने की गहराई की भी आवश्यकता होती है। आदानों के रुप में उपयोग करने हेतु सिंचाई, उर्वरक, खाद, फसल अवशेष आदि की आवश्यकता है। इन सूचनाओं की मात्रा उनके प्रकार, इनके प्रयोग की तिथि और गहराई में डालने के साथ निर्दिष्ट की जाती है। यदि फसल के अवशेष या जैविक पोषक स्रोत खेत में लगाए जाते हैं तो उन स्रोतों का C : N अनुपात निर्धारित किया जाता है।

(v) **कीट के आकड़े:** इसमें शामिल हैं:- कीट का नाम और प्रकार, उनके हमले का तरीका, विभिन्न फसल विकास चरणों में कीट की आबादी। कीटों या कीटों पर आंकडें केवल उन मॉडलों में शामिल होता है जिनमें कीट मॉड्यूल होता है।

8.12 मॉडलिंग के विभिन्न चरण

(i) **लक्ष्य निर्धारित करें:** कृषि प्रणाली विभिन्न विषयों से युक्त जटिल विषय है। फसल मॉडल को विकसित करने या समझने के लिए विभिन्न विषयों के मजबूत आधारभूत ज्ञान की आवश्यकता होती है। अध्ययन के उद्देश्य के आधार पर, विभिन्न विषयों के ज्ञान आधार को एकीकृत कर एक फसल मॉडल विकसित करने के लिए किया जाता है।

(ii) **प्रणाली और उसकी सीमाओं को परिभाषित करें:** कृषि में, फसल क्षेत्र को एक प्रणाली के रूप में चुना जाता है।

(iii) **प्रणाली में मुख्य चर को परिभाषित करें:** चर में स्थिर, परिवर्तणीय, ड्राइविंग और सहायक चर शामिल होते हैं। स्थिर चर वे हैं जिन्हें मापा या परिमाणित किया जा सकता है, उदाहरण के लिए मिट्टी की नमी फसल की उपज आदि । परिवर्तणीय चर एक प्रणाली

में संचालित विभिन्न प्रक्रियाओं की दरें हैं, उदाहरण प्रकाश संश्लेषण दर, वाष्पोत्सर्जन दर। ड्राइविंग चर वे चर हैं जो सिस्टम का हिस्सा नहीं हैं लेकिन सिस्टम को प्रभावित करते हैं, उदाहरण धूप, बारिश। सहायक चर एक मध्यवर्ती उत्पाद हैं, उदाहरण शुष्क पदार्थ विभाजन, जल तनाव आदि।

इन चर की पहचान के बाद विभिन्न चर के बीच संबंध निर्धारित किया जाता है। यह पूरी प्रक्रिया की बेहतर समझ में मदद करता है।

(iv) **संबंधों को निर्धारित करें:** एक बार संबंध स्थापित हो जाने के बाद यह अलग गणितीय समीकरणों और कार्यों का उपयोग कर इनकी मात्रा निर्धारित करता है।

(v) **अंशांकन/मान्यता:** जब मॉडल विकसित किया जाता है, तो उसे अंशांकन और सत्यापन की आवश्यकता होती है। पहले मॉडल को किसी भी प्रयोगात्मक आंकडें सेट के साथ चलाया जाता है और उसी के अनुसार उस फसल के अनुवांशिक गुणाकों को अंशांकन किया जाता है। इस प्रक्रिया को परीक्षण और त्रुटि विधि द्वारा अंशांकन किया जाता है। अंशांकित मॉडल को तब एक अन्य स्वतंत्र प्रयोगात्मक आंकडें सेट के साथ मान्य किया जाता है ताकि इसकी सिमुलेशन क्षमता की जांच दिये गये विभिन्न परिस्थितियों या वातावरण में की जा सके।

(vi) **संवेदनशील विश्लेषण:** मान्य मॉडल को इसकी संवेदनशीलता के लिए अलग-अलग कारकों (जैसे तापमान, वर्षा, नत्रजन खुराक) के मान लिए परीक्षण किया जाता है। यह जांचने के लिए किया जाता है कि मॉडल उन कारकों में परिवर्तन का जवाब दे रहा है या नहीं या चरों के मान में हुई सापेक्षित मान के प्रति मॉडल कितना संवेदनशील है।

(vii) **सरलीकरण:** किसी भी मॉडल को शुरू में कंप्यूटर प्रोग्रामिंग भाषाओं में लिखा जाता है। लेकिन वे इसे उपयोगकर्ता के आसनी से उपयोग करने हेतु अनुकूल बनाकर सरल कर दिए जाते हैं।

(viii) **मॉडल का निर्णय समर्थन में उपयोग:** एक बार विकसित, अंशांकित और किसी भी मान्य मॉडल का उपयोग फसल प्रबंधन के बारे में पूर्वानुमान या उपयुक्त निर्णय लेने के लिए किसी भी निर्णय समर्थन प्रणाली में किया जा सकता है।

8.13 मॉडल चलाने के लिए आवश्यक इनपुट आंकडें फाइलें (Input files of the Model)

मॉडल चलाने के लिए आवश्यक इनपुट आंकडें फाइलें मुख्य रूप से मौसम, मिट्टी, जीनोटाइप विशेषताओं (फसल और कल्टीवेटर) और प्रयोग विवरण (फसल प्रबंधन) से संबंधित हैं। मॉडल में इनपुट और आउटपुट सिस्टम हंट तथा अन्य सहयोगियों द्वारा वर्ष 1993 में वर्णित किया गया था। विभिन्न इनपुट और आउटपुट फाइलें की चर्चा नीचे की गई है:

आदान आंकडों की फाइल की आवश्यकता इनपुट फाइल के रूप में भी होती है, क्योंकि सिम्युलेटेड परिणामों की तुलना किसी विशेष प्रयोग में एकत्र किये गए आंकडों से की जाती है। मॉडल को चलाने के लिए, सभी उपलब्ध प्रयोगों की सूची को एक EXP-LST फाइल के माध्यम से मॉडल को प्रदान किया जाना चाहिए। मॉडल निष्पादन के दौरान, इसकी प्रयोग सूची एक मेनू

के रूप में दिखाई देनी चाहिए जिसमें से उपयोगकर्ता सिमुलेशन के लिए किसी एक प्रयोग का चयन कर सकता है। CHICKPGRO मॉडल के सिमुलेशन के लिए एक प्रयोग के विभिन्न इनपुट फाइलों को नीचे विस्तार से दिया गया है।

(i) मौसमी आंकडों के फाइल (FILEW): विभिन्न स्थलों के लिए मॉडल चलाने के लिए आवश्यक दैनिक मौसम आंकडों और आवश्यक न्यूनतम मौसम आंकडे तापमान, वर्षा और सौर विकिरण हैं। इस फाइल को एग्रोटेक्नोलोजी ट्रांसफर (IBSNAT) प्रारूप के लिए अंतर्राष्ट्रीय बेंचमार्क साइट नेटवर्क में अध्ययन अवधि के लिए कुल सौर विकिरण (मेगा. जूल / मी. 2 / दिन), अधिकतम और न्यूनतम तापमान (डिग्री सेल्सियस) और वर्षा (मिमी / दिन) के दैनिक मौसम आंकडें की आवश्यकता होती है।

(ii) मिट्टी आंकडों फाइल (फाइलें): मिट्टी फाइल में CROPGRO मॉडल द्वारा सामना की गई सभी स्थानों के बारे में मिट्टी की जानकारी है। मॉडल को चलाने के लिए स्थानों की मिट्टी की जानकारी दी गई मॉडल मिट्टी आंकडें फाइल से प्रतिनिधि मिट्टी विवरण का चयन करके बनाई गई है या साइट से SOIL-SOL फाइल में निम्नलिखित एकत्रित मिट्टी की जानकारी जोड़ें

(क) संपूर्ण मिट्टी प्रोफाइल के लिए आवश्यक आंकडें अपवाह वक्र संख्या, सतह अल्बेडो, जल निकासी दर और प्रथम चरण मिट्टी वाष्पीकरण हैं।

(ख) प्रत्येक मिट्टी की परत के लिए आवश्यक आंकडें संतृप्त मिट्टी के पानी की सामग्री, निकाले जाने योग्य पौधे के पानी की ऊपरी सीमा, निकालने योग्य पौधे के पानी की निचली सीमा, प्रारंभिक मिट्टी के पानी की सामग्री, थोक घनत्व, मिट्टी की गहराई, मिट्टी की बनावट और कार्बनिक कार्बन की सूखा होती है।

(iii) फसल आंकडों फाइलें: मॉडल को आरंभ करने के लिए फसल के आंकडों फाइल की आवश्यकता होती है और इसके द्वारा अनुरूप आंकडों सेट की एकत्रित आंकडों से तुलना की जाती है। विस्तृत फाइलें नीचे वर्णित हैं:

(iv) प्रायोगिक विवरण फाइल (FILEX): फाइल को FILEX के रूप में संदर्भित किया गया है, प्रत्येक प्रयोग के लिए मॉडल के आदान आंकडों का दस्तावेजीकरण किया। प्रयोगात्मक स्थितियों का विवरण, क्षेत्र की विशेषताएं (मौसम स्टेशन का नाम, मिट्टी और क्षेत्र का विवरण), मिट्टी की विश्लेषण की तारीख, प्रारंभिक मिट्टी के पानी की अकार्बनिक नाइट्रोजन की स्थिति, बीज बिस्तर की तैयारी, रोपण आंकडें, बोने की गहराई, पंक्ति रिक्ति, सिंचाई और जल प्रबंधन (सिंचाई तिथियाँ। राशि) कार्बनिक अवशेष। उपयोग (पुआल, हरी खाद, पशु मैनुअल), जुताई के कार्य (दिनांक और प्रकार के संचालन के संचालन), पर्यावरण संशोधनों (मॉडल विकल्प (पानी और नाइट्रोजन और आउटपुट विकल्प) के लिए / बंद विकल्प पर सिमुलेशन विकल्प शुरू होने की तारीख) शामिल होते है।

(v) फसल प्रदर्शन फाइलः इन प्रदर्शन फाइलों का उद्देश्य सिम्युलेटेड परिणामों के साथ प्रत्यक्ष तुलना आंकडों की लिए एकत्रित आंकडें प्रस्तुत करना होता है। प्रयोग प्रदर्शन आंकडें चार फाइलों में शामिल हैं, FILEP, FILED, FILEA और FILET। दो मुख्य फाइलें

FILEA और FILET का उपयोग औसत और सामयिक फसल अवलोकन आंकडों की तुलना हेतु किया जाता है।

(vi) **फसल औसत फाइल (FILEA):** FILEA प्रति उपचार एक लाइन सूचना और मुख्य फेनोलॉजिकल घटनाओं की एक पंक्ति सारांश जानकारी और अंतिम फसल के साथ-साथ अन्य संबंधित चर पर पैदावार और पैदावार घटक का उपयोग करता है।

(vii) **फसल समय पाठ्यक्रम आंकडें फाइल (FILET):** इस फाइल में प्रत्येक उपचार के लिए एक लाइन के आंकडें होता है और इसमें फसल के सामयिक आंकडें शामिल होता है जैसे LAI, सूखा बायोमास आदि।

(viii) **फसल प्रजाति के आंकडें की फाइल (FILEC):** इस फाइल में सात विकास और छह विकास प्रकार के फसल प्रजाति के विशिष्ट आनुवंशिक गुणांकों के साथ CROPGRO मॉडल में कुछ प्रजाति विशिष्ट गुणांक भी होते हैं। इन आनुवंशिक गुणांकों को स्वतंत्र आंकडों के साथ पुनरावृत्ति (हंट एवं सहयोगी, 1993) करके निरुपण प्रकिया से प्राप्त किया जाता है। बुवाई की तारीख, फूल आने की तारीख, परिपक्वता, अनाज की उपज, जमीन बायोमास और अनाज का वजन इत्यादि के आंकडें इसमे शामिल होते है।

भारत में अन्य जगहों पर समान जीनोटाइप के लिए निर्धारित हुई आनुवांशिक गुणांक को मॉडल को चलाने के लिए इन्ही मूल्यों के साथ शुरुवात करते है । प्रत्येक गुणांक के मूल्यों की एक श्रृंखला का उपयोग करते हुए, मॉडल को बार बार चलाया जाता है जब तक कि सिम्युलेटेड और संग्रहीत आंकडों के बीच एक समझौते का स्तर नहीं पहुंच जाता है । विभिन्न विकास चरणों के समय से संबंधित गुणांक एक कालानुक्रमिक क्रम में अंशांकित किए जाते है। इन गुणांकों में बीज निकलने के दिनों को समायोजित करने के लिए VARTHR (1), पहली पत्ती के लिए VARTG (2), फूलों की कटाई के लिए VARTHR (5), फली विकास की शुरुआत के लिए VARTHR (6), बीज विकास की शुरुआत के लिए LAGSD फसल की परिपक्वता के लिए, VARTHR (10)और शारीरिक परिपक्वता VARTHR (11)। इन गुणांक के मूल्यों को मॉडल के लिए विभिन्न विकास चरणों की भविष्यवाणी करने के लिए निर्धारित किया ज़ाता है।

8.14 अंशांकन और सत्यापन

एक आदर्श फसल विकास मॉडल को किसी भी स्थान के लिए फसल की वृद्धि और उपज का सही-सही अनुकरण करना चाहिए। लेकिन जटिल फसल वृद्धि प्रक्रियाएं इसे कई कारकों के कारण त्रुटि के अधीन बनाती हैं जो वास्तव में पौधे के विकास को प्रभावित करते हैं, जिसको मॉडल द्वारा ध्यान में नहीं लाया जा सकता है। अंत: प्रजातिये अंतर भी एक ही फसल के विभिन्न प्रजातियों के कारण हैं जिनका पर्याप्त रूप से प्रतिनिधित्व नहीं हो पाता है। इसलिए अध्ययन स्थलों के लिए मॉडल को काम करने योग्य बनाने के लिए कुछ मॉडल मापदंडों या रिश्तों को समायोजित करने के लिए किसी भी मॉडल की किसी स्थान के उपयोग पूर्व इनकी अशांकन की आवश्यकता होती है। डी विट ने सन 1970 में अंशांकन के लिए वक्र फिटिंग विधि प्रस्तावित की। दूसरी ओर, सत्यापन का यह तरीका यह निर्धारित करता कि मॉडल आंकडों की तुलना में स्वतंत्र संग्रहीत आंकडें के साथ समग्रता में काम करता है या नहीं। मॉडल का मान्य होना दर्शाता है कि कोई मॉडल किसी विशेष परिस्थिति में कितना अच्छा प्रदर्शन करता है।

हालाँकि, इस तरह से अनुमानित पैरामीटर अवलोकन क्षेत्र से जुड़े अंतर्निहित प्रयोगात्मक त्रुटियों के कारण गलत भी हो सकते हैं। अतः अब शोधकर्ता ने खेती-विशिष्ट मॉडल बनाने के लिए अनुवांशिक कारकों में मॉडल मापदंडों को विच्छेदित करते हैं। फसल मॉडलिंग, जो एक मॉडल में एक विशेषता को प्रभावित करने वाले सभी (यदि संभव हो) मापदंडों को शामिल करता है, तो इससे फेनोटाइप की भविष्यवाणी करने के लिए आनुवंशिक और पर्यावरण दोनों तत्वों को जोड़ा जाता है।

सुधार की आवश्यकता वाले क्षेत्रों की पहचान करते हुए, सिमुलेशन और वास्तविकता के बीच की खाई को पाटने के लिए एक मॉडल के प्रदर्शन का मूल्यांकन करने के लिए इन मॉडलों का अंशांकन और सत्यापन आवश्यक कदम है। रोपण तिथियों, कल्टीवेटर और नाइट्रोजन के स्तर के संबंध में अंशांकन और सत्यापन की प्रक्रिया पहले पूरे संयंत्र स्तर पर मॉडल के प्रदर्शन का मूल्यांकन और सुधार करने के लिए किया जाता है, जिससे मॉडल को बेहतर समझ प्रदान की जाती है, और जो इसके ताकत और कमजोरियों होती है उसमें भी सुधार की संभावना को इंगित करते हुए बताया जाता है।

8.15 परिशोधन (अंशांकन, मूल्यांकन और सत्यापन)

मॉडल अंशांकन में कुछ मॉडल मापदंडों का संशोधन करने की प्रक्रिया भी शामिल होता है जो कि त्रुटि रहित मॉडल द्वारा सिम्युलेटेड आंकडें और संग्रहीत आंकडें में समानता प्रदर्शित करता हो। कई उदाहरणों में, मॉडल द्वारा निरुपित किए गए आंकडें पर संग्रहीत वास्तव आंकडें का अनुपालन नहीं करते हैं और कुछ मापदंडों के लिए इसमें मामूली समायोजन करना पड़ता है जो कि गैर-अनुपालन नमूनाकरण त्रुटियों के साथ-साथ सिस्टम के अपूर्ण ज्ञान से उत्पन्न हो सकता है। वैकल्पिक रूप से, यह तब उत्पन्न हो सकता है जब मॉडल का उपयोग उस स्थिति में किया जाता है, जो कि इसके तहत विकसित किए गए से भिन्न है।

मॉडल सत्यापन चरण में यह पुष्टि की जाती है कि शामिल आंशांकित मॉडल वास्तविक स्थिति (संग्रहित आंकडों) का बारीकी से प्रतिनिधित्व करता है। इस प्रक्रिया में सिम्युलेटेड आउटपुट और प्रेक्षित आंकडें की तुलना शामिल है जो पहले अंशांकन चरण में उपयोग नहीं किए गए थे। हालांकि, विस्तृत आंकडेंसेट की कमी के कारण सभी घटकों का सत्यापन संभव नहीं हो पाता है और केवल कुछ निर्धारक को मान्य करने के विकल्प को अपनाया जाता है। उदाहरण के लिए, एक मिट्टी पानी के फसल मॉडल में, निकाले जाने योग्य पानी और पत्ती के घटकों और संचित बायोमास को मान्य करना महत्वपूर्ण है क्योंकि इन्हीं पर इस फसल का मॉडल बहुत अधिक निर्भर करता है।

8.16 मान्यकरण

सिमुलेशन मॉडल वास्तविक-विश्व प्रणालियों के अनुमानित अनुकरण हैं और वे वास्तविक-विश्व प्रणाली की बिल्कुल सटीक नकल नहीं करते हैं। उस कारण से, एक मॉडल को सत्यापित किया जाना चाहिए और इच्छित उद्देश्य या उपयोग के लिए आवश्यक स्तर तक इसका मान्यीकरण होना चाहिए। किसी मॉडल के कार्यात्मक विनिर्देशों के और प्रारंभिक विकास के चरण पूरा होने के बाद ही सिमुलेशन मॉडल का सत्यापन और मान्यीकरण के किया जाता है। इन प्रकियों बाद कोई भी फसल मॉडल उपयोग करने योग्य हो जाता है।

8.17 मॉडल अनुप्रयोग

बूटे एवं सह्योगी ने वर्ष 1996 में फसल सिमुलेशन के उपयोग को तीन प्राथमिक श्रेणियों में वर्गीकृत किया है:

(i) अनुसंधान ज्ञान संश्लेषण के लिए,

(ii) फसल प्रणाली निर्णय प्रबंधन के लिए, और

(iii) नीति विश्लेषण के लिए।

सिमुलेशन मॉडलिंग तेजी से अनुसंधान, शिक्षण, खेत और संसाधन प्रबंधन में लागू किया जा रहा है। नीति विश्लेषण और उत्पादन पूर्वानुमान के लिए इनका उपयोग किया जा सकता है। मॉडल अनुप्रयोगों हेतु प्रमुख आवश्यकताएं निम्नलिखित है।

(i) अनुसंधान की समझः फसल मॉडल के द्वारा मॉडल विकास अनुसंधान समझ की समरूपता स्थापित की जा सकती है और प्रणाली को चलाने वाले प्रमुख कारकों की पहचान करके विचारशील अनुशासनात्मक अनुसंधान के माध्यम से उन क्षेत्रों की पहचान की जा सकती है जहाँ इस दिशा में प्रगति की संभावनाएं है।

(ii) अन्य विषयों के ज्ञान का एकीकरणः एक मॉड्यूलर ढांचा बुनियादी क्षेत्रों जो विभिन्न स्थानों से सम्बंधित है उनसे सम्बंधित आंकड़ों का एकीकृत अध्ययन करना संभव हो पता है। इस प्रक्रिया के अपनाने से अनुसंधान लागत में कमी होने के साथ ही विभिन्न अनुसंधानकर्ताओं के बीच अनन्तकालीन स्तर पर सहयोग सुनिश्चित करता है।

(iii) प्रयोग प्रलेखन और इसके अंकीयकरण में सुधारः निरूपण मॉडल के विकास और उपयोग करने के लिए बड़ी मात्रा में तकनीकी और संकलित इकाइयों से आंकडों की आवश्यकता होती हैं। जिसके कारण आंकडों के अंकीयकरण और उनके प्रलेखन की औपचारिक आवश्यकता होती है।

(iv) स्थान-विशिष्ट प्रयोगः मॉडल का उपयोग करने वाली विशिष्ट स्थान का चयन फसल मॉडल का उपयोग किया जा सकता है। इसके अंतर्गत उन क्षेत्रों में फसल के प्रदर्शन का पूर्वानुमान लगाया जा सकता है; जहां वह फसल पूर्व में नहीं उगाई गई थी अथवा अनुकूल वातावरण में नहीं उगाई गई थी।

(v) फसल उपज का विश्लेषणः निरूपण मॉडल विभिन्न फसलों में जलवायु-निर्धारित उपज के लिए भी उपयोग किए जाते हैं। मॉडलिंग के द्वारा उपज कमी के विभिन्न गैर-जलवायु कारणों (जैसे, देरी के कारण उपज की मात्रा का ठहराव, बुवाई, फसल की कटाई, मिट्टी की उर्वरता, कीट और रोग) का आंकलन भी संभव हो पाता हैं। निरूपण मॉडल बदलते मौसम के रुझानों, आनुवांशिक कारकों के कारण उपज लाभ पर प्रभाव को अलग अलग भागों में विभाजित करने में उपयोगी होते हैं।

(vi) जलवायु परिवर्तन के प्रभाव का आंकलनः जलवायु परिवर्तन के संभावित प्रभावों के आंकलन करने के लिए फसल मॉडलों के अनुप्रयोग इन दिनों पूरे विश्व में हो रहे है।

कार्बन डाइऑक्साइड और अन्य ग्रीनहाउस गैसों की सांद्रता के बढ़ने से पृथ्वी के तापमान में वृद्धि होने की उम्मीद है। फसल का उत्पादन प्रत्यक्षत: वैश्विक जलवायु में किसी भी प्रकार के बदलाव से प्रभावित होता है। विभिन्न फसल कार्यिकी जैसे प्रकाश संश्लेषण, पौधों की वृद्धि, प्रजनन, जल उपयोग आदि पर जलवायु परिवर्तन के प्रभावों का आंकलन करने के लिए फसल मॉडलों का उपयोग किया जाता है।

(vii) **सर्वश्रेष्ठ प्रबंधन पद्दति का चुनाव करना:** यह सुनिश्चित करने के लिए कि किसी क्षेत्र विशेष के लिए सर्वोत्तम प्रबंधन क्या होना चाहिए, इसको निर्धारित करने के लिए फसल मॉडलस का उपयोग किया जा सकता है।

(viii) **उपज का पूर्वानुमान:** वास्तविक फसल से पहले फसल की उपज का सटीक आंकलन या अनुमान शोधकर्ता और किसान दोनों के लिए महत्वपूर्ण हैं। इसके लिए फसल मॉडल के माध्यम से विशेष क्षेत्र के फसल व मौसम सम्बन्धी वास्तविक आंकडों का उपयोग करके पता लगाया जा सकता है।

(ix) **एक नई फसल विविधता का प्रजनन और परिचय:** फसल के किसी किस्म का विकास एक जटिल प्रक्रिया है जो प्राय: 5 से 15 वर्षो में संपन्न होती है । मॉडलिंग सिस्टम दृष्टिकोण के द्वारा कृषि पारिस्थितिकी तंत्र के विभिन्न घटकों को एकीकृत एवं समन्वित करके नवीन विकसित किस्म का बहुस्थानीय क्षेत्रों में परिक्षण किया जा सकता है । इस तरह के अध्ययनों से आवश्यक क्षेत्रों / गौरागों की संख्या को कम करने में मदद मिल सकती है और इस प्रकार प्रक्रियात्मक विकास की दक्षता में वृद्धि भी होती है।

8.18 कृषि मौसम विज्ञान में फसल विकास मॉडल का उपयोग

कृषि मौसम विज्ञान में निम्नलिखित स्थितियों के तहत मांगों को पूरा करने के लिए फसल विकास मॉडल विकसित किए जा रहे हैं।

1. जोखिम भरे जलवायु तथा अनुपयोगी मृदा में फसलों का प्रबंधन काफी चुनौतीपूर्ण होता है। ऐसे परिस्थितियों में फसल मॉडल का उपयोग करके फसल के लिए एकीकृत दृष्टिकोण अपनाया जा सकता है।
2. कृषि निर्णय और कृषि प्रबंधन पर विकसित मॉडल का उपयोग करके एक या एक से अधिक विकल्पों का मूल्यांकन किया जा सकता हैं जैसे: निर्धारित उचित रोपण तिथि, मौसम के जोखिम का मूल्यांकन, निवेश के फैसले इत्यादि।

8.19 सीमाएं (Limitations)

अनेक सुविधाओं के बाद भी फसल मॉडल की कुछ सीमाएं है जो इनके व्यापक प्रसार और उपयोग को सीमित करता है।

(i) फसल मॉडल के द्वारा मॉडलिंग करने हेतु बड़ी मात्रा में आदान आंकडों की आवश्यकता होती जो इसकी उपयोगिता के लिए इसकी सीमाओं को निर्धारित करता है क्योकि इसके

सभी उपयोगकर्ता के पास इसे चलाने हेतु बड़ी मात्रा में आदान आंकडों की उपलब्धता नहीं होती है।

(ii) इसके उपयोग के लिए आवश्यक कुशल जनशक्ति, कंप्यूटर और कंप्यूटर की भाषा का अच्छा ज्ञान भी आवश्यक होता है, इसके अतिरिक्त फसल मॉडलिंग के लिए बहु-विषयक ज्ञान की आवश्यकता है, जो हर किसी के पास नहीं होता है।

(iii) कोई भी मॉडल जैविक प्रणालियों की सभी मौजूदा जटिलता को ध्यान में नहीं रख सकता है। इसलिए सिमुलेशन परिणाम में त्रुटियां हैं।

(iv) किसी विशिष्ट क्षेत्र के लिए विकसित मॉडल का उपयोग किसी अन्य क्षेत्र में नहीं किया जा सकता है।

(v) एक मॉडल का उपयोग करने से पहले उचित मापदंडों और अंशांकन की आवश्यकता होती है।

(vi) मॉडल फसलों में कीटों, बीमारियों तथा खरपतवार से होने वाले नुक्सान का उचित आंकलन नहीं करता है।

(vii) उर्वरकों में नत्रजन और कार्बन के अतिरिक्त अन्य पोषक तत्वों का प्रतिनिधित्व नहीं है।

पाठ्य मूल्यांकन

I. रिक्त स्थान भरें

1. सर्वप्रथम .... ने 1960 फसल मॉडल बनाने का प्रयास किया था।
2. सर्वाधिक फसल मॉडल .... फसल के लिए उपलब्ध है।
3. फसल मॉडल के उपयोग से पूर्व .... आवश्यक होता है।
4. जलवायु परिवर्तन के फसल पर प्रभाव के आंकलन हेतु .... फसल मॉडल की आवश्यकता होती है।
5. फसल मॉडल द्वारा .... उर्वरक के संतुलन और वितरण को ज्ञात नहीं किया जा सकता।

II. सत्य अथवा असत्य बताएं

1. सर्वप्रथम विकसित फसल मॉडल WOFOST है
2. OVERVIEW-Out फसल मॉडल की आउटपुट फाइल नहीं है।
3. अनुसन्धान हेतु सभी मॉडलों का उपयोग किया जा सकता है।
4. FILEW फसल मॉडल की मृदा सम्बन्धी आंकड़ों की इनपुट फाइल है।
5. व्यवहारिक फसल मॉडल में कारण और कारक का सम्बन्ध स्थापित होता है।
6. फसल मॉडल एक सॉफ्टवेयर है।
7. फसल मॉडल के अनुप्रयोग से फसल उपज का अनुमान लगाया जा सकता है।

III. लघु उत्तरीय प्रश्न

1. फसल मॉडल से आप क्या समझते है ?
2. इनपुट फाइलों के बारे में चर्चा करें।
3. फसल मॉडल के विभिन्न प्रकारों का उल्लेख करें।

IV. टिप्पणी करें

1. फसल मॉडल का महत्व
2. फसल मॉडल के विभिन्न स्तर
3. फसल मॉडल के विविध उपयोग

V. दीर्घ उत्तरीय प्रश्न

1. क्या प्रत्येक परिस्थितियों में फसल की विभिन्न अवस्थाओं का आंकलन फसल मॉडल से संभव है, विवेचना करें।
2. फसल मॉडलों की सीमाओं के बारे में विस्तार से व्याख्या करें।
3. विभिन्न प्रकार के फसल मॉडलों की व्याख्या करें।

अध्याय

9

भू-सूचना विज्ञान

अध्ययन उद्देश्य

(i) प्रस्तुत अध्याय में भू-सूचना विज्ञान का मौलिक परिचय तथा विभिन्न प्रकार के भू-स्थानिक प्रौद्योगिकियों के बारे में चर्चा की गई है।

(ii) इस अध्याय में भू-सूचना विज्ञान के कृषि में विभिन्न उपयोगों की चर्चा की गई है।

(iii) प्रस्तुत अध्याय में भू-सूचना विज्ञान के प्रमुख अनुप्रयोगों जैसे फसल उपज निगरानी, उपज मानचित्रण, फसल उपज अनुमान, मृदा मानचित्रण, एवं उर्वरक अनुशंसा की व्याख्या की गई है।

यूरोप और अमेरिका को प्रभावित करने वाली कृषि क्रांति जो 18 वीं शताब्दी के दौरान हुये उसके बाद से खेती प्रबंधन व्यवस्था की प्रभावशीलता और दक्षता में सुधार करने के लिए प्रौद्योगिकी का उपयोग काफी बढ़ गया है। उदाहरण के लिए, 20 वीं और 21 वीं सदी के दौरान, विज्ञान और प्रौद्योगिकी के क्षेत्र में खोजों ने किसानों को अपनी उपज को अधिकतम करने के लिए अपने आदानों का प्रभावी ढंग से उपयोग करने में सक्षम बनाने की पहल शुरू किये। परिष्कृत यंत्रों, रोपण प्रथाओं, उर्वरकों के उपयोग, शाकनाशियों और कीटनाशकों इत्यादि के उपयोग से इन उन्नतियों को बहुत सहायता मिली है। हालांकि वर्तमान समय में, बड़े पैमाने पर खेती की सफलता भौगोलिक सूचना प्रौद्योगिकी पर अत्यधिक निर्भर करती है, जिसे सटीक खेती के रूप में जाना जाता है।

सुदूर संवेदी तकनीक के विकास के साथ-साथ इसकी दोहराव और विस्तृत देखने की क्षमताओं ने बड़े पैमाने पर कृषि फसलों की निगरानी करने की हमारी क्षमता में काफी सुधार किया है। भू-आधारित सुदूर संवेदी और अन्य भू-स्थानिक विज्ञानों के साथ उपग्रह सुदूर संवेदी; विभिन्न भू-अनुशासनात्मक समस्याओं को संबोधित करते हुए उपयोगी भू-स्थानिक संचालन और कार्य करने में असीम क्षमता और लाभ प्रदान करते हैं।

भू-सूचना विज्ञान को मोटे तौर पर स्थानिक सूचना, इसके अधिग्रहण, इसकी योग्यता और वर्गीकरण, इसके प्रसंस्करण, भंडारण और प्रसार के माध्यम से प्रौद्योगिकी और विज्ञान के संयोजन के रूप में परिभाषित किया जा सकता है। भू-सूचनात्मक प्रक्रिया स्थानिक और गैर स्थानिक आंकडों का एकत्रीकरण, इसके प्रसंस्करण तथा इससे जानकारी उत्पन्न करने के लिए एक एकीकृत उपकरण है। भू-सूचना विज्ञान सुदूर संवेदन, भूमंडलीय स्थानीक प्रणाली (जीपीएस), भौगोलिक सूचना प्रणाली (जीआईएस) और रिलेशनल आंकडें बेस मैनेजमेंट सिस्टम (आरडीबीएमएस) जैसे मॉड्यूलों का एक उपयुक्त सम्मिश्रण है।

9.1 भू-स्थानिक प्रौद्योगिकियाँ (Geospatial Technologies)

यह कई प्रौद्योगिकियों का एकीकृत स्वरूप है, जिससे आकड़ों के प्रबंधन संबंधित अनेक कार्य किये जाते है (चित्र 9.1)। इसमें सम्मिलित सबसे आम प्रौद्योगिकियों हैं तथा इनके विस्तृत चर्चा अन्य अध्यायों में की जा चुकी है-

- **सुदूर संवेदनः** अंतरिक्ष और हवाई कैमरे और संवेदक प्लेटफामों (उपग्रहों, हवाई, यूएवी, स्थलीय सेंसर) से एकत्र की गई छवियों और आंकडे इत्यादि का एकत्रीकरण इससे संभव हो पाया है, साथ ही साथ को विस्तृत क्षेत्र के लिए और बार बार एकत्र किया जा सकता है। इसमें महीन और मोटे स्तर के आकड़े भी शामिल होते है। वर्तमान में इसके द्वारा एकत्रित आकड़ें 1 मीटर या इससे भी कम स्थानिक रेजोलुसन के स्तर के व्यवसयिक या अन्य उपयोग हेतु उपलब्ध होते है।
- **भूमंडलीय स्थानीक प्रणाली (जीपीएस):** यह कई उपग्रहों का एक जालतंत्र (नेटवर्क) होता है, जो सटीक समन्वय स्थान की जानकारी सैन्य उपयोगकर्ताओं के साथ नागरिक को प्रदान करता है।
- **भौगोलिक सूचना प्रणाली (जीआईएस):** सभी प्रकार के स्थानिक या भौगोलिक आकड़ों को एकत्रित, विश्लेषण, प्रबंधन और प्रस्तुत करने के लिए डिजाइन किया गया प्रणाली है। यह प्रणाली सुदूर संवेदन, भूमंडलीय स्थानीक प्रणाली या अन्य आकड़ों को समय के अन्य आयामों के साथ प्रमुख सूचकांक चर के रूप में उपयोग करता हैं।

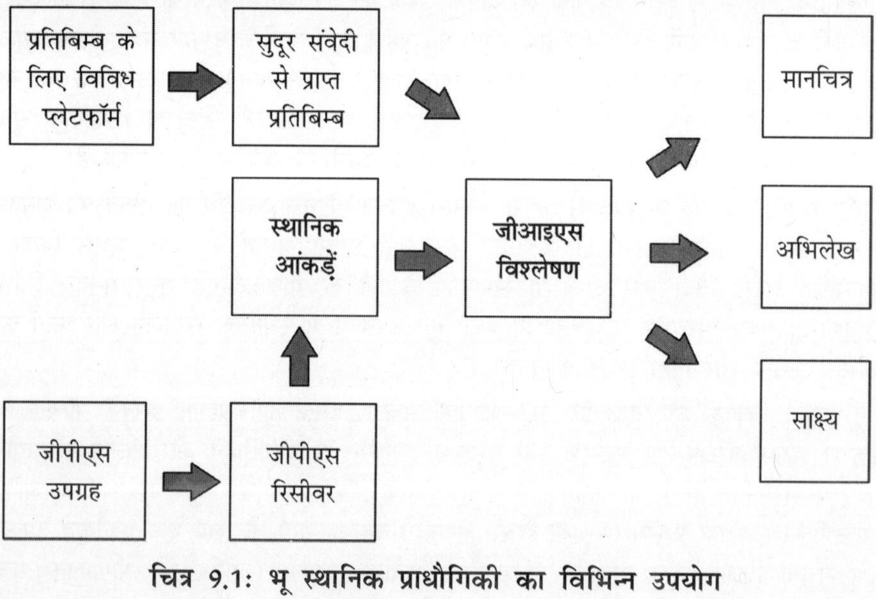

चित्र 9.1: भू स्थानिक प्राधौगिकी का विभिन्न उपयोग

9.2 भू-स्थानिक प्रौद्योगिकियों (Geospatial Technologies) के कृषिगत उपयोग

इस तकनीक का कृषि के निम्न क्षेत्रों में उपयोग हो रहा है-

(i) कृषि जलवायु में
(ii) सटीक कृषि में
(iii) संरक्षण कृषि में
(iv) पानी, भूमि और अन्य आदानों सहित और संसाधनों के अनुकूलित उपयोग में
(v) आदानों के अधिक सटीक उपयोग के माध्यम से उत्पादकता सुधार करने में
(vi) कीट और बीमारियों और जलवायु परिवर्तन के कारण कृषि जोखिम को कम करने में
(vii) जोखिम को कम करते हुए खेत की आय में समग्र सुधार करने में

9.3 भू-स्थानिक प्रौद्योगिकी की सटीक कृषि में भूमिका

जीआईएस-जीपीएस-आरएस प्रौद्योगिकियों का उपयोग सटीक खेती / स्थान-विशिष्ट फसल प्रबंधन के लिए किया जाता है। जीआईएस विश्लेषणात्मक क्षमताएं चर मापदंडों को मापती हैं जो कृषि उत्पादन को प्रभावित कर सकती हैं। इसके अतिरिक्त इस तकनीक का उपयोग उपज परिवर्तनशीलता और फसल परिवर्तनशीलता (जैसे, घनत्व, ऊंचाई, पोषक तत्व और पानी का तनाव, क्लोरोफिल सामग्री) का निरीक्षण करने और मृदा के रासायनिक और भौतिक गुणों के भौतिक कारकों का मापन करने के लिए किया जाता है। विसंगति कारक (जैसे, खरपतवार, कीट और रोग संक्रमण, पवन क्षति) कारकों का मापन और विभिन्न प्रबंधन तरीकों में विविधताएं (जैसे, जुताई की प्रथाएं, फसल बोने की दर, उर्वरक और कीटनाशक अनुप्रयोग, सिंचाई पैटर्न और आवृत्ति) का आंकलन इत्यादि भी भू-स्थानिक प्रौद्योगिकी की सहायता से संभव है।

9.4 भारत में भू स्थानिक प्रौद्योगिकियों की स्थिति

भारत ने भू-स्थानिक प्रौद्योगिकियों के उपयोग में अच्छा प्रदर्शन किया है, यहां कुछ महत्वपूर्ण उपयोगों और उपलब्ध संसाधनों का वर्णन किया गाया है:

(i) इन तकनीक का उपयोग भारत के कई संस्थान (नासा-इसरो-एमओए) अन्य संस्थानो के साथ मिल कर कर रहे है तथा इसके माध्यम से कृषि के लिए बिगत कई बर्षो से आकड़े संग्रहीत हो रहे है।
(ii) भारत में इस तकनीक के उपयोग हेतु मजबुत सूचना प्रौद्योगिकी (आईटी) उपलब्ध है।
(iii) इस क्षेत्र को समर्थन देने हेतु सरकार ने मजबूत नीतियां बनाई है।
(iv) इस तकनीक का उपयोग प्रमुख राष्ट्रीय स्तर के कार्यक्रमों में हो रहा है, जेसै-FASAL (अंतरिक्ष, कृषि मौसम और भूमि का उपयोग करके कृषि उत्पादन का पूर्वानुमान)
(v) राष्ट्रीय कृषि सूखा मूल्यांकन और निगरानी प्रणाली (NADAMS) में इस तकनीक का उपयोग किया जा रहा है।

(vi) भू-सूचना का समन्वित उपयोग बागवानी मूल्यांकन और प्रबंधन में किया जा रहा है।

(vii) अंतरिक्ष प्रौद्योगिकी और भू-सूचना विज्ञान का उपयोग कर फसल बीमा में किया जा रहा है।

(viii) कृषि उद्देश्यों के लिए भू-स्थानिक आंकडें संग्रह, विश्लेषण और व्याख्या में किया जा रहा है।

(ix) भूमि को प्रबंधन क्षेत्र में विभाजित करने में किया जा रहा है। इस भूमि का विभिन्न भागों में विभाजन मुख्य रूप मिट्टी के प्रकार,पीएच दर, कीट संक्रमण,पोषक तत्व की उपलब्ध ता, मृदा नमी, प्रजनन आवश्यकताओं, मौसम पूर्वानुमान, फसल की विशेषताएँ और संकरण प्रतिक्रियाओं पर निर्भर करता है।

9.5 फसल और उनका प्रकाश परावर्तन

हरी वनस्पतियों की वर्णक्रमीय विशेषताओं में मुख्य ध्यान देने योग्य विशेषताएं हैं कि दृश्य भाग के वर्णक्रम में दो घाटियां पौधे में निहित पिगमेंट द्वारा निर्धारित की जाती हैं। क्लोरोफिल हरे पौधों में प्राथमिक प्रकाश संश्लेषक वर्णक है तथा यह नीले (0.4-0.5 माईक्रो मीटर) और लाल (0.68 माईक्रो मीटर) क्षेत्रों के प्रकाश को अवशोषित करता है, जिसे क्लोरोफिल अवशोषण बैंड के रूप में भी जाना जाता है। मानव की आँख को स्वस्थ वनस्पति इसी कारणं हरे रंग के रूप में दिखाई देता है। जब कभी पौधे तनाव के अधीन होते है तो उसके कारण सामान्य विकास और क्लोरोफिल उत्पादन में बाधा उत्पन्न होती है, और इसके कारण लाल और नीले क्षेत्रों में कम अवशोषण होता है और लाल तरंग में परावर्तन की मात्रा बढ़ जाती है।

स्वस्थ वनस्पति में 0.7 माईक्रो मीटर पर प्रकाश परावर्तन में तेजी से वृद्धि होती है जो किसी स्वस्थ पौधे का वर्णक्रमीय परावर्तन हस्ताक्षर कहलाता है। किसी पौधे का पत्ता स्वाभाविक रूप से 0.7 और 1.3 माईक्रो मीटर के बीच निकट अवरक्त (NIR) किरण को 40 से 60 प्रतिशत तक परावर्तित करे देता है, बाकी को वापस अन्तरिक्ष में भेजा देता है तथा मात्र 5 प्रतिशत को अवशोषित करता है। निकट अवरक्त (NIR) किरण में यह उच्च परावर्तन पत्तियों के मेसोफिल की अंतरकोशिका के अंदर के आयतन में प्रकाश के प्रकीर्णन के कारण होता है। पौधे की पत्तियों में संरचनात्मक बनावट में परिवर्तनशीलता के कारण दृश्यमान प्रकाश क्षेत्र में समान दिखाई देने वाली प्रजातियों भी निकट अवरक्त (NIR) किरण में अलग अलग दिखाई देती है। वनस्पति पर आपतित ऊर्जा 1.3 माईक्रो मीटर से परे, काफी हद तक अवशोषित या परावर्तित होती है या ऊर्जा के बहुत कम भाग अन्तरिक्ष में भेजा जाता है। तीन मजबूत जल अवशोषण बैंड लगभग 1.4, 1.9, और 2.7 माईक्रो मीटर पर पाये जाते हैं और इसका उपयोग फसलों में उपस्थित जल सग्रह के आकलन हेतु किया जाता है (चित्र 9.2)।

खेत में लगें फसल कैनोपी का वर्णक्रमीय हस्ताक्षर अधिक जटिल होते हैं और अक्सर सावधानीपूर्वक नियंत्रित रोशनी की स्थिति के तहत मापी गई किसी हरी पत्तियों के पत्तों से काफी भिन्न होते हैं। यह पाया गया है कि पूरे फसल अवधि के दौरान में पत्तीयों वर्णक्रमीय गुण काफी स्थिर होते हैं, परंतु फसलों के चंदवा का वर्णक्रमीय गुण मृदा और वनस्पतियों के सापेक्ष में बदल जाता है और जो पौधों के संरचनात्मक बनावट में बदलाव के अनुरूप अलग-अलग होती है।

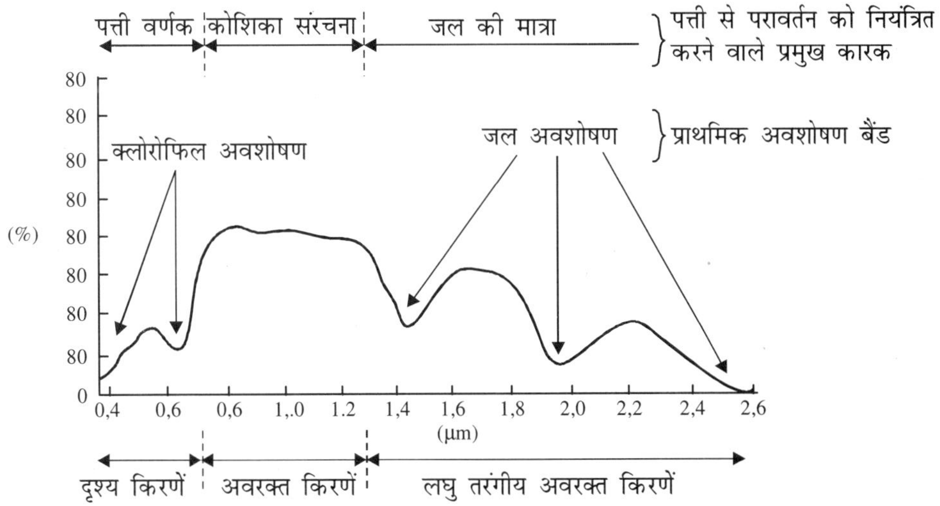

चित्र 9.2: वनस्पति का विभिन्न प्रकाश वर्णक्रम का परावर्तन और अवशोषण

प्रजातियों में विभिन्नता के लिए स्थानिक और वर्णक्रमीय दोनों जानकारी आवश्यक होते है। अति सूक्ष्म वर्णक्रमीय (हाइपरस्पेक्ट्रल) आकड़ों के द्वारा फसलों के बारे में विस्तार से जानकारी प्राप्त की जा सकती है, जिसके उपयुक्त बैंड का चुनाव करना आवश्यक है, क्योंकि सूक्ष्म बैंड (नैरोबैंड) में वनस्पति सूचकांक के सहायता से कृषि फसलों के जैव भौतिकी और जैव रासायनिक गुणों का मानचित्रण करने में महत्वपूर्ण भूमिका निभाता है। स्थानिक और वर्णक्रमीय सुविधा के संयोजन का उपयोग फसलों के प्रकारों में भेदभाव करने के लिए प्रभावी रूप से किया जा सकता है, परंतु अति सुक्ष्म वर्णक्रमीय से प्राप्त छवियाँ कभी भी अच्छे स्थानिक रेजोल्यूशन की नहीं होने के कारण उचित स्थानिक जानकारी देने में सक्षम नहीं होती हैं। अत: बेहतर सूचना निष्कर्षण अर्थात फसल पहचान के लिए दोनों प्रकार के अच्छे स्थानिक रेजोल्यूशन और अति सूक्ष्म वर्णक्रमीय छवियों दोनों का उपयोग करने की आवश्यकता होती है।

9.6 फसल पहचान

वनस्पतियों की वर्णक्रमीय विशेषताओं के पैटर्न पहचान तकनीकों का उपयोग कर इससे प्राप्त वर्णक्रमीय आंकडे को संगठक प्रारूप में उपयोग करके वर्णक्रमीय परावर्तन हस्ताक्षर की सहायता से फसल प्रजातियों की पहचान जा सकती है। फसल प्रजातियों की पहचान के कार्य में एक महत्वपूर्ण बिंदु फसल की वृद्धि के विभिन्न चरण है, जो भौगोलिक क्षेत्र द्वारा प्रभावित होते है, जिसका फसल की परिपक्वता अवधि में परिवर्तन से संबंध होता है। विशेष फसल प्रजातियों की पहचान और मानचित्रण के लिए पर्याप्त और सटीक जमीनी आकड़ों के संग्रहण के साथ साथ संगठक के द्वारा इसको कार्यान्वित विश्लेषण के लिए एक प्रशिक्षण सेट की आवश्यकता होती है। फसल के विकास निगरानी के लिए तथा फसल की उपज का अनुमान लगाने हेतु स्थानिक जानकारी प्रदान करने के लिए सुदूर संवेदी आकड़ों का उपयोग किया जाता है।

इस प्रकार से विभिन्न प्रमुख फसलों की पहचान की जा सकती है जो फसलों के वर्णक्रमीय हस्ताक्षर निष्कर्षण की अवधारणा के परीक्षण के आधार पर किया जाता है। कई प्रकार की फसलों

की उपज का अनुमान लगाने के लिए सुदूर संवेदी पर आधारित विभिन्न सूचकांक का उपयोग किया जाता हैं, जिसकी चर्चा अध्याय 3 और 6 में की गई है। उदाहरण के लिए, सामान्यीकृत अंतर वनस्पति सूचकांक (NDVI) का उपयोग फसलों की उपज का अनुमान लगाने के लिए किया गया है । हालांकि, सुदूर संवेदी के साथ उपज के आकलन की अपनी सीमाएं भी हैं जिसका मुख्य कारण NDVI और फसल बायोमास के बीच अप्रत्यक्ष संबंध तथा संवेदक के स्थानिक विग्रह तथा कवरेज की दोहराने की क्षमता में कमी रहने के कारण होता है। इस तरह की विविधताएं आम तौर पर विशेष रूप से कृषि फसलों के बारे में जमीनी आकड़े प्राप्त करने में उपयोग की जाती हैं।

9.7 फसल के प्रकार का वर्गीकरण (Crop Type Discrimination)

फसल में भेदभाव हेतु सर्वप्रथम किसी उपग्रह से प्राप्त छवि को मानक ज्यामितीय सुधार प्रक्रियाओं से गुजरना पड़ता है। इस सुधार के बाद, जीआईएस का उपयोग फसल की क्षेत्रफल के आंकलन और पहचान के लिए किया जाता है। फसल और मिट्टी के स्थानिक वितरण का निर्धारण करने के लिए नमूने का चयन नमूना क्षेत्र से किया जाता है। फसल की जानकारी के लिए प्रक्षेत्र से प्राप्त या अन्य एकत्रित सूचना की सहायता ली जाती जो एक पूरक का कार्य करते है। जीपीएस उपकरण और मोबाइल मैपिंग अनुप्रयोगों के साथ विभिन्न खंडों में से प्रत्येक में विभिन्न फसलों की पहचान की जाती है। इस प्रकार प्रक्षेत्रीय आकड़े का फसल पहचान के संबंध में भू-संदर्भ करने के लिए अतिव्यापी उपग्रह दृश्यों का भी उपयोग किया जाता है। बहु वर्णक्रमीय छवियों से वर्णक्रमीय हस्ताक्षर जो किसी फसल विशेष के लिए होते है उसका चुनाव किया जाता है उसके बाद वर्णक्रमीय वर्गो आधारित अंकीय वर्गीकरण किया जाता है। इस वर्गीकरण प्रक्रिया में दो एल्गोरिदम अधिकतम संभावना और न्यूनतम दूरी का उपयोग किया जाता है।

फसल वितरण का मानचित्रण अंकीय वर्गीकरण के माध्यम से प्राप्त किया जाता है और बहु वर्णक्रमीय उपग्रह चित्रों का उपयोग करके फसल वर्ग पृथक्करण का कार्य फसलों के विकास और विकास के विभिन्न चरणों के अनुरूप होता है। फसल वर्गीकरण की सटीकता से संबंधित वर्गीकरण वास्तविकता का निर्धारित करने के लिए भ्रम मैट्रिक्स और कप्पा गुणांक का उपयोग किया जाता है।

फसल प्रकार भेदभाव प्रक्रिया में फसल की वर्णक्रमीय विकिरण के स्थानिक और सामयिक परिवर्तनशीलता का विश्लेषण की प्रतिक्रियाएं भी सम्मिलित होती हैं। इस तरह की प्रक्रिया में, आयाम और सामयिक परिवर्तनशीलता की वर्णक्रमीय प्रतिक्रिया का मूल्यांकन किया जाता है। अंत में, इन विविधताओं का उपयोग सतह आवरण पर जानकारी प्राप्त करने के लिए किया जाता है, जो या तो एक वर्गीकरण प्रोटोकॉल या मॉडल आधारित एक तकनीकी आधारित संख्यात्मक मॉडलिंग दृष्टिकोण का उपयोग सूचकांक आधारित अनुकूलन प्रक्रिया के माध्यम से किया जाता है। इसके समानांतर में वनस्पति की वृद्धि अवधी व फसल संबंधी कैलेंडर से प्राप्त परिणाम के अनुप्रयोग की सहायता के द्वारा फसल के प्रकार के भेदभाव के लिए किया जाने वाला महत्वपूर्ण कदम है।

9.8 फसल उपज निगरानी

विशेष रूप से वार्षिक फसलों के लिए, उनके छोटे जीवन चक्र के कारण, सुदूर संवेदी के लिए महत्वपूर्ण पहलू यह है कि उन्हें विकास के विभिन्न चरणों में कैसे विभाजित किया जाये। विभिन्न

फसलें अपने प्रकृति अंकुरण, फुटाव, फूल, दाने बनना, पकने के अनुसार अलग-अलग ध्वन्यात्मक विशेषताओं और समय दर्शाती हैं। यहां तक कि एक ही फसल और बढ़ते फसल अवधि के लिए, प्रत्येक कायिकी चरण की अवधि और परिमाण विभिन्न किस्मों के बीच भिन्न हो सकते हैं। छवि प्रणाली एकत्रित आकड़े के साथ फसल प्रकार अन्तर के लिए इन आकड़ों में परिवर्तनशीलता देखी गई हैं। अति सुक्ष्म वर्णक्रमीय (हाइपरस्पेक्ट्रल) आकड़ें का उपयोग करके कृषि फसलों को बेहतर ढंग से एकत्रित, वर्गीकृत, मॉडलिंग और मैप किया जा सकता है। रिमोट सेंसिंग का उपयोग करके फसल उपज मॉडल के लिए कुल प्रवाह आरेख को चित्र 9.3 में दिखाया गया है, इसके तीन मुख्य चरण होतें है।

चरण 1: सुदूर संवेदी आंकडे और प्रक्षेत्र सर्वेक्षण के आंकडे प्राप्त करना

चरण 2: एकत्र किए गए आकडों का पूर्व-प्रसंस्करण और विश्लेषण

चरण 3: प्रस्तावित मॉडल का डिजाइन और परिणाम प्राप्त करना

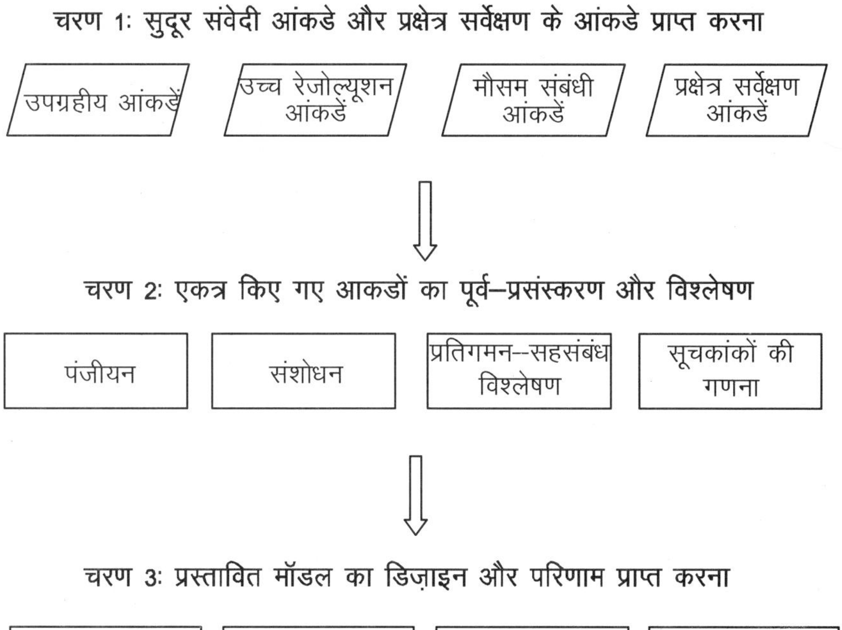

चित्र 9.3: सुदूर संवेदी का उपयोग करके फसल उपज मॉडल के लिए समग्र प्रवाह आरेख

कभी-कभी इस कार्य को करने हेतु संगणक, संग्राहक, या उपज मॉनिटर के रूप में संदर्भित किया जाता है; तथा भू स्थानिक प्रौद्योगिकी का यह भाग मॉनिटर भी है जो कंबाइन या ट्रैक्टर की कैब में स्थित है। उपकरण के अलग अलग भाग कई अलग-अलग उद्देश्यों को पूरा करते है, हालांकि इसका मुख्य कार्य विभिन्न ऑनबोर्ड संवेदकों द्वारा एकत्रित की गई जानकारी को प्रदर्शित करना है, जिससे ऑपरेटर को वास्तविक समय में विभिन्न नमी के स्तर, फसल की उपज और बहुत कुछ

पता चल सके। ये मॉनिटर मेमोरी को स्टोर करने के साथ-साथ मेमोरी को लैपटॉप या होम कंप्यूटर में ट्रांसफर करने की भी क्षमता रखते हैं। मेमोरी द्वारा आकड़ों के स्थानांतरण से इनका विश्लेषण अधिक सुगम हो जाता है, साथ ही साथ उपज निगरानी प्रणाली द्वारा एकत्र किए गए आकड़ों की व्याख्या करने के लिए अधिक सॉफ्टवेयर का उपयोग करने की क्षमता भी प्रदान करता है। इसके विभिन्न चरणों का वर्णन निम्न है:

यह तीन बहुत ही सरल चरणों में काम करता है: अनाज को काटा जाता है और अनाज लिफ्ट में डाला जाता है जिसमें संवेदक लगे होते हैं जो अनाज की नमी को पढ़ते हैं। उस प्रक्रिया के बाद चूंकि अनाज को होल्डिंग टैंक में पहुंचाया जाता है, इसलिए लगे संवेदक अनाज की उपज की निगरानी करते हैं। इन दोनों संवेदक द्वारा प्राप्त जानकारी कंबाइन वाहन पर लगे संगणक को भेजी जाती है और इसके स्क्रीन पर प्रदर्शित की जाती है, साथ ही, सूचना भू-संदर्भित होती है, इसलिए इसका नक्शा बनाने मे उपयोग किया जा सकता है । किसानों को उपज निगरानी तकनीक का उपयोग करने के कई लाभ हैं, हालांकि एक मुख्य लाभ यह है कि यह किसान को अपने क्षेत्र के बारे में सटीक और अक्सर भू-संदर्भित आकड़े देने में मदद करता है। इसमें मशीन द्वारा प्राप्त आकड़ों के प्रसंस्करण संगनक जी आई एस और जीपीएस की सहायता से उपज नक्शे बनाता है । उपज नक्शे के आकड़े तथा इसके प्रसंस्करण एक कंबाइन जिसमें एक वाहन संग्रहण प्रणाली होता है जो उपज संग्रहण प्रणाली के साथ एकीकृत होता है, द्वारा उत्पन्न किए जाते हैं। मैसी फर्ग्यूसन एक व्यावसायिक उपज मानचित्रण हेतु कंबाइन बनाने वाली पहली कंपनी थी। इस कंबाइन में एक डिफरेंशियल ग्लोबल पोजिशनिंग सिस्टम (DGPS) लगा होता है, जिसे वाहन की छत पर लगे GPS रिसीवर और इंजन के ऊपर के एरियल से पहचाना जा सकता है। कंबाइन से प्राप्त आकड़ों की एक आउटपुट फाइल को इसके प्रत्येक बिंदु को उसके संबंधित देशांतर और अक्षांश के साथ प्रत्येक 1.2 सेकंड में दर्ज करके इन आकड़ों के समुह को विभिन्न भू-सांख्यिकीय तकनीकों द्वारा उपज मानचित्र में संसाधित किया जा सकता है ।

9.9 उपज निगरानी के मौलिक तत्व

उपज निगरानी के मौलिक तत्व संगणक, संग्राहक, कंबाइन या ट्रैक्टर, जीआईएस, जीपीएस मॉडल,साफ्टवेयर तथा ऑनबोर्ड संवेदक है। तकनीक और उपकरण के ये विभिन्न भाग कई अलग-अलग उद्देश्यों को पूरा करता है, हालांकि इसका मुख्य कार्य विभिन्न ऑनबोर्ड सेंसर द्वारा एकत्रित की गई जानकारी को प्रदर्शित करना है, जिससे ऑपरेटर को वास्तविक समय में विभिन्न नमी के स्तर, फसल की उपज और बहुत कुछ पता चल सके। ये मॉनिटर मेमोरी को स्टोर करने के साथ-साथ मेमोरी को लैपटॉप या होम कंप्यूटर में ट्रांसफर करने की भी क्षमता रखते हैं। उपज निगरानी में उपयोग होने वाले मॉडल के बीच भिन्नताएं होती हैं, जो उपज निगरानी प्रक्रिया में उपयोग किए जाते हैं। उपज निगरानी प्रक्रिया के प्रमुख घटक का वर्णन किया गाया है।

9.9.1 द्रव्यमान प्रवाह (Mass Flow) संवेदक

द्रव्यमान प्रवाह एक ऐसा संवेदक है जो अनाज की उपज निगरानी करने के लिए पर्याप्त जानकारी प्रदान करने में मदद करता है। द्रव्यमान प्रवाह संवेदक एक भार सेल का उपयोग करके यह साफ अनाज को लिफ्ट के सहारे शीर्ष पर पहुँचाने में मदद करता है। जब कटे हुए अनाज को कंबाइन

में डाला जाता है, तो वह भार सेल के खिलाफ प्रवाहित होता है जिससे विद्युत संकेत उपज मॉनिटर पर प्रदर्शित हो जाता है। उपज मॉनिटर इस रीडिंग का उपयोग यह निर्धारित करने के लिए करता है कि किस समय पर कितना अनाज कंबाइन में डाला जा रहा है। यह संवेदन विधि बहुत आम है, हालांकि अन्य विभिन्न तरीकों का भी उपयोग किया जाता है।

9.9.2 नमी संवेदक

अनाज में नमी होती है और कटाई के समय में नमी की जानकारी होने से किसान के लिए फसल की कटाई, भंडारण और सूखने के बारे अत्यंत मूल्यवान जानकारी प्राप्त की जा सकती है। नमी संवेदक तब काम करता है जब अनाज दो प्रवाहकीय सतहों के बीच में चलता है, जो मापता है कि अनाज कितना विद्युत चार्ज संग्रहीत कर सकता है। नमी संवेदक को विभिन्न स्थान पर स्थापित किया जा सकता है। किसान अनाज के नमी की जानकारी से अपनी फसल के लिए एक सटीक बाजार मूल्य प्राप्त करने में सक्षम होते हैं।

9.9.3 जीपीएस संग्राहक

GPS रिसीवर (ग्लोबल पोजिशनिंग सिस्टम रिसीवर) एक सुदूर संवेदक होता है जो विभिन्न प्रकार के आकड़ों के विभिन्न भागों को मापता है, जिसमें वाहन तथा इसपर लगे उपकरण की स्थित, इसकी गति, ऊंचाई और बहुत कुछ शामिल है। जीपीएस रिसीवर एक प्राथमिक घटक है जो भू-संदर्भित आकड़ों को संग्रहित करने में मदद करता है, फिर उसे फिर ऑनबोर्ड संगणक पर भेजता है जो संगणक में संग्रहीत अन्य स्थानिक जानकारीयों से जोड़ता है। जीपीएस रिसीवर की सहायता से ग्राफ और चार्ट के द्वारा उपज निगरानी आकड़ों को मानचित्रों में बदलने में मदद करता है।

9.10 उपज मानचित्रण की अवधारणा

फसल की कटाई के समय तकनीकों तथा उपकरणों के माध्यम से तत्काल फसल उपज का नक्शा फसलों के विशेषताओं सहित स्थानिक विभिन्ता के अनुसार बनाना है। एक अनाज उपज मानचित्रण प्रणाली के बुनियादी घटकों में निम्न शामिल हैं :

(i) **अनाज प्रवाह संवेदकः** इसके द्वारा कटे हुए अनाज की मात्रा निर्धारित की जाता है

(ii) **अनाज नमी संवेदकः** इसके द्वारा कटे हुए अनाज की नमी की परिवर्तनशीलता का आंकलन किया जाता है।

(iii) **स्वच्छ अनाज लिफ्ट गति संवेदकः** इसके द्वारा मानचित्रण प्रणाली का उपयोग अनाज प्रवाह माप की सटीकता के लिए होता है।

(iv) **जीपीएस एंटीनाः** इसके द्वारा उपग्रह से संकेत प्राप्त किया जाता है ।

(v) **जीपीएस रिसीवर के साथ उपज मॉनिटर डिस्प्लेः** यह स्थानिक आकड़े को उनके देशांतर और अक्षांश (जियोरफेरेंस) के साथ संग्रहीत करता है।

(vi) **हेडर स्थिति संवेदकः** घुमाव के दौरान लॉग किए गए मापों को अलग करता है

(vii) **यात्रा गति संवेदकः** एक निश्चित समय अंतराल के दौरान कंबाइन की दूरी को निर्धारित करता है

9.11 फसल उपज अनुमान

सुदूर संवेदी विधि द्वारा फसल उपज मूल्यांकन की बहुमूल्य जानकारी प्राप्त की जा सकती है और पूरे क्षेत्र में स्थानिक भिन्नता को भी दर्शाया जा सकता है। उपज आकलन के लिए दो विधि हैं;

(i) **प्रत्यक्ष विधि:** यह विधि में उपज भविष्यवाणियों को सीधे सुदूर संवेदी माप से प्राप्त किया जाता है। प्रत्यक्ष विधि में सुदूर संवेदी द्वारा परावर्तन या थर्मल बैंड़ का उपयोग करके उपज की भविष्यवाणी की जाती है।

(ii) **अप्रत्यक्ष विधि:** इस विधि में दूरसंवेदी द्वारा प्राप्त फसल के वृद्धि और विकास के आकड़े को सिमुलेशन मॉडल में उपयोग किया जाता है और साथ ही इसे मॉडल आउटपुट की अंशाकन और समायोजिन के विभिन्न स्थितियों के लिए उपयोग किए जाते है। अर्थात दूरसंवेदी द्वारा प्राप्त आकड़ें और फसल मॉडल का संयुक्त उपयोग करके फसल उपज की भविष्यवाणी की जाती है।

फसल कटने से पहले के समय में वृद्धि होने पर उपज आकलन हेतु छवियों की उपयोगिता कम हो जाती है क्योंकि उपज को प्रभावित करने तनाव की विभिन्न प्रकृति जैसे कारकों के लिए अधिक अवसर होते हैं। भारत में चावल, सोयाबीन, गेहूं, बाजरा जैसी विभिन्न फसलों के उपज आंकलन में दोनों विधियों का सफलतापूर्वक उपयोग किया गया है। वर्णक्रमीय सूचकांकों और उपज के बीच एक सुसंगत संबंध नहीं पाये जाने के कारण यह विधि गेहूं के उपज भविष्यवाणी के लिए उतना सक्षम नहीं पाई गई। गेहूं और बाजरा में पैदावार की भविष्यवाणी करने हेतु युग्मित वर्णक्रमीय परावर्तन और थर्मल अवलोकन का उपयोग किया जाता है।

फसल पैदावार के लिए वर्णक्रमीय सूचकांकों के संबंध फसल के लिए सामान्य अनाज भरने की स्थिति पर निर्भर करते है। परंतु बर्षा आधारित ड्यूरम गेहूं के खेत के एनडीवीआई की छवियां चयनित छवि के समय के आधार पर उपज के लिए अलग-अलग सहसंबंध दिखाती हैं। इस विशिष्ट मामले में, एनडीवीआई के अनुमान से भविष्यवाणी की गई एक से भिन्न परिदृश्यों को उपज को मिट्टी की बनावट और मिट्टी में उपलब्ध पानी के परिवर्तन की स्थानिक परिवर्तनशीलता भी प्रभावित करती है।

भारत में अनेक वैज्ञानिकों ने गेहूं की पैदावार गेहूं के कटाई से 85-110 दिन पूर्व का अनुमान लगाने के लिए फसल की हरियाली और रूपांतरित वनस्पति सूचकांकों का इस्तेमाल किया है। फसल का क्षेत्रफल, फसल की पैदावार और फसल की उपज के पूर्वानुमान के आकलन के लिए उपग्रह वर्णक्रमीय आकड़े और स्थानिक नमूनाकरण मूल्यों को शामिल करने का प्रयास किया जाता रहा है। आमतौर इस तरह से फसल उपज के आंकलन हेतु मोटे रिजॉल्यूशन के उपग्रह आकड़े का उपयोग किया जाता है, जो कि सस्ता है तथा उच्च रिजॉल्यूशन की तुलना में एक बड़े क्षेत्र को कवर भी करता है। एकल सूचकांक का उपयोग करके फसल उपज अनुमान किया जाता रहा है । उपग्रह आंकडें के वर्गीकरण के लिए पर्यवेक्षित अधिकतम संभावना वर्गीकरण दृष्टिकोण का उपयोग किया गया था। वर्तमान में संकेतक क्रिगिंग द्वारा विकसित फजी (Fuzzy) वर्गीकरण पर आधारित फसल वर्गीकरण का एक नया मॉडल भी प्रचलित है। वांग और सहयोगियों ने 2014 में, मल्टी टेम्पोरल और बहु संवेदक सुदूर संवेदी आकड़ों के मिलान द्वारा गेहूं में अनाज की पैदावार और अनाज प्रोटीन

सामग्री की भविष्यवाणी के लिए सबसे अच्छा समय निर्धारित करने के लिए मॉडल का प्रस्ताव किया है।

इन जानकारियों से किसान संभावित खतरों को कम करने या संभावित अवसरों को बढ़ाने के लिए फसल की उपज और फसल संबंधी जानकारी को बेहतर ढंग से समझ पाता है। साथ ही साथ पैदावार निगरानी प्रणाली के द्वारा किसान इन सूचनाओं के अपने व्यक्तिगत संगणक पर प्राप्त कर सकता है, जिससे यह जानकारी विभिन्न प्रकार के विभिन्न स्वरूपों में उपलब्ध हो सकती है, जिसमें घर पर इसका प्रदर्शित करना या मुद्रित करना शामिल है।

9.12 मृदा मानचित्रण प्रक्रिया

मृदा मानचित्रण मिट्टी के प्राकृतिक पिंडों के परिसीमन, मानचित्रित इकाइयों में वर्गीकृत मृदाओं को वर्गीकृत करके और एक मानचित्र पर मिट्टी के स्थानिक वितरण की व्याख्या और चित्रण के लिए मिट्टी की गुणों की जानकारी एकत्रित करने की प्रक्रिया है। एक सर्वेक्षण क्षेत्र में मिट्टी और विविध क्षेत्र एक क्रमबद्ध पैटर्न में होते हैं जो भूविज्ञान, भूआकृति, स्थलाकृति, जलवायु और प्राकृतिक वनस्पति से संबंधित हैं। प्रत्येक प्रकार की मिट्टी और विविध क्षेत्र एक विशेष प्रकार के भूआकृति या भू-आकृति के एक खंड के साथ जुड़ा हुआ होता है।

सर्वेक्षण क्षेत्र में मिट्टी और विविध क्षेत्रों का अवलोकन करके और भूनिर्माण के विशिष्ट वर्गों में उनकी स्थिति से संबंधित करके, मॉडल विकसित किया जा सकता है। इस प्रकार, मानचित्रण व मॉडल की सहायता से मृदा वैज्ञानिक विविध क्षेत्र की मिट्टी परिदृश्य का सटीकता की भविष्यवाणी करने में सक्षम बनाते हैं। मिट्टी बनाने वाले कारकों द्वारा मिट्टी में अंकित किए विस्तृत पैटर्न को वृहद् से लेकर सूक्ष्म स्तर पर देखा जा सकता है। ये पैटर्न विभिन्न पैमानों पर मिट्टी की पहचान और मानचित्रण का आधार हैं। विभिन्न पैमानों पर समूह बनाने के लिए वर्गों और उपवर्गों की पदानुक्रमित प्रणालियाँ स्थापित की जाती हैं। मिट्टी का सटीक नक्शा बनाने के लिए, वैज्ञानिकों को मिट्टी के बीच की सीमाओं का निर्धारण करना होता है। कुछ मृदा की कुछ सीमाएं तेजी से बदलती हैं, जहां पर मिट्टी कुछ मीटर की या अधिक दूरी पर बदल जाती है, जबकि अन्य अधिक क्रमिक होती हैं। फिर भी, मृदा-वनस्पति-परिदृश्य संबंध की समझ से पूरित ये अवलोकन, मिट्टी के प्रकार की भविष्यवाणियों को सत्यापित करने और उनकी सीमाओं को निर्धारित करने के लिए पर्याप्त होते हैं।

मिट्टी के गुणों को उनके रंग, बनावट, मिट्टी के उच्चावच के आकार और चट्टान के टुकड़ों की आकार, पौधों की जड़ों के वितरण, और अन्य विशेषताओं का वर्णन करते हैं जिसके आधार पर मिट्टी को वर्गीकृत करने और पहचानने में सुविधा होती हैं। वे पौधों की प्रजातियों को वर्गीकृत करने के लिए मौजूद पौधों की प्रजातियों (उनके संयोजन, उत्पादकता और स्थिति) का वर्णन करते हैं, उन्हें मिट्टी से संबद्ध करते हैं, जिसके साथ वे आम तौर पर जुड़े होते हैं, और प्रबंधन और परिवर्तन के प्रति उनकी प्रतिक्रिया की भविष्यवाणी करते हैं। इन परिदृश्य घटकों, या मिट्टी के प्राकृतिक निकायों के गुणों की पहचान करने और उनका वर्णन करने के बाद, घटकों को एक उपयुक्त टैक्सोनोमिक क्लास से संबंधित किया जाता है, जिसका उपयोग मानचित्र इकाइयों के नामकरण के लिए किया जाता है। वर्गीकरण इकाइयाँ अवधारणाएँ हैं। प्रत्येक टैक्सोनोमिक क्लास

में मिट्टी की विशेषताओं का एक सेट होता है, जो सटीक रूप से परिभाषित सीमा होती है। मृदा को व्यवस्थित रूप से वर्गीकृत करने की तुलना में वर्गों का उपयोग उनके वर्गीकरण के आधार पर किया जाता है।

सर्वेक्षित क्षेत्र में मिट्टी के महत्वपूर्ण प्राकृतिक निकायों की पहचान के बाद, वे एक नक्शे पर इन निकायों की सीमाओं को निर्धारित करते हैं और प्रत्येक को नाम से विशिष्ट मानचित्र इकाई के रूप में पहचानते हैं। पेड़ों, इमारतों, सड़कों और नदियों को दर्शाने वाली छवियाँ आमतौर पर आधार मानचित्र के रूप में सीमाओं का सटीक रूप से पता लगाने में मदद करने के लिए उपयोग की जाती है। हवाई तस्वीरों या अंकीये चित्रों पर रंगों के विभिन्न शेड्स और पैटर्न का उपयोग वनस्पति, जल निकासी की स्थिति, मूल सामग्री और सतह परावर्तन को प्रभावित करने वाले अन्य कारकों में संभावित बदलावों को इंगित करने के लिए किया जाता है। चूंकि डिजिटल मैपिंग तकनीक सूचना के अतिरिक्त स्रोतों जैसे कि मल्टीस्पेक्ट्रल बैंड, डिजिटल ऊंचाई मॉडल, और अन्य आंकडें लेयर्स (जैसे भूविज्ञान) के साथ-साथ वैश्विक पोजीशनिंग सिस्टम (GPS) का उपयोग मैप यूनिट की सीमाओं के सटीक जानकारी हेतु इन सभी सूचनों को एकीकृत किया जाता है।

9.13 मृदा मानचित्रण और वैज्ञानिक विधि

मृदा मानचित्रण वैज्ञानिक पद्धति का उपयोग करता है, जिसमें निम्न चरणों को शामिल किया जाता है: (i) प्रश्न विकसित करना, (ii) उन प्रश्नों का उत्तर देने वाली परिकल्पना को तैयार करना (iii) परिकल्पनाओं का परीक्षण करना, और (iv) परिकल्पना की पुष्टि या अस्वीकार करना।

एक मिट्टी के पूरी संरचना के एक अस्थायी परिसीमन के बाद एक हवाई तस्वीर या अंकीये छवि पर खींचा जाता है, इसके बाद मृदा मैपर (चरण 1) एक सवाल करता है कि किस प्रकार की मिट्टी उस परिसीमन के भीतर मौजूद है। आमतौर पर, परिसीमन एक भूआकृति बनावट का अनुसरण करता है, जैसे कि एक बड़ी बाढ़ का मैदान या रिज का शिखर। क्षेत्र की मिट्टी के बारे में पूर्व ज्ञान के आधार पर, मैपर (चरण 2) परिकल्पना विकसित करता है, जैसे कि अल्फा और / या बीटा श्रृंखला सीमांकन के भीतर होती है। मैपर (चरण 3) उन परिकल्पनाओं का परीक्षण करता है, जो उत्थापन, बैकहो ट्रेंचिंग, या प्राकृतिक एक्सपोजर का निरीक्षण करता है और (चरण 4) प्रत्येक परिकल्पना की पुष्टि या अस्वीकार करता है।

परिणामों का दस्तावेजीकरण करने के बाद, मैपर चरण 1 में लौटता है (प्रश्नों को निर्धारित करता है) और नजदीकि क्षेत्र के लिए प्रक्रिया को दोहराता है। यह प्रक्रिया मिट्टी वैज्ञानिक को कुशलता से मिट्टी का नक्शा बनाने की अनुमति देती है। मौजूद मिट्टी की तरह की खोज करने के लिए एक नियमित ग्रिड पैटर्न पर बड़ी संख्या में अवलोकन करने के बजाय, मैपर अवलोकन करने के लिए परिदृश्य में सीमित संख्या की रणनीतिक के तहद कुछ सीमित स्थित बिंदुओं का चयन करता है। अवलोकन पहले विकसित मॉडल की पुष्टि या अस्वीकार करते हैं। मैपर अनिवार्य रूप से मिट्टी की भविष्यवाणी कर रहा है और केवल प्रत्येक अवलोकन के बाद ही मिट्टी की खोज करने के बजाय भविष्यवाणी की पुष्टि करने के लिए एक अवलोकन कर रहा है। जब तक मॉडल सटीक होता है, तब तक सटीक मानचित्र बनाने के लिए अपेक्षाकृत कुछ ही आंकड़ों की आवश्यकता होती है।

मिट्टी की उत्पत्ति की जांच करते समय वैज्ञानिक पद्धति का भी उपयोग किया जाता है। हालाँकि मिट्टी की मानचित्रण और मिट्टी की वर्गीकरण कक्षाएं मिट्टी की उत्पत्ति के बजाय मात्रात्मक गुणों पर आधारित होती हैं, लेकिन फिर भी यह मिट्टी के मैपर के लिए उपयोगी है कि वे मानचित्रण प्रक्रिया के दौरान मिट्टी के उत्पत्ति के बारे में वैचारिक मॉडल विकसित कर सकें।

9.14 मिट्टी के नक्शे

9.14.1 ऐतिहासिक दृष्टिकोण

भारत में अधिकांश मिट्टी सर्वेक्षण क्षेत्रों में हवाई तस्वीरों को मानचित्रण आधार के रूप में उपयोग किया जाता रहा है। सुदूर संवेदन के लिए और मिट्टी के सर्वेक्षण के लिए आधार मानचित्र के रूप में पारंपरिक एक वर्णीय (काले और सफेद) फोटोग्राफी, रंगीन फोटोग्राफी और अवरक्त फोटोग्राफी का उपयोग किया जाता है।

9.14.2 हवाई तस्वीरें

वर्तमान डिजिटल युग में भी, हवाई तस्वीरों का उपयोग उन क्षेत्रों जहाँ उपयुक्त डिजिटल इमेजरी और आंकडें लेयर या आवश्यक कौशल, संसाधन, या डिजिटल मैपिंग तकनीकों उपलब्ध नहीं हैं वहां मिट्टी के मानचित्रण एक प्रभावी साधन बना हुआ है । अंत में मृदा सर्वेक्षण करने में अंकीये मृदा मानचित्रण तकनीकों का एकीकरण किया जाता है।

मिट्टी के सर्वेक्षण में हवाई तस्वीरें अभी भी एक व्यवहार्य मानचित्रण आधार हैं। वे सतह और वनस्पति के आकार और रंग से मिट्टी के प्रकार के बारे में महत्वपूर्ण जानकारी प्रदान करते हैं। एक क्षेत्र के तस्वीरों पर मिट्टी के पैटर्न और चित्रों के पैटर्न के बीच के संबंधों को निर्धारित किया जा सकता है। इन संबंधों का उपयोग मिट्टी की सीमाओं के स्थान और उनके भीतर मिट्टी के प्रकार की भविष्यवाणी करने के लिए किया जा सकता है।

वर्णक्रमीय बैंडों का उपयोग करते हुए हवाई तस्वीरें, जो अवरक्त रंगों का पौधे समुदायों में सूक्ष्म अंतर करने के लिए करती, जिसे देखने में आंखों सक्षम नहीं होती हैं। अवरक्त में अन्य वर्णक्रमीय बैंड मिट्टी की खनिज सम्पदा और नमी में अंतर करने में उपयोगी होते हैं और बेहतर बादल प्रवेश के कारण बादल छाये रहने वाले मौसम में भी इन कार्यों को करने में सक्षम होती है। इन आंकड़ों की व्याख्या जमीन पर निरीक्षण द्वारा मिली मिट्टी की विशेषताओं की छवियों या तस्वीरों पर प्राप्त दृश्य पैटर्न से संबंधित करके की जानी चाहिए। सड़क, रेलमार्ग, भवन, झील, नदियाँ और क्षेत्र की सीमाएँ और कई प्रकार की वनस्पतियों को हवाई चित्रों पर पहचाना जा सकता है और स्थान सहायक के रूप में इनका उपयोग किया जा सकता है।

स्टिरियोस्कोपिक अध्ययन द्वारा राहत का अनुमान लगाया जा सकता है। मानचित्र पर कई मिट्टी की सीमाओं का पता लगाने में राहत सुविधाएँ सहायक हैं। स्थलाकृतिक मानचित्र भी राहत, ढलान और पहलू को अंतर्दृष्टि प्रदान करते हैं। राहत भी कई प्रकार के भू-आकृतियों की पहचान करती है जो आमतौर पर मिट्टी के प्रकार से संबंधित होती हैं।

कई लैंडफॉर्म (जैसे, छतों, बाढ़ के मैदानों, रेत के टीलों, कामों और एस्केर्स) को उनकी आकृतियों, सापेक्ष ऊंचाइयों और ढलानों के अनुसार मजबूती से पहचाना और पहचाना जा सकता है।

धाराओं और अन्य भू-आकृतियों से उनका संबंध अतिरिक्त जानकारी प्रदान करता है। मृदा वैज्ञानिक को फोटो व्याख्या का पूरा लाभ उठाने के लिए भू-आकृति विज्ञान का ज्ञान होना चाहिए।

सटीक मिट्टी के नक्शे केवल हवाई तस्वीरों की व्याख्या द्वारा उत्पादित नहीं किए जा सकते हैं। समय और स्थान तस्वीरों द्वारा उपलब्ध जानकारियों को प्रभावित करते हैं। मानव गतिविधियों ने वनस्पति के पैटर्न को बदल दिया है और उनके साथ होने वाले मिट्टी के पैटर्न के संबंध में बदलाव होते रहते है।

9.14.3 समकालीन दृष्टिकोण

21 वीं सदी के में अंकीये छवियों ने मानचित्रण आधार के रूप मिट्टी सर्वेक्षण की तस्वीरों को बदल दिया है। तुलना के लिए कई इमेजरी संसाधनों को तह पर तह करने की क्षमता, पैमाने को जल्दी से समायोजित करने की क्षमता, और रेखापुंज-आधारित मिट्टी के नक्शे के उपयोग ने मिट्टी सर्वेक्षण उत्पादों के साथ-साथ उपलब्ध उत्पादों की विविधता प्रदान करने की गति बढ़ा दी है।

9.15 मौजूदा मृदा मानचित्रों पर त्रुटियों के स्रोत

मृदा सर्वेक्षण में मानचित्रण पैमाने और मानचित्र इकाई के डिजाइन विचार संभवतः मिट्टी के मानचित्रों पर सबसे अधिक त्रुटियों का कारण बनते हैं। मिट्टी मानचित्रण किंवदंतियों की सीमाएं आमतौर पर देश या राज्य लाइनों के साथ मेल होनी चाहिये। कुछ त्रुटियों मानवजनित गतिविधियाँ या प्राकृतिक प्रक्रियाओं के द्वारा उत्पन्न हो जाती है । मानव जनित गतिविधियाँ में खनन, उत्खनन, भूमि समतल करना और निर्माण, हटाने या देशी मिट्टी को हटाने इत्यादि साम्मिलित है। प्राकृतिक प्रक्रियाओं के कारण, जैसे कि धारा के प्रवाह व दिशा में बदलाव, भूस्खलन, और ज्वालामुखी विस्फोट, सतह पर मिट्टी की सामग्री पहले से तैयार की गई मिट्टी के नक्श पर पहचाने जाने वालों बनावटों से भिन्न हो सकती है। ये बदलाव आम तौर पर परिदृश्य पर नाटकीय और आसानी से पहचानने योग्य होते हैं। अन्य वास्तविक त्रुटियों को मिट्टी के नक्शे पर खोजा जा सकता है, जैसे लेबलिंग त्रुटियों और मानचित्र संकलन और प्रकाशन त्रुटियों इत्यादि हैं। जिनका अभिलेखीकरण और सुधार किया जाना आवश्यक है।

9.16 उर्वरक अनुशंसाओं के लिए जीआईएस, जीपीएस और रिमोट सेंसिंग का उपयोग

सटीक कृषि प्राकृतिक संसाधनों का बेहतर प्रबंधन प्रदान करती है जो बढ़ती पैदावार और कृषि उत्पादन में आर्थिक प्राप्ती की उच्च क्षमता प्रदान करती है। इस प्रणाली के अंतर्गत कृषि प्रबंधन प्रत्येक क्षेत्र में पाई जाने वाली स्थितियों की परिवर्तनशीलता के अनुरूप होती है। चूंकि उर्वरक अनुप्रयोग एक महत्वपूर्ण ऑपरेशन है, इसलिए इसे अपने निवेश से इष्टतम रिटर्न सुनिश्चित करने के लिए कुशलतापूर्वक और विवेकपूर्ण तरीके से किया जाना चाहिए।

परिशुद्धता कृषि पद्धतियों का उद्देश्य जीआईएस-जीपीएस-आरएस तकनीकों की भरपाई के लिए मिट्टी के संसाधनों के उपयोग का अनुकूलन करना है, जिनका उपयोग सटीक खेती और साइट-विशिष्ट फसल प्रबंधन के लिए किया जाता है। उपज बढ़ाने, उत्पादन लागत कम करने और

पर्यावरण पर नकारात्मक प्रभावों को कम करने के लिए सटीक कृषि तकनीकों को नियोजित किया जाता है। जीआईएस विश्लेषणात्मक क्षमताओं का उपयोग करते हुए, चर पैरामीटर जो कृषि उत्पादन को प्रभावित कर सकते हैं, का मूल्यांकन किया जा सकता है।

सबसे प्रचीन व आम सुदूर संवेदी तकनीक का कार्य मानव आंख रुपी संवेदक है जिसके द्वारा अवलोकन, आंकलन और निरीक्षण का कार्य बिगत कई दशकों से किया जाता रहा है। आधुनिक तकनीक की मदद से, किसी भी पद्धति द्वारा एकत्रित अवलोकन के आकडों को आमतौर पर जीआईएस आंकडेंबेस में भू-संदर्भित किया जाता है। अधिकांश सटीक कृषि सुदूर संवेदन से छवि आधारित आंकडें पर निर्भर करती है जैसे कि विभिन्न प्रबंधन क्षेत्रों की उत्पादकता / उपज का निर्धारण करने के लिए तकनीक का उपयोग करके क्षेत्र की हरियाली का निर्धारण करना।

यह तकनीक उस संबंध पर आधारित है जो लाल प्रकाश के प्रतिबिंब की तुलना और अवरक्त प्रकाश में विभिन्नता के कारण उत्पन्न होती है। RADARSAT के आंकड़ों ने किसानों को मिट्टी की स्थिति और फसल के प्रदर्शन को निर्धारित करने वाले मापदंडों के बारे में विश्वसनीय जानकारी प्रदान की है। सुदूर संवेदी से एकत्र किया गया आकड़े एक बिंदु के स्रोत के आकड़े रूप में कार्य करता है। दर्ज किए गए रुझानों और आवृत्तियों से, इस आंकडेंसेट को आसानी से स्थानिक आकड़े में परिवर्तित किया जा सकता है जो कि विभिन्न जीआईएस तकनीकों और उपकरणों के साथ खेत के भीतर सभी प्रबंधन क्षेत्रों की स्थिति को दर्शाता है।

क्रिगिंग इस विधि का एक उदाहरण है जिसका उपयोग सुदूर संवेदी के बिंदु आंकडें को स्थानिक आंकडें में परिवर्तित करने के लिए किया जा सकता है। विभिन्न प्रबंधन क्षेत्रों में मौजूद संभावित समस्याओं को निर्धारित करने के लिए इस स्थानिक आंकडें का उपयोग किया जा सकता है। इससे किसानों को खेत के समग्र उत्पादन को बढ़ावा देने के लिए प्रचलित समस्याओं को कम करने के लिए सूचित और प्रभावी निर्णय लेने का अवसर मिलता है।

इसप्रकार एकत्रित बिंदु आंकड़ों को किसान के लिए उपयोगी बनाने हेतु इनको संग्रहीत और विश्लेषित करने की आवश्यकता होती है। इसके लिए जीआईएस तकनीक का उपयोग किया जाता हैं। जीआईएस सॉफ्टवेयर का उपयोग डिजिटल मानचित्र विकसित करने के लिए किया जा सकता है जो स्थानिक जानकारी को अंकीयरुप में परावर्तित कर देता है। इसी प्रकार प्रक्षेत्र से एकत्रित किए गए बिंदु आकड़ें को अब पूरे खेत को प्रतिबिंबित करने के लिए स्थानिक आकड़ें में बदल दिया जा सकता है।

प्रबंधन क्षेत्रों के भीतर विभिन्न मूल्यों के साथ प्रभावी रूप से अंतर करने के लिए, एकत्रित आकड़ें को आमतौर पर रेखापुंज प्रारूप (रैस्टर) या वेक्टर प्रारूपों में प्रस्तुत किया जाता है। रेखापुंज प्रारूप में, एक नक्शे के भीतर काल्पनिक ग्रिड विकसित किए जाते हैं। नक्शे के भीतर विभिन्न मानों वाले बिंदुओं को अलग-अलग रंग दिए जाते हैं। इसलिए, एक नजर से, एक उपयोगकर्ता उन बिंदुओं की पहचान करने में सक्षम हो सकता है जो समान विशेषताओं वाले हैं और उन्हें उन बिंदुओं के साथ अंतर करते हैं जिनमें अलग-अलग विशेषताएं हैं।

आंकड़ों को यह रूप स्थानिक मॉडलिंग में उपयोगी है ताकि समूह आंकडें के भीतर मौजूद संबंध को दिखाया जा सके। दूसरी ओर वेक्टर प्रारूप मानचित्र के भीतर एक विशिष्ट बिंदु को निर्दिष्ट करने के लिए x- अक्ष और y- अक्ष से निर्देशांक का उपयोग करता है। समान विशेषताओं

वाले बिंदुओं को एक सीमा रेखा बनाने के लिए एक साथ रखा और जोड़ा जाता है। कम्प्यूटरीकृत मैपिंग और स्थानिक आंकडेंबेस प्रबंधन में आकड़ें प्रस्तुति का यह रूप प्रभावी है।

एक बार स्थानिक आंकड़ों को मैप किया जाता है, फील्ड नोट्स के साथ प्रस्तुत किए गए परिणामों की इन आंकड़ों से तुलना आवश्यक है। यह प्रक्रिया किसी भी रुझान और संबंधों को निर्धारित करने के लिए आयोजित की जाती है जो जमीन पर मौजूद हो सकते हैं। इस बिंदु पर, एक क्षेत्र जिसमें मिट्टी में पोषक तत्वों की उच्च सामग्री होती है या परजीवी से अत्यधिक प्रभावित क्षेत्र की पहचान की जा सकती है। यह वितरण या तो समान या गैर-समान परिवर्तनशीलता के रूप में हो सकता है। इस जानकारी के साथ, आदानों का इष्टतम उपयोग सुनिश्चित करने और आउटपुट को अधिकतम करने के लिए खेती की दक्षता बढ़ाने के लिए अनुकूल प्रबंधन तकनीकों को रखा जा सकता है।

इस प्रकार, सुदूर संवेदन और जीआईएस के उपयोग के साथ प्रदान की गई जानकारी का उपयोग उर्वरक, शाकनाशियों और कीटनाशकों, और सिंचाई के संबंध में स्थान-विशिष्ट निर्णय लेने के लिए किया जा सकता है। सबसे महत्वपूर्ण बात, जो आकड़ें उत्पन्न किया गया है उसे भविष्य के संदर्भ के लिए व्यवस्थित तरीके से संग्रहीत करने की आवश्यकता है। यह आवश्यक है, क्योंकि यह भविष्य के सर्वेक्षणों की प्रभावशीलता और क्षमता में वृद्धि करेगा।

इस आकड़ें को इकट्ठा करने का मुख्य कारण किसान के लिए अपने उत्पादन को अधिकतम करने के लिए खेत में विभिन्न बिंदुओं की जरूरतों की स्पष्ट समझ होना है। जैसे-जैसे यह आवश्यकता बढ़ती है, स्वचालित कृषि मशीनरी का उपयोग अपरिहार्य है। इन मशीनों से यह अपेक्षा की जाती है कि वे उन सूचनाओं के अनुसार अपना काम ठीक से कर सकेंगी जो उन पर फीड की गई हैं। जीआईएस और जीपीएस के उपयोग के साथ, स्वचालित फार्म मशीनरी अब अधिक सटीक, सुरक्षित हैं, उन्हें ड्राइव करने के लिए आवश्यक मानव प्रयास को खत्म करना और सबसे महत्वपूर्ण बात, खेतों की उत्पादकता में वृद्धि करना।

9.17 ट्रैक्टरों पर भू-स्थानिक प्रौद्योगिकियाँ

स्वचालित प्रक्षेत्र मशीनरी का संचालन नेविगेशन भौगोलिक सूचना प्रणाली की सहायता से होता है। यह प्रणाली (एनजीआईएस) जीआइएस और जीआईएस प्रणाली का एक संयोजन है जो मशीन को निम्नलिखित में सक्षम बनाता है -

(i) मानचित्र प्रदर्शन

(ii) पथ योजना

(iii) नेविगेशन नियंत्रण

(iv) संवेदक प्रणाली विश्लेषण

(v) सटीक स्थिति

(vi) आकड़ें संचार

यह प्रणाली स्वचालित मशीनों के प्रबंधन को बढ़ाती है, इसमें उपयोगकर्ता इनकी गति, दिशा और आसपास की स्थितियों की निगरानी को नियन्त्रित कर सकता है। स्वचालित मशीनों को अपनी भूमिकाओं को प्रभावी ढंग से और कुशलता से संचालित करने के लिए, उन्हें उनकी स्थानिक स्थिति

की जानकारी से हमेशा अवगत कराते रहना चाहिए। यह जानकारी आमतौर पर एक जीपीएस रिसीवर के माध्यम से भेजी जाती है जिसमें सटीक समय, अक्षांश और देशांतर होते हैं। मशीन के द्वारा जमीन से इसकी ऊँचाई के साथ-साथ समुद्र तल से ऊँचाई के संबंध में भी जानकारी प्राप्त करती रहती है। इस पर लगे जीपीएस सिस्टम की सहायता से, मशीन को आमतौर पर एक इष्टतम पर निर्देशित किया जाता है।

चित्र 9.4: ट्रक पर ट्रीम्बल आधारित जीपीएस तकनीक के साथ ट्रैक्टर

रिमोट सेंसिंग, जीपीएस और जीआईएस के उपयोग के साथ, किसान अपने खेतों की स्थान-विशिष्ट जरूरतों को समझने में सक्षम हो सकते हैं। इस प्रकार की जानकारी से वे प्रबंधन तकनीकों को तैयार करने और लागू करने में सक्षम हो पाते हैं जो आदानों का इष्टतम उपयोग उत्पादन और इसके मुनाफे को अधिकतम करने के लिए सुनिश्चित करते है। भू-स्थानिक प्रौद्योगिकियाँ इसलिए किसान को ऐसी सूचना संसाधन प्रदान करती हैं, जिसका उपयोग वह अपने उन निर्णयों को करने के लिए कर सकता है, जो उत्पादकता बढ़ाने के लिए खेत के प्रभावी और कुशल प्रबंधन की गारंटी देता हो। इस प्रकार, किसानों को अपने खेतों के अधिकतम लाभ प्राप्त करने के लिए अपने अनुभव और विशेषज्ञता के साथ इन तकनीकों को समझना और लागू करना चाहिए।

मृदा परीक्षण आधारित उर्वरक अनुशंसा तकनीक अनुचित और कम उर्वरकों अनुपात का उपयोग रोक सकती है। जीआईएस स्थानिक विश्लेषण मॉड्यूल उच्च लागत को कम कर सकता है और पारंपरिक मिट्टी परीक्षण और उर्वरीकरण की दक्षता को बढ़ा सकता है। मृदा परीक्षण और उर्वरीकरण की तकनीक में सुधार के लिए मिट्टी संसाधन सूचना आंकड़ों के समूहों की दक्षता को प्रदर्शित करता है। मृदा परीक्षण के विकास में स्थानिक मिट्टी पोषक तत्व आंकडेंबेस पेश किए जाने पर यह लागतों में उल्लेखनीय रूप से कटौती कर सकता है और मॉडलों की व्यावहारिकता में सुधार कर सकता है।

वर्षों के प्रयास से, फसल की पैदावार को अनुकूलित करने, उर्वरीकरण और अन्य परिचालन लागतों को कम करने के लिए सटीक कृषि में किये गये अधिक से अधिक सुधार के प्रयासों के परिणामस्वरूप कृषि उपकरण और सॉफ्टवेयर-आधारित उपकरणों में संशोधन हुआ है। इन तकनीकों के साथ कई सफलताएं और नई तकनीकयाँ मिली हैं, लेकिन अभी भी इसमें अधिक प्रगति की आवश्यकता है।

किसानों को लगातार अपने खेतों में उपयोग करने हेतु उर्वरक की सही खाद और अनुपातों को निर्धारित करने की कोशिश की जाती है। परन्तु खेत के प्रत्येक क्षेत्र में मृदा स्वाभाविक रूप से बदलती रहती है, इसलिए वास्तव में एक समान उर्वरक का तरीका सही नहीं है जो हर जगह के लिए काम कर सके। इसलिए उत्पादकों के लिए यह महत्वपूर्ण है कि महंगा उर्वरकों का प्रयोग स्थानिक परिवर्तन के अनुसार किया जाय जिससे खेत से अधिकतम फसल उपज की प्राप्ती हो सके।

9.18 भूस्थानिक प्रौद्योगिकियों की भूमिका

(i) फसलों की पहचान करना

(ii) फसलों का आंकलन करना

(iii) फसलों की उपज का अनुमान करना उनका मानचित्ररण करना

(iv) मृदा के उर्वरकता का आंकलन और मानचित्ररण करना

(v) किसी क्षेत्र की पैदावार और उर्वरक के विभिन्न आयामों को उत्पादकों के लिए व्यवहारिक ज्ञान उपलब्ध कराना।

(vi) मृदा का विभिन्न विशेषताओं का मानचित्ररण करना

9.19 परिवर्तनीय (चर) दर प्रौद्योगिकी

चर दर प्रौद्योगिकी सटीक कृषि प्रौद्योगिकियों का सबसे उन्नत घटक है, जो क्षेत्र के आदानों को "स्थान विशेष प्रबंधन" प्रदान करता है। जीपीएस रिसीवर को एक ट्रक पर स्थापित किया जाता है ताकि एक स्थान विशेष या क्षेत्र विशेष को आसानी से पहचाना जा सके। वाहन पर स्थापित संगणक (कंप्यूटर), जिसमें आदान सिफारिश मानचित्र को ड़ाला हुआ रहता है, शामिल हैं। जीपीएस रिसीवर से प्राप्त स्थिति संबंधी जानकारी की तुलना करके एक उपयुक्त आदान मिश्रण प्रदान करने के लिए वितरण वाल्व को नियंत्रित करता है। वर्तमान वाणिज्यिक वीआरटी प्रणाली या तो मानचित्र-आधारित हैं या संवेदक-आधारित हैं। मानचित्र आधारित वीआरटी सिस्टम के लिए एक जीपीएस / डीजीपीएस भू-संदर्भित स्थान और एक कमांड इकाई की आवश्यकता होती है जो प्रत्येक क्षेत्र के स्थान के लिए वांछित उपयोग दरों की योजना को संग्रहीत करता है। संवेदक-आधारित वीआरटी सिस्टम को भू-संदर्भित स्थान की आवश्यकता नहीं होती है लेकिन इसमें एक गतिशील नियंत्रण इकाई शामिल होती है, जिसके सहारे संवेदक प्रत्येक क्षेत्र के स्थान की मिट्टी / या फसल के मान का वास्तविक समय विश्लेषण के माध्यम से उपयोग को निधारित करता है। इनदिनों नई वीआरटी प्रणालियां तैयार की जा रही है जैसे कि खाद उपयोगक का विकास किया जा रहा है, जिसकी सहायता से जल्द ही फसल प्रणाली में खाद के सटीक अनुप्रयोग को सक्षम बनाया जा सकेगा। वीआरटी के दो तरीके हैं:

(i) **मानचित्रण:** इसमें ग्रिड के मिट्टी के नमूनों का प्रयोगशाला विश्लेषण करना, स्थानिक विशिष्ट गुणों का मानचित्रण करना और अंत में चर दर आवेदक को नियंत्रित करने के लिए इस मानचित्र का उपयोग करना शामिल है । नमूनाकरण और अनुप्रयोग चरण के दौरान, आमतौर पर DGPS का उपयोग स्थान की पहचान करने के लिए किया जाता है।

(ii) **संवेदक:** इसमें वास्तविक समय पर संवेदक और प्रतिक्रिया नियंत्रण का उपयोग करके आम तौर पर मिट्टी के गुणों या फसल की विशेषताओं के वांछित गुणों को मापा जाता है।

9.20 मृदा परीक्षण आधारित फसल प्रतिक्रिया (Soil Test Crop Response)

9.20.1 मृदा परीक्षण फसल उपज

फसल की वृद्धि और इसके उपज को नियंत्रित करने वाले मिट्टी में निहित परिवर्तनशीलता कारकों को समझने के लिए इन आकड़ों का संग्रह मूल रूप से किया जाता है। पूरे कृषि परिदृश्य की मिट्टी परिवर्तनशीलता मापन के लिए पारंपरिक तरीके आमतौर पर मानव निर्मित मृदा के विभिन्न बिंदूओं के नमूनाकरण और भूस्थैतिक तकनीकों के अंतर व्याख्या के सहायता से किया जाता है। अंतर्निहित परिवर्तनशीलता के कारण और प्रभाव संबंधों को विकसित करने के लिए उपज की परिवर्तनशीलता मानचित्र के साथ इसे सहसंबद्ध किया जाता है। यह अपेक्षाकृत समरूप प्रबंधन क्षेत्र विकसित करने में मदद कर सकता है, परंतु इस तरह के नमूने महंगे और अधिक समय लेने वाले होते हैं। पिछले कुछ दशकों में, मिट्टी के गुणों का प्रभावी ढंग से अध्ययन करने और क्षेत्र के नमूने और प्रयोगशाला विश्लेषण में शामिल समय और प्रयास को कम करने के लिए सबसे उपयुक्त तकनीक का पता लगाना एक चुनौती पूर्ण कार्य है।

सुदूर संवेदी द्वारा एकत्रित व्यापक आकड़े में पाया गाया है कि मिट्टी की वर्णक्रमीय प्रतिक्रिया को विभिन्न मिट्टी के गुणों और विशेषताओं से जोड़ा जा सकता है। पारंपरिक प्रयोगशाला आधारित मृदा विश्लेषण के एक विकल्प के रूप में, सूक्ष्म वर्णक्रमीय सुदूर संवेदी जो कि गैर-विनाशकारी है और कम लागत वाली है उससे सतह की मिट्टी के स्थानिक लक्षण के आंकलन के लिए सक्षम है।

पोषक तत्व उपयोग दक्षता (एनयूई) और भूमि उत्पादकता बढ़ाने के लिए मृदा परीक्षण फसल प्रतिक्रिया अवधारणा पर आधारित उर्वरक गणना की आवश्यकता है। चूकि अभी भी सैद्धांतिक उपज और वास्तविक उपज के बीच अन्तर है, जिसको इसके द्वारा कम की जा सकती है। मृदा परीक्षण फसल प्रतिक्रिया (एसटीसीआर) दृष्टिकोण वांछित (लक्षित) फसल उपज के लिए आवश्यक नत्रजन, फॉस्फोरस और पोटाश की आवश्यक मात्रा को ध्यान में रखता है और इसकी गणना अंशांकन प्रयोगों से प्राप्त समीकरण द्वारा की जाती है तथा उसके आधार पर इसे मृदा में उपलब्ध कराया जाता है। उदाहरण के लिए चावल की किस्म महामाया के लिए लक्षित पैदावार के रूप में 50 क्विंटल हेक्टेयर की उपज तय की गई और इस वांछित उपज को प्राप्त करने के लिए मिट्टी में उपलब्ध नाइट्रोजन, फास्फोरस और पोटेशियम के आधार पर उर्वरक की आवश्यक मात्रा की गणना की गई। चावल के प्रायोगिक क्षेत्र के मिट्टी में उपलब्ध पोषक तत्वों के स्तर के आधार पर वांछित उपज लक्ष्य को प्राप्त करने के लिए उर्वरक का आंकलन निर्धारित समीकरण के आधार पर अनुमानित किया जाता है। इस प्रकार आंकलित उर्वरक का प्रयोग चावल के प्रायोगिक क्षेत्र के मिट्टी में वांछित उपज को प्राप्त करने के लिए किया जाता है, इसे ही मृदा परीक्षण आधरित फसल प्रतिक्रिया के नाम से जाना जाता है।

उर्वरकों की सबसे उपयुक्त संतुलित मात्रा और खुराक मिट्टी परीक्षण और फसल प्रतिक्रिया अध्ययन के आधार पर ही विकसित की जा सकती है। वर्तमान में, विभिन्न स्रोतों के माध्यम से फसलों द्वारा शोषित पोषक तत्वों तथा फसलों में डाले गये अतिरिक्त पोषक तत्वों के बीच लगभग 10 मिलियन टन अंतर का अनुमान लगाया गया है।

आम तौर पर उर्वरकों का फसलों में प्रयोग सामान्यीकृत राज्य स्तरीय उर्वरक सिफारिशों के आधार पर किया जाता है, जो उर्वरकों के असंतुलन और आर्थिक नुकसान का कारण बनते हैं, क्योंकि किसी फसल की उर्वरक आवश्यकता हमेशा स्थिर नहीं रहती है और यह फसल के लिए एक खेत से दूसरे खेत में मिट्टी भिन्नता से बदल सकती है। अतः मृदा परीक्षण के माध्यम से संतुलित उर्वरकों को उपयोग कर मृदा स्वास्थ्य की रक्षा करना आवश्यक है। मिट्टी की उर्वरता की स्थिति, पोषक तत्वों की फसलों की आवश्यकता, उर्वरक की दक्षता, मिट्टी के स्रोत को ध्यान में रखते हुए करनी चाहिए। वांछित उपज प्राप्त करने हेतु उर्वरकों की संस्तुती को ज्ञात कर उसकी अनुसूची तैयार करनी चाहिए।

भारत में, सैद्धांतिक रूप से नत्रजन, फॉस्फोरस और पोटाश के उर्वरकों का मृदा में उपयोग शोध परिणामों और लिबिग के न्यूनतम नियम के अनुसार ही होता है। उर्वरक अनुशंसा के विभिन्न तरीकों के बीच, उपज लक्ष्यीकरण इस मायने में विशेष है कि यह न केवल मिट्टी परीक्षण पर आधारित उर्वरक की वांछित मात्रा का संकेत देती है, बल्कि फसल उपज के स्तर को भी निर्धारित करती है जिसे किसान अच्छी कृषि पद्धतियों का पालन करके प्राप्त कर सकते हैं। इस प्रकार लक्षित उपज अवधारणा, उर्वरक, फसल और मिट्टी के बीच संतुलन कायम रखती है। इस प्रकार मिट्टी परीक्षण किसानों के लिए एक मागदर्शक के रूप में काम करती है। यही कारण है कि अनुभवी किसान और उत्पादक मिट्टी परीक्षण को अति महत्वपुर्ण मानते हैं, क्योंकि वे जानते हैं कि उन्हें वास्तविक पैदावार तभी मिल सकती है, जब वे फसल के लिए उर्वरक उपयोग मिट्टी परीक्षण के परिणामों के आधार पर करेंगे। हालाँकि मिट्टी परीक्षण आधारित उर्वरक प्रतिक्रिया कभी-कभी फसल उपज का आंकलन अधिक या कम भी करती है।

9.21 एसटीसीआर (STCR) तथा वांछित उपज अवधारणा

अधिक उपज देने वाली किस्मों और संकर फसलों के प्रचलन के बाद, विभिन्न कृषि जलवायु क्षेत्रों में व्यवस्थित मिट्टी परीक्षण फसल प्रतिक्रिया अनुसंधान की प्रमुख आवश्यकता बन गई है। भारतीय कृषि अनुसंधान परिषद (ICAR) ने वर्ष 1967 में STCR पर एक अखिल भारतीय समन्यवित अनुसंधान परियोजना (AICRP) की स्थापना की और इसी क्रम में वैज्ञानिक राममूर्ति द्वारा वर्ष 1987 में STCR की अवधारणा विकसित की गई जिसके अनुसार STCR मिट्टी के परीक्षण मान और फसल उपज के बीच के संबंध को प्रर्दशित करने वाला सूचकांक है। इसके अंतर्गत खेत की विभिन्न परिस्थितियों के अंतर्गत प्राप्त वास्तविक फसल प्रतिक्रिया को मृदा परीक्षण मानों के साथ सहसंबद्ध किया जाता है। प्रत्येक फसल और मिट्टी के लिए अलग-अलग अंशांकन चार्ट की आवश्यकता होती है। इसे ''तर्कसंगत उर्वरक अनुशंसा दृष्टिकोण'' के रूप में भी देखा जाता है जिसमें उर्वरक की खुराक की अनुशंसा करते समय अंतर्निहित मिट्टी की उर्वरता और फसल के उपज स्तर को ध्यान में रखा जाता है। उर्वरकों की अनुशंसा प्रतिगमन विश्लेषण दृष्टिकोण और अधिकतम उपज के प्रतिशत प्राप्ति के आधार पर की जाती है। एसटीसीआर पद्धति तीन कारकों को ध्यान में रखती है;

(i) पोषक तत्व की आवश्यकता किलो में / क्विंटल में

(ii) मिट्टी से उपलब्ध पोषक तत्वों (प्रतिशत) का प्रतिशत योगदान

(iii) विशिष्ट पैदावार के लिए प्रभावी उर्वरक डालने की अनुसंशा की दिशा में अतिरिक्त उर्वरकों का प्रतिशत योगदान।

उपरोक्त मापदंडों की मदद से, विभिन्न मिट्टी में कई फसलों के लिए समायोजन समीकरण विकसित किए गए हैं, जिसमें कुछ निम्न है:

पोषक तत्व की आवश्यकता = कुल अवशोषित पोषक तत्व(अनाज+ भुसा) किलोग्राम /हेक्टेयर

अनाज की उपज किलोग्राम /हेक्टेयर (क्विंटल में उपज में प्रति किलो अनाज)

उर्वरक क्षमता (%)= कुल अवशोषित पोषक तत्व किलोग्राम /हेक्टेयर-मृदा परीक्षण आधारित प्रति प्लाट का मान (किलोग्राम /हेक्टेयर) × मृदा के पोषक तत्व की दक्षता (%) × 100

उर्वरकों की अनुसंशित मात्रा (किलोग्राम /हेक्टेयर)

मृदा क्षमता (%) = नियंत्रित स्थिति में कुल अवशोषित पोषक तत्व (किलोग्राम /हेक्टेयर) × 100

नियंत्रित स्थिति में मृदा परीक्षण का मान(किलोग्राम /हेक्टेयर)

9.22 एसटीसीआर के उद्देश्य और लाभ

STCR का मूल उद्देश्य विभिन्न कृषि जलवायु क्षेत्रों के लिए ''लक्षित पैदावार'' प्राप्त करने हेतु मिट्टी परीक्षण मूल्यों के आधार पर गणितीय समीकरणों का उपयोग करके किसी फसल के लिए अनुशंसा किये जाने वाले उर्वरक और सिंचाई की मात्रा को निर्धारित करना है। इसमें यह ध्यान में रखा जाता है कि मिट्टी की उर्वरक उपयोगिता क्षमता और फसलों द्वारा ''वांछित उपज'' स्तर प्राप्त करने हेतु उर्वरक की अनुशंसा उपयोग किये गए अतिरिक्त पोषक तत्वों और उर्वरको के अनुसार होना चाहिए। एसटीसीआर के उपयोग के प्रमुख लाभ इसप्रकार है -

फसल उत्पादन में वृद्धि और मिट्टी की उर्वरता के रखरखाव के लिए दक्ष और विशिष्ट उर्वरक अनुशंसा और संतुलित, कुशल और लाभदायक पोषक तत्वों की दर उपलब्ध कराने के उद्देश्य से मिट्टी की मूल उर्वरता को ध्यान में रखते हुए उपज के लक्ष्य निर्धारित करना।

पाठ्य मूल्यांकन

I. रिक्त स्थान भरें

1. व्यावसायिक उपज मानचित्रण हेतु कंबाइन बनाने वाली पहली कंपनी ....थी।
2. ....द्वारा कटे हुए अनाज की नमी की परिवर्तनशीलता का आंकलन किया जाता है।
3. भारत में अधिकांश मिट्टी सर्वेक्षण क्षेत्रों में ....को मानचित्रण आधार के रूप में उपयोग किया जाता रहा है।
4. चर दर प्रौद्योगिकी के अंतर्गत नमूनाकरण और अनुप्रयोग चरण के दौरान प्राय: ....का उपयोग स्थान की पहचान करने के लिए किया जाता है।

5. ....अंतरिक्ष, कृषि मौसम और भूमि का उपयोग करके कृषि उत्पादन का पूर्वानुमान लगाने वाला एक कार्यक्रम है।

II. सत्य अथवा असत्य बताएं

1. उपज निगरानी के मौलिक तत्वों में जीआईएस और जीपीएस मॉडल शामिल है ।
2. अंतरिक्ष प्रौद्योगिकी और भू-सूचना विज्ञान का उपयोग कर फसल बीमा में नहीं किया जा सकता है ।
3. भारतीय कृषि अनुसंधान परिषद (ICAR) ने वर्ष 1987 में STCR पर एक अखिल भारतीय समन्यवित अनुसंधान परियोजना (AICRP) की स्थापना की।
4. मानव जनित गतिविधियाँ जैसे उत्खनन और निर्माण मिट्टी के मानचित्रों पर त्रुटियों के कारक है।
5. स्वस्थ वनस्पति में 0.7 माईक्रो मीटर पर प्रकाश परावर्तन में तेजी से वृद्धि होती है।

III. लघु उत्तरीय प्रश्न

1. भू-सूचना विज्ञान से क्या अभिप्राय है, संक्षिप्त में समझाईये।
2. वनस्पति के विभिन्न प्रकाश वर्णक्रम परावर्तन और अवशोषण की सहायता से किसी फसल प्रजाति की पहचान किस प्रकार की जा सकती है, समझाईये।
3. भारत में भू स्थानिक प्रौद्योगिकियों की स्थिति की चर्चा करें।
4. एसटीसीआर के उद्देश्य और लाभों की चर्च करें।

IV. टिपण्णी करें

1. भारत ने भू-स्थानिक प्रौद्योगिकियों के उपयोग
2. उपज मानचित्रण की अवधारणा
3. उपज निगरानी के विभिन्न मौलिक तत्व
4. चर दर प्रौद्योगिकी सटीक कृषि का सबसे महत्वपूर्ण घटक है।

V. दीर्घ उत्तरीय प्रश्न

1. उपज मानचित्रण की अवधारणा से आप क्या समझते है, इसके मुख्य अवयवों को लिखिए।
2. मृदा मानचित्रण के उद्देश्य, विधि और लाभों की विस्तार से चर्चा करें।
3. भू-स्थानिक प्रौद्योगिकियों के कृषिगत उपयोग की विस्तार से व्याख्या करें।
4. जीआईएस, जीपीएस और रिमोट सेंसिंग का उपयोग करके किस प्रकार समुचित उर्वरक अनुशंसा की जा सकती है, सविस्तार समझाईये।

अध्याय

10

नैनोप्रौद्योगिकी

अध्ययन उद्देश्य

- यह अध्याय नैनो प्रौद्योगिकी का मौलिक परिचय करवाते हुए इस तथ्य की व्याख्या करता है कि कोई पदार्थ मीटर के अरबवें हिस्से (10^{-9} मीटर) के आकार पर अतिमहत्वपूर्ण क्यों और कैसे बन जाता है।
- नैनो प्रौद्योगिकी के विभिन्न साधन एवं तकनीकों का वर्णन करता है जिसके कारण विषय का व्यापक विकास व अनुप्रयोग संभव हो सका है ।
- यह अध्याय नैनो तकनीक की अवधारणा और उन मूलभूत सिद्धांतों को समझाता है जो नैनो कणों के प्रकृति एवं गुणों को नियंत्रित करते हैं।
- अंत में अध्याय इस प्रौद्योगिकी की उपयोगिता को प्रतिपादित करते हुए कृषि के क्षेत्र में क्रांतिकारी बदलाव कर सकने की क्षमता को उद्धृत करता है।

वैज्ञानिक प्रगति ने पिछले कुछ दशकों में, उपकरणों और तकनीकों को एक पीढ़ी से दूसरी पीढ़ी तक महत्वपूर्ण रूप से छोटा अथवा सूक्ष्म कर दिया गया है, परन्तु आकार के विपरीत इन तकनीकों की दक्षता अत्यधिक बढ़ गयी है (चित्र 10.1)।

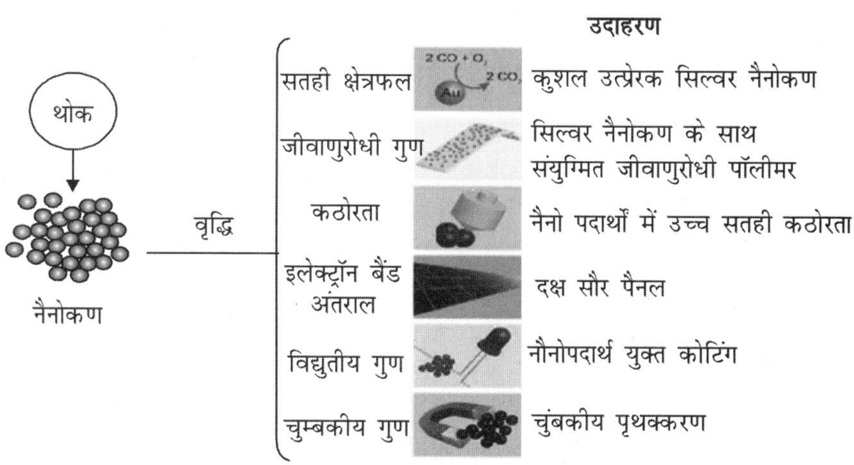

चित्र 10.1 नैनोस्केल पर पदार्थ के गुणधर्म में परिवर्तन एवं दक्षता में वृद्धि

ऐसी ही एक तकनीक नैनोप्रौद्योगिकी है जिसे इन दिनों विज्ञान के हर क्षेत्र से जोड़ कर देखा जा रहा है। विज्ञान और प्रौद्योगिकी की तरक्की को अगर ध्यान में रखा जाए तो नैनोटेक्नोलॉजी एक तेजी

से विकसित और प्रसारित होता क्षेत्र है जिसमें कृषि और खाद्य प्रणालियों में क्रांतिकारी परिवर्तन करने की क्षमता है। इसके अतिरिक्त इसका उपयोग अनेक क्षेत्रों जैसे यांत्रिकी, सूचनातकनीक (आईटी), हथियार, चिकित्सा विज्ञान आदि मे व्यापक रूप से किया जाने लगा है। कृषि विज्ञान मे इसके अनुप्रयोग की असीमित सम्भावनाएं हैं और ऐसा अनुमान है कि आगामी कुछ दशकों मे नैनो तकनीक के अनुप्रयोग ओर भी व्यापक होता चला जायेगा।

नैनोप्रौद्योगिकी, अभियांत्रिकी की एक आधुनिक तकनीक है जिसमें अधिक दक्षता युक्त उपकरणों का निर्माण आणविक पैमाने पर किया जाता है। उक्त प्रौद्योगिकी को पदार्थ-प्रसंस्करण प्रौद्योगिकी (material & processing technology) के रूप में विज्ञान के प्रत्येक क्षेत्र में प्रचुर संभावनाओं से जोड़ कर देखा जा रहा है क्योंकि इसके माध्यम से लगभग किसी भी कठोर, सहसंयोजक संरचना का निर्माण करना संभव हो सकेगा।

10.1 परिचय

मूलतः नैनो शब्द भौतिक लंबाई को इंगित करता है, जो कि एक मीटर के अरबवें हिस्से (10^{-9} मीटर) के बराबर होता है। इस प्रकार नैनो का आशय ऐसे पदार्थ से है, जो अति सूक्ष्म आकार वाले तत्वों या नैनो स्केल से बने होते हैं। नैनो प्रौद्योगिकी आण्विक स्तर पर कार्यात्मक प्रणाली की अभियांत्रिकी तकनीक है जो व्यवहारिक विज्ञान जैसे भौतिकी, रसायन, जीव विज्ञान एवं कंप्यूटर आदि विषयों को आपस में जोड़ती है। नैनो प्रौद्योगिकी नैनो स्केल पर परमाणुओँ को क्रमवार सजा कर अति सूक्ष्म उपकरण, संरचना अथवा यन्त्र बनाने का विज्ञान है। दूसरे शब्दों में नैनो प्रौद्योगिकी उन सामग्रियों और उपकरणों का विज्ञान है जिनकी संरचनाएं और घटक उपन्यास की भौतिक, रासायनिक और जैविक प्रवृति में उनके नैनोस्केल आकार के कारण व्यापक रूप से भिन्नता पायी जाती है। इस प्रकार नैनो प्रौद्योगिकी को किसी पदार्थ के आणविक, और सुपरमॉलेक्यूलर स्केल पर के गुणों में व्यापक हेरफेर के रूप में परिभाषित किया जाता है, जिसके परिणाम स्वरुप नैनोस्केल सामग्री का अनुप्रयोग विविध तकनीकी प्रगति प्रदान करने वाले विभिन्न संभावित क्षेत्रों में किया जा सके।

जब किसी पदार्थ का नैनो स्केल (10^{-9} मीटर) पर अध्ययन किया जाता है तो उसके भौतिक, रासायनिक, चुंबकीय, प्रकाशकीय, यांत्रिक एवं इलेक्ट्रिक गुणों में व्यापक परिवर्तन दिखता है, और यह गुणात्मक परिवर्तन, नैनो स्केल पर उस पदार्थ को अधिक सक्षम एवं उपयोगी बनाता है। इसप्रकार नैनो स्केल अथवा परमाण्विक स्तर पर पदार्थों के व्यवहार का अध्ययन तथा इस आधार पर उनकी उपयोगिता में वृद्धि करने वाली तकनीक नैनो तकनीक अथवा नैनोप्रौद्योगिकी कहलाती है।

नैनो तकनीक में नैनो स्तर पर पदार्थ के अति सूक्ष्म कणों का उपयोग किया जाता है, जिससे उसकी गुणवत्ता बढ़ जाती है। नैनोतकनीक के अंतर्गत नैनोमीटर स्केल पर पदार्थों के आकार और आकार को नियंत्रित करके संरचनाओं, उपकरणों और प्रणालियों का डिजाइन, चित्रण, वर्णन, उत्पादन और अनुप्रयोग सम्बन्धी पहलुओं का अध्ययन किया जाता है। यह तकनीक चिकित्सा,पर्यावरण विज्ञान, कृषि, इलेक्ट्रॉनिक्स, सौंदर्य प्रसाधन, सुरक्षा, फैब्रिक्स समेत अन्य विविध क्षेत्रों में अत्यंत उपयोगी सिद्ध हो रही है।

10.2 नैनो तकनीक: उद्भव एवं विकास (Evolution and development)

नैनो एक ग्रीक शब्द है, जिसका शाब्दिक अर्थ सूक्ष्म, छोटा या बौना होता है, इसप्रकार नैनोकण ऐसे पदार्थ है जो अति सूक्ष्म आकार वाले तत्वों से बने होते है। नैनो तकनीक के प्रारंभिक सिद्धांतों का पहली बार प्रयोग (जब इस नाम का प्रयोग प्रारंभ नहीं हुआ था) 29 दिसंबर 1959 को कैलिफोर्निया इंस्टीट्यूट ऑफ टेक्नोलॉजी (CalTech) में अमेरिकी फिजिकल एसोसिएशन की एक मीटिंग में प्रसिद्ध वैज्ञानिक रिचर्ड फेमेन ने अपने लेख "There's Plenty of Room at the Bottom" में किया था। इसमें उन्होंने बताया कि पदार्थ में सीधे परमाणुओं के स्तर पर परिवर्तन कर कुछ नई उपयोगी तकनीकें बनाई जा सकती है। अपने व्याख्यान में, फेनमैन ने एक प्रक्रिया का वर्णन भी किया जिसके अनुसार ''सैद्धांतिक रूप से बेहद सूक्ष्म स्तर पर पदार्थों को मनचाहे ढंग से नियंत्रित और व्यवस्थित कर पाना संभव है। इसका उल्लेख करते हुए फाइनमैन ने अपने व्याख्यान में कहा," बेहद सूक्ष्म पैमाने पर इलेक्ट्रॉनिक पदार्थों को बनाया जा सकना सैद्धांतिक रूप से संभव है और इस सूक्ष्म नियंत्रण के माध्यम से पदार्थों के गुणधर्मों को मनचाहे ढंग से बदल कर वृहद् उपयोग किया जा सकेगा। लगभग 7000 शब्दों का फाइनमैन का यह ऐतिहासिक व्याख्यान कैलिफोर्निया इंस्टीट्यूट ऑफ टेक्नोलॉजी (कैलटेक) की 'इजीनियरिंग एंड साइंस' नामक पत्रिका के जनवरी 1960 अंक में प्रकाशित हुआ था । लगभग एक दशक बाद, 1974 में अत्याधुनिक मशीनिंग के अपने अन्वेषण में, टोक्यो साइंस यूनिवर्सिटी के प्रोफेसर नोरियो तनिगुची ने नैनोटेक्नोलॉजी शब्द का प्रयोग किया था। नैनोटेक्नोलॉजी को विस्तृत रूप से 1980 में एरिक ड्रेक्सलर ने परिभाषित किया।

10.3 नैनो तकनीक: अवधारणा

यद्यपि नैनो तकनीक कोई नया विज्ञान नहीं है, बल्कि यह कई व्यावहारिक विज्ञान के विषयों जैसे जीव विज्ञान, भौतिक विज्ञान, रसायन विज्ञान, चिकित्सा और इंजीनियरिंग का समन्वित रूप है जिसमे इन विषयों की नैनोस्केल (लगभग 1-100 नैनोमीटर की सीमा में) इकाइयों अथवा अवयवों जैसे परमाणुओं, तत्वों या कोशिकाओं की क्षमताओं का संयोजन किया जाता है । इस प्रौद्योगिकी के अंतर्गत पदार्थों को आणविक या परमाणु स्तर पर निरूपित (manipulation) किया जाता है ताकि नैनो स्केल पर पदार्थों की निहित असाधारण क्षमता का उपयोग व दोहन किया जा सके।

वस्तुत: नैनो तकनीक, नैनोस्केल पदार्थों के सैद्धांतिक और प्रायोगिक अध्ययन से संबंधित है। जब किसी पदार्थ के सतही क्षेत्रफल से आयतन के अनुपात (surface area to volume ratio) में वृद्धि होती है तो पदार्थ के गुणों और प्रकृति में भी बदलाव आता है। इस अवस्था में पदार्थ के व्यव्हार को सामान्य भौतिकी के नियम और सिद्धांत से नहीं समझा जा सकता है बल्कि क्वांटम नियमों के आधार पर नैनोस्केल में पदार्थ के व्यवहार की व्याख्या की जाती है। क्वांटम नियमों द्वारा नैनोकणों व नैनो-संरचित सामग्री (nanoparticles and nano & structured materials) की नई क्षमताओं और गुणों को नियंत्रित किया जाता है जो इन्ही कणों से बने बड़े स्थूल पदार्थों की तुलना में अधिक उपयोगी हो सकते हैं (चित्र 10.2)। इसका एक सामान्य और अच्छा उदाहरण यह है कि कुछ पॉलिमर, स्थूल (जटिल और बड़े) रूप में इन्सुलेटर होते है जबकि नैनोस्केल पर अर्धचालक बन जाते हैं। इसीप्रकार तांबे को नैनो स्तर पर लानेपर वह इतना लचीला हो जाता है कि कमरे के तापमान पर ही उसे खींच कर साधारण तांबे की तुलना में उससे पचास गुणा तक लम्बा तार बनाया जा सकता हैं।

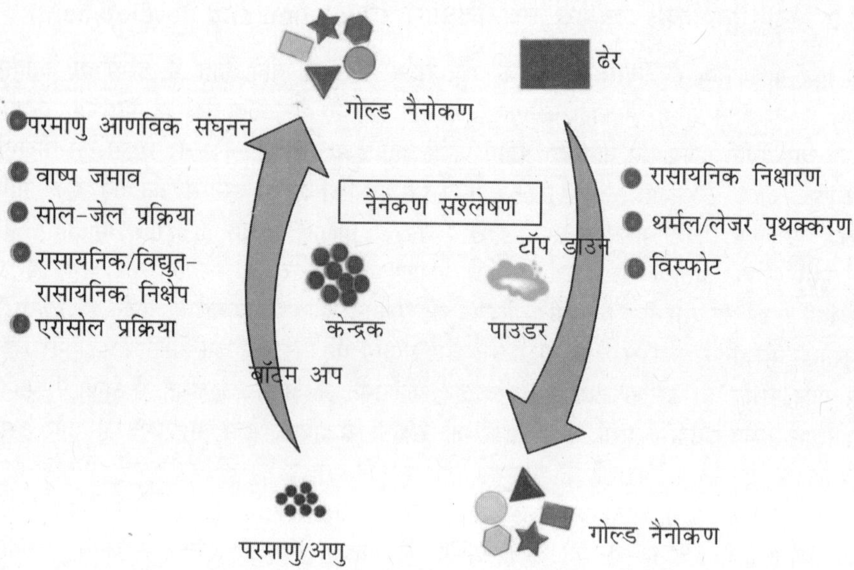

चित्र 10.2: नैनो कण के निर्माण हेतु बॉटम-अप अवधारणा एवं टॉप-डाउन अवधारणा

सामान्यत: एक नैनो डिवाइस के आकार की तुलना सामान्य कार्बन-कार्बन बॉन्ड की लंबाई से की जाती है, जो 0.12-0.15 नैनोमीटर के बीच की सीमा में होता है। यहां तक कि सबसे छोटे जीवित कोशिका माइकोप्लाज्मा बैक्टीरिया की लंबाई लगभग 200 नैनोमीटर हैं।

नैनोमीटर आकार के कणों के संश्लेषण के लिए दो प्रकार की अवधारणा हैं

(1) बॉटम-अप अवधारणा एवं

(2) टॉप-डाउन अवधारणा

10.3.1 बॉटम-अप अवधारणा

छोटे छोटे सूक्ष्म अवयवों को एकीकृत कर जटिल संरचना का निर्माण करना इस अवधारणा का मूल विचार है। इसमें पदार्थ और उपकरण आणविक घटकों से बनाए जातें हैं जो अणुओं के आण्विक प्रवृति के द्वारा स्व-एकत्रण के रसायनिक सिध्दांतों पर आधारित है। अर्थात इस अवधारणा में आणविक घटक खुद को स्वत: व्यवस्थित परमाणु-दर-परमाणु, अणु-दर-अणु, सामान्य क्लस्टर-से जटिल क्लस्टर का निर्माण करते है। इस अवधारणा को डीएनए और न्यूक्लिक एसिड से बने अत्यधिक सटीक संरचनाओं को डिजाइन करने के लिए डीएनए नैनो टेक्नोलॉजी में लागू किया जाता है। इस उद्देश्य के लिए, वाटसन-क्रिक बेस पेयरिंग विधि की विशिष्टता का उपयोग किया जाता है। इसी प्रकार रासायनिक संश्लेषण के क्षेत्र में, बॉटम-अप अवधारणा को लागू करके अणुओं के लिए सटीक आकार और संरचनाएं भी प्राप्त की जाती हैं। विगत वर्षों में आणविक पहचान तत्वों (molecular recognition elements) को कृत्रिम रूप से नैनो स्केल पर बनाया गया है, जिससे शरीर में प्राकृतिक रूप से पाए जाने वाले आणविक पहचान तत्वों के विकल्प के रूप में इस्तेमाल किया जा रहा है जैसे सिंथेटिक फ्लोरोसेंट नैनोमैटिरियल्स का संयुग्मन (conjugation) सिंथेटिक

मैक्रोमोलेक्युलर संरचनाएं या कृत्रिम जटिल आणविक संरचनाएं उत्पन्न कर सकता है जो ऑप्टिकल प्रोटीन पहचान और सिंथेटिक एंटीबॉडी के रूप में कार्य करता है। एक अन्य उदहारण के रूप में एटोमिक फोर्स माइक्रोस्कोप नामक एक उपकरण का उपयोग डिप पेन नैनोलिथोग्राफी प्रक्रिया के लिए नैनोमीटर पर 'राइट हेड' के रूप में किया जा सकता है। इस पद्धति का उपयोग आमतौर पर नैनोलिथोग्राफी के अधिक से अधिक अनुप्रयोगों के लिए किया जाता है।

10.3.2 टॉप-डाउन अवधारणा

यह बड़े पदार्थों क्रमिक कटिंग के माध्यम अथवा संयोजन करके नैनो स्केल सामग्री बनाने की प्रक्रिया है। यह तकनीक पहले ठोस उपकरणों के निर्माण से प्रारंभ हुई तथा बाद में इसे माइक्रोप्रोसेसर उपकरणों को बनाने के लिए संशोधित किया गया। इसकी प्रकृति यद्यपि सस्ती है, परन्तु धीमी होने के कारण बड़े बड़े पैमाने पर उत्पादन के लिए उपयुक्त नहीं मानी जाती है। इन दिनों इसी तकनीक को संशोधित कर नैनो डीवाईस का निर्माण किया जा रहा है। बॉल मिलिंग और कई प्रकार के प्लास्टिक विरूपण इसके प्रमुख उदहारण है। इसके अतिरिक्त वर्तमान में टॉप-डाउन अवधारणा का सबसे अधिक इस्तेमाल किया जाने वाला क्षेत्र फोटोलिथोग्राफी है। विगत कुछ वर्षों से इसका उपयोग कंप्यूटर चिप्स के निर्माण और 100 नैनोमीटर से भी छोटी संरचनाओं का निर्माण करने के लिए किया जा रहा है। आमतौर पर, एक ऑक्सीडाइज्ड सिलिकॉन (Si) वेफर के चारो ओर 1 -मी मोटी फोटोरोध ी परत लेपित होती है। पराबैंगनी प्रकाश (UV light) के संपर्क में आने के बाद, फोटोरोधी परत एक रासायनिक प्रतिक्रिया से गुजरती है, जिससे बहुलक श्रृंखलायें विघटित होकर टूट जाती है। इसप्रकार विरूपित ऑक्सीडाइज्ड सिलिकॉन (Si) वेफर को विलयन में धोकर एक 3-डी संरचना का निर्माण किया जाता है

10.4 नैनोकण: भौतिक और रासायनिक गुण

नैनोकणों का मुख्य मापदंड उनका आकार, आकृति एवं बाह्य संरचना है। नैनोकणों को एक एरोसोल (हवा में ज्यादातर ठोस या तरल कण), एक निलंबन (तरल पदार्थ में ज्यादातर ठोस) या एक इमल्शन (दो तरल कण) के रूप में प्रस्तुत किया जाता है। रासायनिक कारकों (surfactants) की उपस्थिति में, नैनोकणों के सतही और अंतर्सतही (surface and interfacial) गुणों को संशोधित किया जा सकता है। अप्रत्यक्ष रूप से ऐसे रासायनिक कारक नैनोकण के आवेश को संरक्षित करके अथवा उनकी सबसे ऊपरी परत को रूपांतरित करके नैनोकण को एक साथ एकत्रित होने से रोकते है। नैनोकण, निर्माण में लगे समय में रासायनिक कारकों के साथ मिश्रण कर प्राय: बहुत जटिल संरचनाएं निर्मित कर लेते है, जिनकी प्रकृति मूल पदार्थों से काफी भिन्न अथवा विपरीत होती है। इसके अतिरिक्त नैनोकण के सतह रासायनिक प्रवृति में भी काफी अन्तर आ जाता है। उदाहरण के लिए किसी पदार्थ के नैनो स्केल के छोटे समूहों के इलेक्ट्रॉनिक और ऑप्टिकल गुण और रासायनिक क्रियाशीलता उसी पदार्थ के थोक अथवा विस्तारित सतहों के इन गुणों से पूरी तरह से अलग होती है। नैनोस्केल पर परिवर्तित इन भौतिक और रासायनिक गुणों का उपयोग कई प्रकार की तकनीकों में किया गया है, जिसमें आसंजन (adhesion), Lusgu (lubrication), स्थिरीकरण (stabilization) प्रमुख रूप से शामिल हैं।

10.4.1 नैनोकणों की पारस्परिक अंतःक्रियाएं

भौतिक और रासायनिक प्रक्रियाओं और स्वतंत्र नैनोकणों के विकास का वर्णन करने के लिए द्रव अंतःक्रियाएं महत्वपूर्ण हैं हालाँकि सक्रिय बाह्य परत में शामिल अणुओं की थोड़ी मात्रा के कारण उन्हें चिह्नित करना मुश्किल है। नैनोस्केल पर कणों का अंतसंबंधा कमजोर वान डेर वाल्स बलों, मजबूत ध्रुवीय और विद्युत् स्थानिक बंध अथवा सहसंयोजक बंध के माध्यम से बनता है। ध्रुवीकरण के आधार पर, नैनोकणों का एकत्रीकरण इन्ही सहसंबंधों द्वारा निर्धारित किया जाता है। नैनोकणों के बाह्य परत में विरूपण अथवा संशोधन के द्वारा, एक कोलाइड की जमावट की प्रवृत्ति को बढ़ाया या कम किया जा सकता है।

10.5 साधन एवं तकनीक

नैनोप्रौद्योगिकी के विकास ने उन साधनों और साधनों की विशेषता को जानने की आवश्यकता को बल दिया है जिसके कारण इस विषय के साथ अत्यधिक संभावनाएं जुडी है। नैनोप्रौद्योगिकी के साधनों का विशिष्ठ अध्ययन नैनोमेट्रोलॉजी के नाम से जाना जाता है। यह कियात्मक रूप से सक्रिय घटकों के माप का विज्ञान और अभ्यास है जिनका आकार 100 नैनोमीटर से छोटा होता है। जटिल नैनोसंरचनाओं का अध्ययन और अन्वेषण करने के लिए अत्यधिक परिष्कृत प्रयोगात्मक, सैद्धांतिक और मॉडलिंग उपकरण की आवश्यकता होती है। विशेष रूप से, सामग्री और उपकरणों के देखने, उनके लक्षणों का वर्णन और विरूपित करने के लिए स्थानिक और सामयिक सन्दर्भों के साथ आणविक स्तर या उससे भी छोटे आकर की परिष्कृत इमेजिंग और मात्रात्मक तकनीकों की आवश्यकता होती है। नैनोप्रौद्योगिकी में मुख्य रूप से दो वर्गों के उपकरणों का इस्तेमाल किया जा रहा है।

(i) विश्लेषणात्मक उपकरण (Analytical tools)

(ii) नैनो इमेजिंग उपकरण (Nanoimaging tools)

(i) विश्लेषणात्मक उपकरण (Analytical tools): चिकित्सा विज्ञान और कृषि के विभिन्न क्षेत्रों में नैनोप्रौद्योगिकी का उपयोग व्यापक स्तर पर हो रहा है जहां नैनोकणों को विशिष्ठ रूप डिजाइन कर है और उनका उपयोग जैव चिकित्सा उपकरणों के रूप में, निदान, पोषक तत्व वितरण और अनुसंधान में किया जाता है।

(ii) नैनो इमेजिंग उपकरण (Nanoimaging tools): ऐसे उपकरण मूलतः आणविक ट्रांसमिशन इलेक्ट्रॉन माइक्रोस्कोपी (TEM) की मदद से इमेजिंग, विश्लेषण और प्रलेखन का कार्य करते है। फार्मास्युटिकल, जैव-प्रौद्योगिकी और नैनोटेक्नोलॉजी में इन उपकरणों का उपयोग बहुतायत में होता है।

10.5.1 तकनीक

नैनोकणों की प्रकृति, उनके आकार, आकृति विज्ञान और सतह आवेश पर आधारित है, जिसका उपयोग कई तरह की उन्नत सूक्ष्म तकनीकों में किया जाता हैं। नैनोप्रौद्योगिकी में उपयोग की जाने वाली कुछ सामान्य तकनीकों में आयन-बीम तकनीक, परमाणु बल माइक्रोस्कोप (Atomic Force Microscopy), स्कैनिंग इलेक्ट्रॉन माइक्रोस्कोपी (SEM) और ट्रांसमिशन इलेक्ट्रॉन माइक्रोस्कोपी

(TEM) इत्यादि प्रमुख है। आकार वितरण, औसत कण व्यास, चार्ज जैसे गुण भौतिक स्थिरता और पदार्थ के भीतर नैनोकणों के वितरण को प्रभावित करते हैं। नैनोकणों की सतही प्रवृति, उनका आकार और समग्र आकृति जैसे गुण इलेक्ट्रॉन माइक्रोस्कोपी तकनीकों द्वारा निर्धारित किए जाते हैं। बहुलक के फैलाव के साथ-साथ भौतिक स्थिरता और पुनसंरचना जैसे गुण प्रत्यक्षत: नैनोकणों के सतह आवेश से प्रभावित होती हैं। इसलिए नैनोकणों के लक्षणों के वर्णन के दौरान सतह के आवेश का मूल्यांकन करना बहुत महत्वपूर्ण है। नैनो सिस्टम में उपयुक्त विभिन्न साधनों की विशेषताएँ और उनके संक्षिप्त अनुप्रयोग तालिका 10.1 में उल्लिखित हैं।

तालिका 10.1: नैनो सिस्टम में उपयुक्त विभिन्न साधनों की विशेषताएँ और उनके संक्षिप्त अनुप्रयोग

नैनो सिस्टम	आकार (नैनोमीटर)	विशेषता	अनुप्रयोग
कार्बन नैनो ट्यूब	व्यास: 0.5-3 एवं लम्बाई 20-1000	कार्बन शीट का तीसरा समरूपीय क्रिस्टलीय रूप (सिंगल लेयर (सिंगल वाल्ड-नैनोट्यूब, SWNT) या बहु-दीवार वाला नैनोट्यूब, MWNT)। ये क्रिस्टल अत्यधिक मजबूत और अद्वितीय विद्युत गुण (कंडक्टिंग, सेमी कंडक्टिंग, या इंसुलेटिंग) वाले होते हैं।	DNA, पेप्टाइड वितरण के लिए वाहक के रूप में, कोशिका अथवा कोशिका द्रव्य में केन्द्रक के प्रवेश हेतु, क्रियाशीलता के कारण घुलनशीलता में वृद्धि करने हेतु
डेनड्रीमर	<10	अत्यधिक शाखित, बहुलक प्रणाली द्वारा नियंत्रित उत्पादित तीन मुख्य भागों कोर, शाखा और सतह	जैवे सक्रिय पदार्थों का यकृत में लक्षित वितरण
लिपोसोम	50-100	फॉस्फोलिपिड पुटिकाएं, बहुद्देशीय, उलझाव (entrapment) दक्षता	जीन, प्रोटीन, पेप्टाइड और विभिन्न अवयवों का निष्क्रिय और सक्रिय वितरण
धातु का नैनोकण	<100	सोने और चांदी के कोलोइड, बहुत छोटे आकार के परिणामस्वरूप उच्च सतह क्षेत्र के लिए उपलब्ध क्रियाशील, स्थिर	दवा और जीन वितरण, अत्यधिक संवेदनशील जांच हेतु उपयोग, ताप संवेदनशीलता थर्मल एब्लेशन और रेडियोथेरेपी वृद्धि
नेनो क्रिस्टल	2-9.5	अर्धचालक सामग्री आकार क्वांटम डॉट्स 10 और 100 Å के बीच; उज्ज्वल प्रतिदीप्ति, संकीर्ण उत्सर्जन, व्यापक यूवी उत्तेजना और उच्च फोटो स्थिरता	यकृत सेल की इमेजिंग; डीएनए संकरण, प्रतिरोधी रिसेप्टर मध्यस्थता स्तन कैंसर मार्कर HeR2

बहुलक मिसेल्स	10-100	बहुद्देशीय, उलझाव (entrapment) दक्षता	लक्ष्य विशिष्ट सक्रिय और निष्क्रिय दवा वितरण, नैदानिक मूल्य
बहुलक नैनोकण	10-1000	जैव घटनीय (biodegradable), जैव संगत	नियंत्रित और निरंतर दवाओं के वितरण के लिए उत्कृष्ट वाहक। जैवसक्रीय पदार्थों का सक्रिय और निष्क्रिय प्रसव

10.6 नैनोस्केल प्रभाव

भौतिकी सहित विभिन्न वैज्ञानिक विषयों जैसे रसायन विज्ञान, जीव विज्ञान और अभियांत्रिकी के क्षेत्र में नैनोप्रौद्योगिकी के महत्व को अनुभव किया जाने लगा है। यह महत्व मुख्य रूप से दो कारणों से है। पहला यह कि, नैनोस्केल सामग्री में वे उपन्यास कार्यक्षमता (novel functionalities) होती है और इसी कारण विभिन्न तकनीकी अनुप्रयोगों में नैनोस्केल सामग्री के उपयोग की कई संभावनाएं हैं। जबकि दूसरा कारण यह है कि आकार निर्भर-भौतिक गुणों के विकास सम्बन्धी ज्ञान को अभी तक व्यवहार में नहीं बदला जा सका है, और इस दिशा में विभिन्न भौतिक गुणों के विकास के साथ ही उनके व्यवहारिक अनुप्रयोग की ढेरों संभावनाएं है। नैनोसंरचित सामग्री का उपयोग उन्नत कार्यक्षमता वाले उपन्यास सक्रिय उपकरणों को गढ़ने में किया जा सकता है। नैनो संरचित पदार्थों का एक प्रमुख वर्ग एक-आयामी नैनोमैटेरियल्स (ट्यूब, तार, छड़, आदि) है, इलेक्ट्रॉनिक्स, और सेंसर विकास समेत विकास के अन्य क्षेत्रों में उपयोग किया जा रहा है जबकि दूसरी ओर, ऐसे एक आयामी नैनो संरचित पदार्थों के भौतिक गुण उनके थोक व्यवहार से बिलकुल अलग होते है।

उदाहरण के लिए, इलेक्ट्रॉन परिवहन प्रक्रिया उनके थोक समकक्ष से एक-आयामी संरचनाओं में भिन्न होगी। नैनोस्केल प्रभाव को निम्नांकित बिन्दुओं से समझा जा सकता है।

(अ) नैनो स्केल जिस पर क्वांटम प्रभाव किसी पदार्थ के गुणों पर हावी होता है: जब किसी ठोस पदार्थ के कणों को एक सामान्य ऑप्टिकल माइक्रोस्कोप में देखी जा सकता है, तो पदार्थ के मूल गुणों की तुलना में कणों के गुणों में बहुत कम अंतर होता है। लेकिन जब कणों को लगभग 1-100 नैनोमीटर के आयामों के साथ बनाया जाता है (जहां कणों को 'केवल शक्तिशाली विशेष सूक्ष्मदर्शी के साथ' देखा जा सकता है), तो इस स्तर उन पदार्थों के गुण काफी बदल जाते हैं। यह आकार का वह पैमाना है जहां एक विशेष क्वांटम प्रभाव कणों के व्यवहार और गुणों को नियंत्रित करते हैं। इस आकार पैमाने (scale range) पर सामग्रियों के गुण आकार-निर्भर होते हैं। इस प्रकार, जब कण आकार को नैनोस्केल स्तर का बनाया जाता है, तो कणों के गुण जैसे गलनांक, प्रतिदीप्ति, विद्युत चालकता, चुंबकीय पारगम्यता और रासायनिक प्रतिक्रियाशीलता में परिवर्तन होता है। उदाहरणार्थ नैनोस्केल सोना उन विशेष गुणों को दर्शाता है जो नैनोस्केल में होते हैं। जैसे कि नैनोस्केल सोने के कण अपने दृश्यमान रूप की भांति पीले रंग के नहीं होते हैं बल्कि नैनोस्केल सोना लाल या बैंगनी दिखाई देता है। नैनोस्केल में, सोने के इलेक्ट्रॉनों की गति सीमित है और इसीलिए सोने के नैनोकण बड़े-बड़े स्वर्ण कणों की तुलना में प्रकाश के साथ अलग तरह से प्रतिक्रिया करते हैं। उनके आकार और ऑप्टिकल गुणों को व्यावहारिक उपयोग के लिए रखा जा

सकता है। इसप्रकार किसी पदार्थ के कण के आकार को बदलकर, उसके भौतिक गुणों को अपेक्षित रूप से परिवर्तित किया जा सकता है। नैनोस्केल का एक और महत्वपूर्ण क्वांटम प्रभाव 'टनलिंग' के रूप में जाना जाता है, जो एक ऐसी घटना है जो कंप्यूटिंग टनलिंग माइक्रोस्कोप और कंप्यूटिंग के लिए फ्लैश मेमोरी के रूप में कार्य करता है।

(ब) नैनो स्केल जिस पर कई जैव वैज्ञानिक प्रक्रियाएं सम्पादित होती है: कई वर्षों से, प्रकृति ने जीव विज्ञान की कला को नैनोस्केल में सिद्ध किया है। कोशिकाओं के अन्दर कई प्रक्रियाएं स्वाभाविक रूप से नैनोस्केल पर सम्पादित होती हैं। उदाहरण के लिए, हीमोग्लोबिन प्रोटीन का व्यास में 5.5 नैनोमीटर होता है, यह प्रोटीन शरीर के विभिन्न भागों तक ऑक्सीजन का परिवहन करता है, । अनुवांशिक पदार्थ, डीएनए का एक किनारा केवल 2 नैनोमीटर व्यास का होता है। जैविक तत्वों की नैनो स्केल पर सक्रियता के कारण ही नैनोकणों की सहायता से चिकित्सा विज्ञान के क्षेत्र में कई प्रकार के उपचारात्मक टूल डिजाईन किये जा रहे है, जो पारंपरिक तकनीकों की तुलना में अधिक सटीक और उपयोगी हैं। इसका एक उदाहरण जैव-बारकोड का प्रचलित उपयोग है जिसकी मदद से अपेक्षाकृत कम लागत में रक्त में रोग-विशिष्ट बायोमार्करों का पता लगाया जाता है।

(स) नैनो स्केल पर सतही एवं अंतर्सतही गुण पदार्थ के भौतिक गुणों और अंतःक्रियाओं के निर्धारण में एक बड़ी भूमिका निभाते हैं: नैनोस्केल पर पदार्थ, यद्यपि अकार में छोटे होते है परन्तु इनका सतही क्षेत्रफल तुलनात्मक रूप से अधिक होता है जिसके कारण इनकी उपयोगिता बढ़ जाती है। उदहारण के तौर पर 1 से.मी. ठोस पदार्थ का बना हुआ घन का का सतही क्षेत्रफल 6 वर्ग से.मी. होता है परन्तु इसी ठोस घन को अगर 1 मि.मी. के अनेक घनों के टुकड़ों में बाँट दिया जाये तो इसका सतही क्षेत्रफल 60 वर्ग से.मी. हो जाता है। अगर इसी 1 से.मी.के ठोस घन को 1 नैनो मीटर के अनेक घनों के टुकड़ों में बाँट दिया जाये तो इसका सतही क्षेत्रफल बढ़कर 60,000,000 वर्ग से.मी. हो जाता है (चित्र-10.4)। इससे ज्ञात होता है कि नैनो कणों की सतही क्षेत्रफल में कई गुना की वृद्धि हो जाती है और इसी बढे हुए क्षेत्रफल के कारण नैनोकण बड़े आकार के पदार्थों की अपेक्षा कई गुना ज्यादा उपयोगी होते है।

चित्र 10.3: नैनो-रेंज में एक व्यास वाले नैनोवायर के भीतर इलेक्ट्रॉन गतियों का कंप्यूटर सिमुलेशन (चित्र स्रोतः एन.एस.एफ. मल्टीमीडिया/एरिक हेलर गेलरी)

चित्र 10.4: नैनो-संरचित पदार्थ द्वारा प्रदान की गई सतह क्षेत्र के प्रभाव को प्रदर्शित करता चित्रण

10.7 नैनो तकनीक के वर्तमान उपयोग एवं भारतीय परिदृश्य

(i) आज हर दैनिक जीवन की घरेलु वस्तु मे नैनो तकनीक का समावेश है। उपभोक्ता वस्तुआँ मे इनके अनेकाँ अनुप्रयोग हैं। उदाहरण स्वरुप धूप का चश्मा, ग्लास की कोटिंग मे नैनो तकनीक का उपयोग होता है जिसके कारण वे और भी मजबूत और हानिकारक पैराबैंगनी (UV rays) किरणों को पहले की तुलना मे अधिक बेहतर तरीके से ब्लॉक कर सकते हैँ। सनस्क्रीन और अन्य कॉस्मेटिक्स मे भी नैनो कण होते हैँ जो प्रकाश को आर पार जाने देते हैं परंतु पैराबैंगनी (UV rays) किरणों को रोक देते हैं. पहनावे हेतु कपडों को भी ये अधिक टिकाउ बनाते हैं उन्हे वाटरप्रूफ और हवा प्रूफ बनाते हैं। पैकेजिंग जैसे की दूध आदि के कार्टन मे नैनो कण इस्तेमाल किये जाते हैँ ताकि दूध प्लास्टिक की थैली मे अधिक समय तक तरोताजा रहे।

(ii) चिकित्सा के क्षेत्र मे भी औषधियों को शरीर के प्रभावित स्थान तक पहुंचाने की तकनीकों मे इसका उपयोग होता है। इसका उपयोग ह्रदयाघात, अल्जाईमर्स और डेम्नेशिया एवं अन्य कई बीमारियों के मरीजों को राहत पहुंचाने मे किया जाता है। क्वांटम डॉट्स का उपयोग निकट भविष्य मे कैंसर की गांठ (ट्युमर) की पह्चान एवं निदान एवं नमूना परीक्षण मे किया जा सकता है।

(iii) इलेक्ट्रॉनिक्स के क्षेत्र में नैनो तकनीक का उपयोग बखूबी होता है। ये LEDs, डिजिटल केमरा, फ्लेक्सिब्ल सौर पैनल्स, नावाँ और हवाईजहाज के फोटोवोल्टेइक झिल्लियों एवं अन्य कई वस्तुओं मे बेहतर प्रकाश देने हेतु नैनो तकनीक का उपयोग किया जाता है।

(iv) औटोमोबाईल उद्योग मे नैनाईट्स ईंधन, तेल एवं अन्य द्रव मे मिलाये जाते हैं ताकि वे अधिक सक्षमता से कार्य करें. अन्य द्रवों को बेहतर ल्युब्रिकेंट बनाने और इस प्रकार इंजन का कार्यकाल (जीवन) बढाने मे भी वे उपयोगी सिद्ध हुए हैं। धातु मे भी मिलाकर उसे

अधिक मजबूत और हल्का बनाने मे जो अंतत: ईंधन की क्षमता बढाने तथा गाडियों को अधिक टिकाउ बनाने मे भी नैनो कण कारगर सिद्ध होते हैं।

(v) कृषि एक ऐसा क्षेत्र है जहाँ फसलों की उपज को बेहतर बनाने के लिए अक्सर नई तकनीकों को लागू किया जाता है। नैनो कृषि में नैनो कणों का अत्यधिक उपयोग संभावित है। कृषि क्षेत्र में नैनोप्रौद्योगिकी का प्रयोग अभी मुख्य रूप से कृषि और पर्यावरणीय चुनौतियों जैसे कि स्थिरता, बेहतर पौधे की किस्मों, उत्पादकता में वृद्धि, और प्राकृतिक संसाधन प्रबंधन के समाधान प्रदान करने पर केंद्रित है। पौधों के प्रजनन और आनुवंशिक परिवर्तन के क्षेत्र में जानकारी जुटाने के लिए भी नैनो तकनीक का सहारा लिया जा रहा है।

पाठय मूल्यांकन

I. रिक्त स्थान भरें

1. नैनो तकनीक शब्द का सर्वप्रथम प्रयोग वर्ष.................में व .... द्वारा किया गया।
2. एक नैनोमीटर =..............मीटर।
3. किसी पदार्थ के नीचे काफी जगह है (There is plenty of room at the bottom) यह लोकप्रिय कथन.................................... का है।
4. कार्बन नैनोट्यूब की चौड़ाई .... नैनोमीटर होती है।
5. कार्बन के परमाणु आपस में .... बंध से जुड़े होते है।
6. बहुलक नैनोकणों का आकार .... नैनोमीटर होता है।
7. नैनोप्रौद्योगिकी के प्रयुक्त साधनों के विशिष्ठ अध्ययन को ....के नाम से जाना जाता है।
8. टॉप-डाउन अवधारणा का सर्वाधिक अधिक इस्तेमाल .... क्षेत्र में होता है।

II. सत्य अथवा असत्य बताएं

1. नैनोकणों के लिए आयतन और सतही क्षेत्र का अनुपात बहुत बड़ा होता है।
2. नैनो आकार के पदार्थों के दो महत्वपूर्ण गुण सबस्टेंस के दो महत्वपूर्ण गुण उनका दबाब व घर्षण होता है।
3. नैनोस्केल में सिलिकॉन एक इन्सुलेटर की तरह कार्य करता है।
4. नैनोप्रौद्योगिकी का अध्ययन न्यूटन मेकनिक्स की सहायता से किया जा सकता है।
5. नैनोस्केल पर कणों का अंतर्संबंध मजबूत ध्रुवीय और विद्युत् स्थानिक बंध के माध्यम से बनता है।
6. सूक्ष्म अवयवों को एकीकृत कर जटिल संरचना का निर्माण करना टॉप डाउन अवधारणा का मूल विचार है।

III. लघु उत्तरीय प्रश्न

1. नैनोकणों की महत्वपूर्ण गुण कौन से है, लिखें।
2. नैनोप्रौद्योगिकी की प्रमुख अवधारणाओं को समझाईये।
3. नैनोप्रौद्योगिकी के चिकित्सा के क्षेत्र में अनुप्रयोग से अपेक्षित लाभ क्या है।
4. नैनोस्केल प्रभाव से आप क्या समझते है, लिखे।

IV. टिपण्णी करें

1. क्वांटम डॉटस
2. नैनो फिल्टर
3. बॉटम अप अवधारणा
4. कार्बन नैनो ट्यूब

V. दीर्घ उत्तरीय प्रश्न

1. नैनो टेक्नोलॉजी किसे कहते है? विज्ञान और तकनीक में इसके प्रमुख अनुप्रयोगों की व्याख्या करें।
2. आगामी 20 वर्षों में नैनोप्रौद्योगिकी हमारे जीवन को किसप्रकार बदल सकता है, उदहारण सहित समझाएं।

अध्याय

11

नैनो तकनीक का कृषि में उपयोग

अध्ययन उद्देश्य

- इस अध्याय में कृषि उत्पादकता की वृद्धि में नैनो तकनीक की क्या और किस प्रकार की भूमिका हो सकती है, इसकी विस्तृत व्याख्या की गई है ।
- अध्याय उन पहलुओं का वर्णन करते हुए उन संभावनाओं को इंगित करता है जिसके माध्यम से नैनोतकनीक पोषक तत्वों के नियंत्रण कर कृषि उत्पादकता को सकारात्मक रूप से प्रभावित कर सकता है।
- यह अध्याय नैनो कीट-रोग नाशक के उपयोगिता को प्रतिपादित करते हुए यह उद्धृत करता है कि परिभाषित सांद्रता के नैनो कणों को कई पादप रोगों व व्याधियों के निदान के नियंत्रण हेतु सफलता पूर्वक उपयोग किया जा सकता है।
- अंत में अध्याय, नैनो प्रौधोगिकी के कृषि में विभिन्न स्तरों जैसे सटीक कृषि तकनीक, पोषक तत्वों को अवशोषित करने के लिए पौधों की क्षमता बढ़ाना, आदानों का अधिक कुशल और लक्षित उपयोग, प्रसंस्करण भंडारण और पैकेजिंग जैसे पहलुओं में क्रांतिकारी बदलाव कर सकने की क्षमता को उद्धृत करता है।

परंपरागत रूप से कृषि प्रमुख आदानों जैसे बीज, जल, उर्वरक और कीटनाशकों इत्यादि का उपयोग गैर अनुपातिक ढंग से होता आ रहा है, इन आदानों का कुछ हिस्सा फसलोत्पादन में उपयोग नहीं होता है और यह भूमि, जल एवं वायु में सम्मिलित हो कर प्रदूषण का कारण बनता है। यही वजह है कि कृषि एवं कृषिगत गतिविधियाँ का वैश्विक स्तर पर ग्रीन हाउस गैसों के उत्सर्जन में 24 प्रतिशत योगदान है। इसके अतिरिक्त रसायनों के भरपूर उपयोग से कृषि कार्य प्रत्यक्षत: अथवा अप्रत्यक्षत:, पर्यावरण-प्रणाली के असंतुलन, जलवायु परिवर्तन और अन्य प्रतिकूल पारिस्थितिक प्रभावों के लिए उत्तरदायी है। ऐसी ही विसंगत कृषि कार्य प्रणाली के कारण अंतत: जल संसाधनों के विलुप्त होने, मिट्टी की गुणवत्ता और वर्षा के असमान वितरण का खतरा भी उत्पन्न हो गया है।

नैनो तकनीक कृषि कार्यो से जुडी इन विसंगतियों को दूर करने में एक महत्वपूर्ण भूमिका निभा सकती है। उदहारण के तौर पर नैनोकण संरचित तथाकथित 'स्मार्ट उर्वरक' पोषक तत्वों के वाहक के रूप में कार्य करते हैं और पोषक तत्वों के आवश्यकतानुसार नियंत्रित रूप से रिलीज करते है। इसप्रकार ऐसा माना जाने लगा है कि निकट भविष्य की कृषि प्रणालियों में नैनो आधारित कृषि प्रौद्योगिकियों का नियोजन आवश्यक हैं।

11.1 कृषि अनुप्रयोगों के लिए प्रयुक्त नैनोकणों के प्रमुख गुणधर्म

जैसा कि हम पिछले अध्याय में पढ़ चुके है कि कोई पदार्थ नैनो स्केल (10^{-9} मीटर) पर अपने भौतिक, रासायनिक, चुंबकीय, प्रकाशकीय, यांत्रिक एवं इलेक्ट्रिक गुणों में व्यापक परिवर्तन प्रदर्शित करता है, और यह गुणात्मक परिवर्तन, नैनो स्केल पर उस पदार्थ को अधिक सक्षम एवं उपयोगी बनाता है। विशिष्ट कार्यात्मक गुणों के कारण ही नैनो पदार्थों के कृषि के क्षेत्र में इस्तेमाल के कुछ प्रत्यक्ष लाभ हैं। निलंबन अवस्था में नैनोकणों की उच्च घुलनशीलता, उच्च सतह क्षेत्रफल और नैनो आकार के कारण बीज आवरणों में सुरक्षित प्रवेश एवं पोषक तत्वों की बेहतर जैवउपलब्धता ऐसे प्रमुख लाभ है जो नैनोकणों के उपयोग को प्रभावी सिद्ध करते है।

नैनो पदार्थों के इन्ही विशिष्ट कार्यात्मक गुणों का कृषि अनुप्रयोगों के लिए भी दोहन किया जाता है। पौधों पर नैनो पदार्थों का वास्तविक प्रभाव, पौधे की प्रजातियों की संवेदनशीलता के अतिरिक्त उनकी संरचना, सांद्रता, आकार, सतह के आवेश और भौतिक व रासायनिक गुणों पर निर्भर करता है। सामान्यतः कृषि अनुप्रयोगों के लिए मानक रूप से नैनो कणों में निम्नलिखित गुण होने चाहिए:

(i) नैनोकणों को आवश्यकताओं के अनुरूप पौधों को उर्वरकों या कीटनाशकों के नियंत्रित निस्तार के माध्यम से वास्तविक सांद्रता प्रदान कर सकने में सक्षम होना।

(ii) नैनोकणों में लक्षित प्रभावशीलता होनी चाहिए।

(iii) नैनोकणों को पर्यावरणीय अनुकूल होना चाहिए साथ ही इनका संचालन सुरक्षित होना आवश्यक है।

(iv) उदाहरण के तौर पर टिटेनियम डाइ ऑक्साइड (TiO_2) नैनोकण का उर्वरक के रूप में उपयोग मूंग की फसल की पैदावार बढाने के लिए किया जाता है। यह पर्यावरणीय अनुकूल नैनोकण नियंत्रित रूप से निस्तारित होकर पौधों तक कई प्रकार के पोषक तत्वों की उपलब्धता सुनिश्चित करता है। इसीप्रकार Au, SiO_2, और ZnO के कार्बन नैनोट्यूब और नैनोकण पौधों के पोषक तत्वों की उपयोग क्षमता को बढ़ाकर पौधों के विकास में योगदान करते हैं।

11.2 नैनो प्रौधोगिकी एवं कृषि सम्बन्धी अनुप्रयोग

नैनो प्रौधोगिकी का पोषक तत्वों के नियंत्रण के माध्यम से उत्पादकता की वृद्धि में एक महत्वपूर्ण स्थान है, साथ ही यह कृषि के सतत विकास के लिए पानी की गुणवत्ता और कीटनाशकों की न्यायोचित मात्रा के निर्धारण में भी एक बड़ी भूमिका निभाती है। नैनो प्रौधोगिकी का तेजी से विकास एवं इसका कृषि एवं पारंपरिक खाद्य उत्पादन के क्षेत्र में बढ़ता अनुप्रयोग आने वाले दिनों में अनेक नई संभावनाओं को बल प्रदान करता है। यह प्रौधोगिकी, कृषि क्षेत्र के संसाधनों के उचित प्रबंधन, पौधों में कीट नाशकों अथवा सूक्ष्म पोषक तत्वों के समेकित वितरण और मिट्टी की उर्वरता को बनाए रखने में मदद करती है। कृषि भूमि के जहरीले घटकों को हटाने और और भूमि को टिकाऊ बनाने के लिए विभिन्न नैनो कणों (नैनोकण एवं सूक्ष्मजीवों के मध्य) की अंतः क्रिया की महत्वपूर्ण भूमिका होती है। इसके अलावा, बायोमास और कृषि अपशिष्टों के साथ-साथ खाद्य प्रसंस्करण और खाद्य पैकेजिंग प्रणाली से जुड़े जोखिम मूल्यांकन में भी इसका उपयोग किया जा रहा है। नैनोकण

न सिर्फ सीधे अपशिष्ट और विषाक्त पदार्थों के क्षरण को उत्प्रेरित करते हैं, बल्कि यह अपशिष्ट और विषाक्त पदार्थों के क्षरण में सूक्ष्मजीवों की दक्षता में भी सुधार करते हैं। इसके अतिरिक्त पारंपरिक कृषि में आदानों के गैर अनुपातिक उपयोग एवं ग्रीन हाउस गैस उत्सर्जन जैसी चुनौतियों के समाधान की भी अपेक्षा नैनो प्रौधोगिकी के अनुप्रयोगों के माध्यम से की जाने लगी है। इसके अतिरिक्त सटीक कृषि, नैनो उर्वरक, नैनो कीट नाशक, नैनो सेंसर और स्मार्ट पैकेजिंग जैसे कई पहलू है जिसमे नैनो प्रौधोगिकी के माध्यम से क्रांतिकारी बदलाव संभव प्रतीत होता है।

कृषि सम्बन्धी अनुप्रयोगों में नैनो प्रौधोगिकी की विशिष्ट रूप से निम्नांकित भूमिका है-

(i) उर्वरकों, कीटनाशकों व खरपतवारनाशियों के आवश्यकतानुरूप नियंत्रित वितरण प्रणाली सुनिश्चित करना एवं

(ii) फसल की वास्तविक स्थिति तथा वातावरणीय तनाव का प्रक्षेत्र स्तर पर निगरानी हेतु फील्ड-सेंसिंग सिस्टम का उपयोग करना।

उपरोक्त दोनों बिन्दुओं के आधार यह कहा जा सकता है कि कृषि में नैनो पदार्थों और नैनो प्रौधोगिकी का उपयोग कृषि उत्पादन के प्रायः सभी चरणों में, विभिन्न रूपों और विभिन्न प्रक्रियाओं में किया जा सकता है। इसप्रकार नैनो प्रौधोगिकी के कृषि अनुप्रयोगों को निम्नानुसार तालिकाबद्ध कर सकते है।

(i) फसल के पोषण के लिए नैनो-उर्वरक

(ii) फसल सुरक्षा हेतु नैनो-कीटनाशक, नैनो-कवकनाशी, नैनो-खरपतवारनाशक

(iii) सटीक कृषि हेतु नैनो बायो सेंसर

(iv) मूल्य संवर्धन हेतु फसलोत्तर प्रौद्योगिकी

(v) कृषि उपयोग के लिए बायोप्रोसेसिंग (जैव संश्लेषित) नैनोपार्टिकल्स

11.3 नैनो उर्वरक

विगत कुछ वर्षों में प्रति इकाई क्षेत्र से गुणवत्तापूर्ण उत्पादन प्राप्त करने के लिए नैनो उर्वरकों का इस्तेमाल किया जाने लगा है। नैनो उर्वरक के प्रयोग से जहाँ पौधों के पोषक तत्वों की उपयोग दक्षता में वृद्धि होती है। मिट्टी में नाइट्रोजन, फॉस्फोरस, और पोटाश की कमी को पूरा करने के लिए यूरिया, डायमोनियम फॉस्फेट (डीएपी) और सिंगल सुपर फॉस्फेट (एसएसपी) जैसे रासायनिक उर्वरकों का उपयोग किया जाता है। इन उर्वरकों का अधिकांश हिस्सा रन-ऑफ होकर मृदा में या वाष्पीकृत होकर वातावरण में जमा हो जाता है। एक अनुमान के अनुसार लगभग 40-70% नाइट्रोजन, 80-90% फॉस्फोरस और 50-70% पोटेशियम पौधों द्वारा अवशोषित नहीं किया जाता है, जिससे एक बड़े स्तर पर वित्तीय नुक्सान तो होता ही है साथ ही पर्यावरण भी व्यापक रूप से प्रदूषित होता है। नैनोमैटेरियल्स में लेपित उर्वरक या नैनो उर्वरकों के उपयोग से इस समस्या को हल किया जा सकता हैं।

नैनो उर्वरकों के इस तरह से प्रभावी होने के पीछे मूल सिद्धांत यह है कि नैनो उर्वरकों का सतही क्षेत्रफल बढ़ने से उर्वरकों के आयनों की धारण क्षमता बढ़ती है तथा इन पोषक तत्वों के धीमे एवं

सतत रिलीज के कारण पौधों में इनकी खपत आवश्यकतानुसार होती है जिससे अतिरिक्त पोषक आयनों के भूमि में स्थिर होने अथवा वातावरण में समाहित होने की दर कम हो जाती है, साथ ही साथ पोषक तत्वों की उपयोग दक्षता (Nutrient Use Efficiency) बढ़ जाती है। नैनोपार्टिकल्स के उच्च सतही तनाव (higher surface tension of nanoparticles) के कारण पारंपरिक सतहों की तुलना में नैनोमैटेरियल्स में लेपित उर्वरक पौधों को अधिक मजबूती से पकड़ते हैं। नैनोकोटिंग की स्थिरता उर्वरक के विघटन की दर को कम कर देती है और लेपित उर्वरक की धीमी, निरंतर निस्तार (रिलीज) मे मदद करती है जो पौधे की जड़ों द्वारा अधिक कुशलता से अवशोषित होती है। इसप्रकार नैनो उर्वरक का प्रयोग भूमि की विषाक्तता एवं अत्यधिक रासायनिक उर्वरक के उपयोग के संभावित प्रतिकूल प्रभावों को कम करता है (चित्र 11.1)।

भारतीय कृषि अनुसन्धान संस्थान, नई दिल्ली में किये गए शोध दर्शाते है कि नैनो जिंक के इस्तेमाल से गेहूं की उत्पादन क्षमता में वृद्धि के साथ ही उर्वरक उपयोग से प्रतिकूल प्रभाव भी कम पाए गए। कृषि में फसल उत्पादन और पोषक तत्वों के उपयोग की दक्षता बढाने एवं रासायनिक उर्वरकों के अत्यधिक उपयोग को कम करने के लिए नैनो उर्वरक अत्यंत महत्वपूर्ण है। इन उर्वरकों का सबसे महत्वपूर्ण गुण यह है कि इनमे एक या अधिक मध्यम और सूक्ष्म पोषक तत्व होते है जिनका न्यूनतम मात्रा में भी उपयोग किया जा सकता है और ये पर्यावरण के अनुकूल भी है।

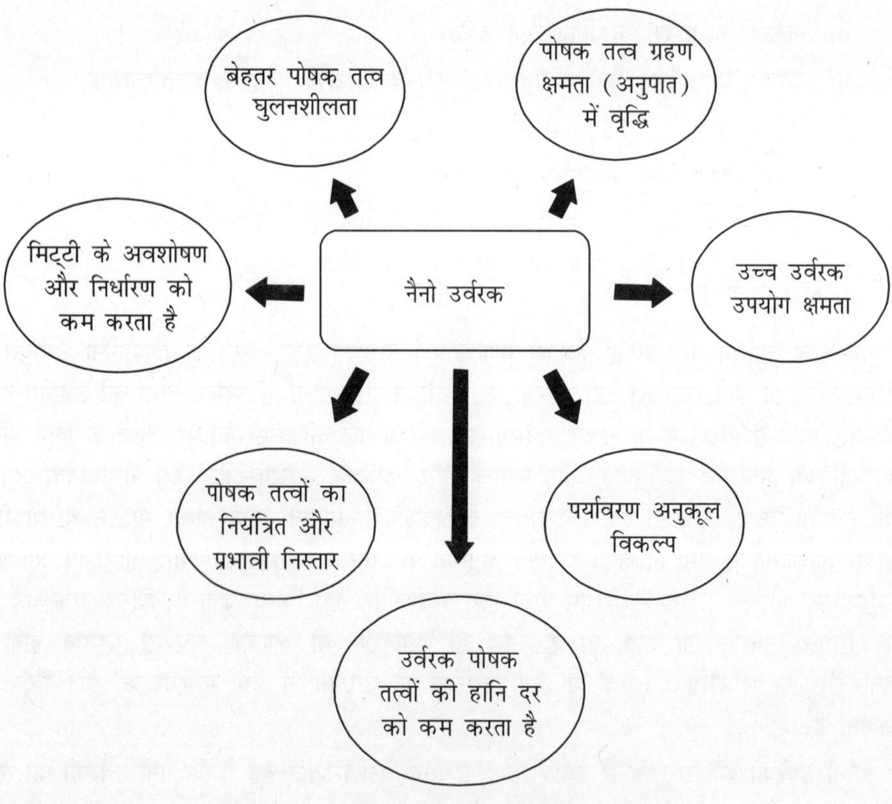

चित्र 11.1 नैनो उर्वरक के विभिन्न प्रभाव

11.3.1 नैनो उर्वरकों की श्रेणियां

नैनो उर्वरकों में नैनो जिंक, सिलिका, आयरन और टाइटेनियम डाइऑक्साइड, कैडमियम,, सेलेनियम, जिंक सलफेट, गोल्ड नैनोरोड्स आदि हो सकते हैं। अनुप्रयोग की दृष्टि से मुख्यतया नैनो उर्वरकों की चार श्रेणियां परिभाषित की गई हैं:

(i) **नैनो स्केल उर्वरक (अर्थात नैनोकण जिनमें पोषक तत्व होते हैं):** रासायनिक उर्वरकों में ऐसे पोषक तत्व जिनका उपयोग प्रति इकाई क्षेत्रफल में अधिक होता है (जैसे किलोग्राम इकाई में), उन्हें नैनो स्केल (पार्ट्स पर मिलियन) में परिवर्तित कर उपयोग किया जाता है।

(ii) **नैनो स्केल यौगिक उर्वरक (अर्थात पारंपरिक उर्वरकों के साथ नैनोस्केल एडिटिव्स का मिश्रण):** रासायनिक उर्वरकों के साथ नैनो स्केल के पोषक तत्वों को मिश्रित कर नैनो स्केल यौगिक उर्वरक तैयार किया जाता है। जैसे अमोनियम आवेशित जिओलाइट्स (नैनो स्केल) को फोस्फोरस युक्त उर्वरकों के साथ मिश्रित रूप में उपयोग करने पर फोस्फोरस खनिज की विलयन शीलता की दर बढ़ जाने से पौधे फोस्फोरस खनिज का अधिक उपयोग कर पाते है। इसीप्रकार जिओलाइट्स संयुग्मित यूरिया चिप का उपयोग, नाइट्रोजन के रिलीज को धीमा एवं नियंत्रित कर देता है।

(iiii) **नैनोस्केल कोटिंग (अर्थात नैनोकणों से लेपित पारंपरिक उर्वरक):** पारंपरिक रासायनिक उर्वरकों में पोषक तत्वों की उपयोग दक्षता बढाने में उर्वरक कणों पर नैनोकणों की कोटिंग या इनकैप्सुलेशन का प्रयोग इन दिनों प्रचलन में है। नैनो-उर्वरकों में, पोषक तत्वों को नैनोमटेरियल्स द्वारा घेर लिया जा सकता है, एक पतली सुरक्षात्मक फिल्म के साथ लेपित किया जाता है, या पायस या नैनोकणों के रूप में वितरित किया जाता है। उर्वरक कणों पर नैनो पदार्थों की कोटिंग के कारण अधिक सतही तनाव उत्पन्न होता है, जिससे उर्वरक पोषक तत्वों को अधिक मजबूती से बांधे रखता है और इस प्रकार पोषक तत्वों के नियंन्त्रित रीलिज में मदद मिलती है। जैसे नाइट्रस इनहिबिटर (नैनो स्केल) के साथ यूरिया की कोटिंग करने से नाइट्रस ऑक्साइड के उत्सर्जन में 75 प्रतिशत तक की कमी पाई गई।

(iv) **पोषक तत्व युक्त संश्लेषित नैनो कण (अर्थात पोषक तत्वों से बने नैनोकणों का संश्लेषण):** सामान्यतया, नैनो कणों का संश्लेषण दो मुख्य अवधारणाओं ('टॉप-डाउन' और 'बॉटम-अप') के साथ किया जाता है (अध्याय 10)। व्यावहारिक रूप से जैविक विधि से नैनो कणों का निर्माण बॉटम-अप अवधारणा के अंतर्गत होता है जिसमे सूक्ष्म जीवों और पौधों जैसे जैविक कारकों के अर्क को रिडक्शन या प्रोटेक्शन एजेंट के रूप में इस्तेमाल कर धातु नैनोकणों के निर्माण किया जा सकता है। इन अर्कों में, विभिन्न बायोमॉलिक्युलस जैसे कि अमीनो एसिड, विटामिन, प्रोटीन, एंजाइम और पॉलीसेकेराइड के संयोजनों को कम करने की क्षमता पाई जा सकती है, जो पर्यावरणीय रूप से अनुकूल हैं, परन्तु रासायनिक रूप से काफी जटिल हैं। जैसे एक कोशिकीय हरित शैवाल, क्लोरेला

वल्गेरिस अर्क का उपयोग सामान्य तापमान पर एकल-क्रिस्टलीय सिल्वर नैनो-प्लेटों को संश्लेषित करने के लिए किया जाता है ।

11.3.2 पौधों में नैनो उर्वरकों व नैनोकणों की सहभागिता (Uptake, translocation, and fate of Nanofertilizers in plants)

नैनोकणों का अवशोषण, स्थानांतरण एवं संचय, किसी पौधे पर, विशेष रूप से, पौधों की प्रजातियों, आयु और विकास की अवस्था पर निर्भर करता है। इन प्रक्रियाओं को नैनोकणों के वितरण, भौतिक गुण, उनकी क्रियाशीलता, स्थिरता भी प्रभावित करती है। एक अध्ययन के अनुसार कुछ नैनोकणों जैसे ZnO^{2+}, Cu^{2+}, Al^{3+}, Ag^{2+} और Fe^3O^4 प्राय: सभी प्रजातियों के पौधे की जड़ प्रणाली द्वारा अवशोषित होकर पत्तियों तक पहुँचते है। जबकि Cu, ZnO Al and Ag जैसे नैनोकण सीधे पत्तियों द्वारा एवं $Ni(OH)_2$ तनों द्वारा अवशोषित एवं संचित किये जाते है। CeO_2 नैनोकण को तनों और पत्तियों द्वारा एकसमान अवशोषित व संचित किया जाता है। विभिन्न नैनोकणों का अवशोषण एवं पौधों में अंत:पारस्परिक क्रियास्थान (site of interaction in plants) को तालिका 11.1 में दर्शाया गया है।

तालिका 11.1 विभिन्न नैनोकणों का अवशोषण एवं पौधों में अंत:पारस्परिक क्रिया स्थान

नैनोकण	पौधों में अंत:पारस्परिक क्रिया स्थान
Fe_3O_4	केम्बियम
ZnO	इंडोडर्मिस, मेटाजायलम
CeO_2	कोर्टेक्स
Al	मेटाजायलम कोर्टेक्स
Ag	मेटाजायलम कोर्टेक्स
Cu	मेटाजायलम कोर्टेक्स एवं केम्बियम
TiO_2	कोर्टेक्स
$Ni(OH)_2$	मेटाजायलम

11.3.3 नैनो उर्वरक और पारंपरिक उर्वरक

पारंपरिक उर्वरक के द्वारा फसलों को सूक्ष्म तत्व प्रदान करने हेतु अधिक मात्रा में इस्तेमाल किया जाता रहा है। तकनीकी विकास एवं शोध के द्वारा पारंपरिक उर्वरक वर्तमान में अधिक लागत के साथ साथ पर्यावरण के प्रतिकूल साबित हो रहे है। वही, दूसरी ओर नैनो उर्वरक, कम मात्रा में धीमी, लक्षित एवं नियंत्रित रीलिज सुनिश्चित करते हैं, और पर्यावरण के अनुकूल पोषक तत्वों की क्षमता को बढ़ाने की क्षमता रखते हैं। दोनों उर्वरकों के प्रमुख अंतरों को नीचे तालिका 11.2 में दर्शाया गया है।

तालिका 11.2: नैनो उर्वरक और पारंपरिक उर्वरक में अन्तर

क्र.स.	गुण	नैनो उर्वरक	पारंपरिक उर्वरक
1	घुलनशीलता एवं सूक्ष्म पोषक खनिज तत्वों का रिलीज	नैनो आकार के कारण इन उर्वरकों में उपस्थित सूक्ष्म पोषक खनिज तत्वों की घुलनशीलता और फैलाव में वृद्धि होती है। मिट्टी में घुलनशील पोषक तत्वों का अवशोषण कम होता है। मिट्टी का और पोषक खनिज तत्वों की जैव उपलब्धता में वृद्धि होती है।	इन उर्वरकों में उपस्थित पोषक खनिज तत्वों के बड़े आकार एवं कम घुलनशीलता के कारण पौधों को इनकी जैव उपलब्धता कम होती है।
2	पोषक तत्वों की ग्रहण क्षमता (Nutrient Uptake Efficiency)	पोषक तत्वों की ग्रहण क्षमता अधिक होती है।	पोषक तत्वों की ग्रहण क्षमता कम होती है। पारंपरिक उर्वरक में उपस्थित खनिज तत्व जड़ों को उपलब्ध नहीं हो पाते।
3	नियंत्रित रिलीज	खनिज तत्वों के रिलीज की दर और प्रणाली नियंत्रित होती है।	खनिज तत्वों के अनियंत्रित और अतिरिक्त रिलीज के मृदा विषाक्त एवं प्रदूषित होती है।
4	रीलिज की प्रभावी अवधि	नैनो आकार के कारण विस्तारित प्रभावी अवधि में खनिज तत्व रीलिज होते है।	उर्वरक के प्रयोग के समय ही पौधों द्वारा इसमें उपलब्ध खनिज तत्वों का आवश्यकतानुरूप सीमित उपयोग किया जाता है, अतिरिक्त खनिज तत्व अघुलनशील रूप में परिवर्तित हो जाते है।
5	खनिज तत्वों के नुकसान की दर	इन उर्वरकों का नैनोसंरचित फॉर्मूलेशन, मिट्टी में पोषक तत्वों के नुकसान को लीचिंग और / या लीक करके कम कर सकता है।	लीचिंग, ड्रिफ्टिंग अथवा रन ऑफ के कारण पोषक तत्वों की हानि दर उच्च होती है।

11.3.4 नैनो उर्वरक: वर्तमान संभावनाएं

स्मार्ट उर्वरक: फसलों की उच्च उपज क्षमता वाली उन्नत किस्मों के आलावा खाद्यान्न उत्पादन को बढ़ाने में उर्वरक का एक महत्वपूर्ण स्थान है। इसके बावजूद, कालांतर में, असंतुलित पोषक तत्व और मिट्टी के कार्बनिक पदार्थों में कमी के परिणामस्वरूप कई फसलों की पैदावार में कमी देखी गई है। इसके अलावा, नाइट्रोजन और फास्फोरस उर्वरकों के अत्यधिक उपयोग भूजल को प्रभावित करते हैं और जलीय पारिस्थितिक तंत्र में यूट्रोफिकेशन का कारण बनते हैं। उल्लेखनीय है कि नाइट्रोजन के लिए उर्वरक उपयोग दक्षता लगभग 20-50 प्रतिशत है जबकि फास्फोरस उर्वरकों के लिए 10 25 प्रतिशत है, इसका तात्पर्य यह है कि उर्वरक उपयोग दक्षता में वृद्धि कर खाद्यान्न

उत्पादन को बढ़ाना संभव है। इस दिशा में पर्यावरण के अनुकूल और टिकाऊ कृषि के विकास को बढ़ावा देने के लिए नैनो तकनीक के आधार पर धीमी / नियंत्रित रिलीज उर्वरकों का विकास महत्वपूर्ण हो गया है। वास्तव में, नैनो-प्रौद्योगिकी ने नैनो संरचित सामग्रियों को उर्वरक वाहक या नियंत्रित-रिलीज वैक्टर के रूप में उपलब्ध कराया है ताकि उर्वरक उपयोग की दक्षता में वृद्धि और पर्यावरण संरक्षण की लागत कम हो सके। ऐसे उर्वरक वाहक या नियंत्रित-रिलीज वैक्टर को 'स्मार्ट उर्वरक' के रूप में जाना जाता है। स्मार्ट उर्वरकों में नैनो पोषक तत्वों को रेसिन-बहुलक, मोम और सल्फर द्वारा लेपित अर्ध-पारगम्य झिल्लियों से कोटिंग कर प्रभावी तरीके से रिलीज दर और रिलीज पैटर्न को नियंत्रित किया जाता है। नैनो-कणों की कोटिंग और बाइंडिंग उर्वरक कैप्सूल से पोषक तत्वों की धीमी रिलीज और नियंत्रित रिलीज को सुनिश्चित करते हैं (चित्र 11.2)।

- नैनो-उर्वरक जो धीमी, लक्षित, नियंत्रित रिलीज के द्वारा पोषक तत्वों की उपयोग क्षमता को बढ़ाने में सक्षम हैं।
- अभियन्त्रित नैनो-कण मिट्टी में नमी बनाए रखने की पुरानी समस्या को कम करने और राइजोस्फीयर में पोषक तत्वों की उपलब्धता को बढ़ाकर फसल उत्पादन को बढ़ाने के लिए उपयोगी सिद्ध होंगे। एक अध्ययन के अनुसार मक्के की फसल पर TiO_2 नैनोकणों के प्रयोग से काफी सकारात्मक परिणाम प्राप्त हुए, जबकि TiO_2 के थोक मात्रा में प्रयोग का प्रभाव नगण्य पाया गया। वास्तव में, टाइटेनियम नैनोकणों ने पौधों द्वारा प्रकाश अवशोषण और फोटो ऊर्जा संचरण में वृद्धि की, जिससे फसलोत्पादन में सकारात्मक परिणाम प्राप्त हुए । एक अन्य अध्ययन के अनुसार, SiO_2 और TiO_2 नैनोकणों के एक यौगिक ने सोयाबीन में नाइट्रेट रिडक्टेज की क्रियाशीलता को बढ़ा दिया और पौधों की अवशोषण क्षमता को तीव्र कर दिया, जिससे पानी और उर्वरक का उपयोग क्षमता में वृद्धि हो गई।
- नाइट्रोजन, फास्फोरस, पोटेशियम, सूक्ष्म तत्व, शर्करा, और अमीनो अम्लों को समन्वित रूप से मिला कर तैयार एक नैनो-समग्र के अनुप्रयोग से कम समय और परिश्रम में फसलों का समुचित पोषण प्रबंधन संभव हो सकेगा। उदाहरण के तौर पर Zn-Al नैनोकणों की डबल-हाइड्रॉक्साइड नैनो-कंपोजिट परतों को रासायनिक यौगिकों के नियंत्रित रिलीज के लिए नियोजित किया जाता है जो पादप वृद्धि हार्मोन के रूप में भी कार्य करता हैं। इसीप्रकार सुपर-उर्वरक के रूप में, कार्बन नैनोट्यूब, पोषक तत्वों के अतिरिक्त टमाटर के बीजों को भेदने और उनके अंकुरण और विकास दर को प्रभावित करने के लिए उपयोग किया जाता है।

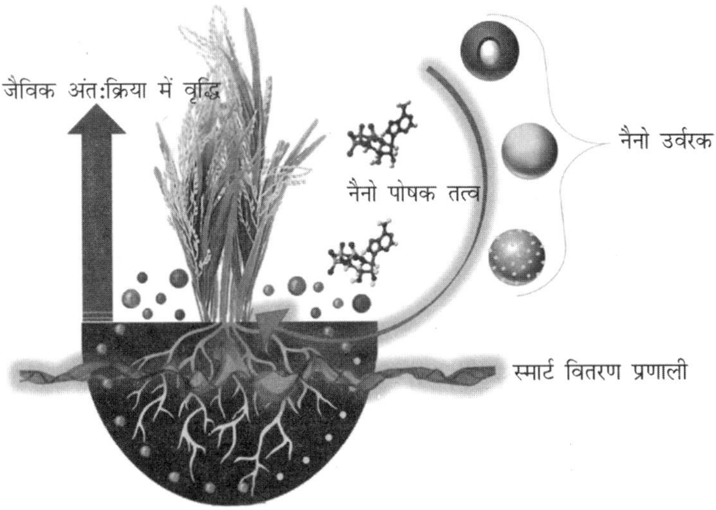

चित्र 11.2: नैनो उर्वरक की स्मार्ट वितरण प्रणाली

11.3.5 आवश्यक पोषक तत्वों हेतु नैनो उर्वरकों का उपयोग

(अ) नाइट्रोजन नैनोफर्टिलाइजर: मृदा में सामान्यत: नाइट्रोजन तीन रूपों में उपस्थित होता है–कार्बनिक नाइट्रोजन यौगिक, अमोनियम (NH_4^+) आयन, और नाइट्रेट (NO_3^-) आयन। मृदा में उपस्थित अधिकांश नाइट्रोजन पूरी तरह से पौधे के लिए उपलब्ध नहीं हो पाते है। इसका मुख्य कारण यह है कि नकारात्मक रूप से चार्ज नाइट्रेट सामान्य रूप से मिट्टी की सतहों के कणों के साथ सह-संबंध नहीं बना पाता है। अत: उर्वरकों के अनुप्रयोग के दौरान नाइट्रोजन लीचिंग से जुड़ी समस्याओं को दूर करने एवं नाइट्रोजन रिलीज को नियंत्रित करने के लिए अलग-अलग तकनीकों जैसे कि पॉलीओल्फिन रेसिनकोटेड यूरिया, नीम कोटेड यूरिया, सल्फर कोटेड यूरिया का प्रयोग किया जाता है। इसके अतिरिक्त NH_4^+ के रिलीज को नियंत्रित करने के लिए उर्वरक में संयोजक (additives) के रूप में cation एक्सचेंजर का उपयोग करके भी नाइट्रोजन के नुकसान को कम किया जा सकता है। जिओलाइट नैनोउर्वरक द्वारा आवश्यक पोषक तत्वों नियंत्रित रूप से रिलीज कर सहजता से उपलब्ध भी करवाया जा सकता है। नाइट्रोजन नैनोफर्टिलाइजर के अनुप्रयोग के कुछ प्रमुख उदाहरण निम्नांकित है।

(i) नाइट्रोजन की प्रति यूनिट लागत कम होने के कारण यूरिया नाइट्रोजन प्राप्ति हेतु का सबसे अधिक इस्तेमाल किया जाने रासायनिक खाद है। परन्तु अमोनिया के वायुमंडल में वाष्पीकरण से कृषि प्रणाली को होने वाले नुकसान के कारण यूरिया की नाइट्रोजन उपयोग दक्षता कम हो जाती है। अनु "क्लिन्टोप्टिलोलाइट जिओलाइट" द्वारा अमोनियम को प्राय: मृदा में cation विनिमय क्षमता और नाइट्रिफिकेशन के माध्यम से धीमी गति से रिलीज किया जाता है।

(ii) एक उच्च बंजपवद विनिमय क्षमता (CEC up to 300 c mol (p^+) kg^{-1}) युक्त अनु "क्लिन्टोप्टिलोलाइट जिओलाइट" (Clinoptilolite zeolite (CZ)), को प्रक्षेत्र अपशिष्टों से तैयार खाद से NH_3 के उत्सर्जन को कम करने एवं NH_3 विषाक्तता को निष्क्रिय करने के लिए इस्तेमाल किया गया है। अनु "क्लिन्टोप्टिलोलाइट जिओलाइट" अमोनियम आयन (NH_4^+) के लिए विशेष आकर्षण रखता है, इसीकारण NH_3 के रिलीज को नियंत्रित रख पाता है।

(iii) रेतीली मिट्टी में क्लिन्टोप्टिलोलाइट जिओलाइट के अनुप्रयोग से मृदा में NO_3^- and NH_4^+ की सांद्रता कम हो जाती है, मृदा का सतह क्षेत्र और cation विनिमय क्षमता बढ़ने के कारण मिट्टी में दीर्घावधि तक नमी बनी रहती है।

(ब) फॉस्फोरस नैनोफर्टिलाइजर: पौधों की कई प्रमुख संरचनाओं का एक महत्वपूर्ण घटक फास्फोरस होता है। फॉस्फोरस और इसके यौगिक पौधों में कई प्रमुख जैव रासायनिक अभिक्रियाओं में भाग लेते है। इसके अतिरिक्त फॉस्फोरस पौधों में ऊर्जा स्थानांतरण (Adenosine disulphate and triphosphates (ADP and ATP)) और भंडारण हेतु सबसे महत्वपूर्ण पोषक तत्व है। प्रारंभिक अवस्था में फॉस्फोरस तत्व की आपूर्ति फसल की प्रजनन संरचनाओं के विकास के लिए अतिआवश्यक है। फॉस्फोरस नैनो उर्वरक के अनुप्रयोग के कुछ प्रमुख उदाहरण निम्नांकित है।

(i) नेचुरल जियोलाइट फॉस्फोरस नैनोफर्टिलाइजर (NZP) का अनुप्रयोग उत्पादकता और प्रतिरोधकता के माध्यम से फसल वृद्धि में महत्वपूर्ण भूमिका निभाता है, साथ ही उर्वरकों की उपयोग दक्षता को बढ़ा कर प्रदूषण के खतरे को कम करता है।

(ii) धान की फसल में नैनो- KH_2PO_4 के माध्यम से फॉस्फोरस की आपूर्ति से पौधों के तनों एवं जड़ों में फॉस्फोरस का अपेक्षाकृत उच्च संचय पाया गया एवं जल उपयोग क्षमता में वृद्धि दर्ज की गई।

(iii) विगत कुछ वर्षों के शोध परिणामों से ज्ञात हुआ है कि जिन मृदा स्थितियों में फॉस्फोरस के अनुप्रयोग के बावजूद मुक्त ऑर्थोफॉस्फेट (ओपी) फॉस्फोरस की सांद्रता और पौधों के लिए उपलब्धता कम रह जाती है, "कोलाइड-जुड़े फॉस्फोरस (colloid-associated P)" के अनुप्रयोग से उक्त तत्व को पौधों तक पहुँचाया जा सकता है।

(स) पोटेशियम नैनोफर्टिलाइजर: पौधों के प्रकाश संश्लेषण, संश्लेषित पदार्थों के संवहन, प्रोटीन संश्लेषण, आयनिक संतुलन एवं नियंत्रण, पादप रंध्रों के नियमन, जल उपयोग, पादप एंजाइमों की सक्रियता और कई अन्य प्रक्रियाओं में पोटेशियम एक महत्वपूर्ण भूमिका निभाता है। यह पौधे की वृद्धि एवं विकास में शामिल लगभग साठ एंजाइमों को सक्रिय करने के लिए जाना जाता है। पोटेशियम की कमी वाले पौधे कमजोर, एवं जैविक व अजैविक तनावों के प्रति कम प्रतिरोधी होते हैं।

11.3.6 बाजार में उपलब्ध नैनो उर्वरक

हाल के दशक में नैनोउर्वरक बाजार में स्वतंत्र रूप से उपलब्ध हैं, परन्तु कृषि में इन उर्वरकों को आशानुरूप उपयोग नहीं हो रहा है। इसका प्रमुख कारण कृषि प्रसार तंत्र का कमजोर होना एवं कृषि

से जुड़े व्यवसायियों का अनभिज्ञ होना है। निम्न तालिका 11.3 में नैनौर्वरकों के व्यावसायिक उत्पाद की सूची दी गई है।

तालिका 11.3: नैनौर्वरकों के प्रमुख व्यावसायिक उत्पाद, सन्निहित सामग्री एवं निर्माता कंपनी

व्यावसायिक उत्पाद	सन्निहित सामग्री	निर्माता कंपनी
Nano-GroTM	पादप वृद्धि हार्मोस, एवं प्रतिरक्षा वृद्धि कारक	एग्रो नैनोटेक्नोलॉजी कोर्प., यू.एस.ए.
Nano Green	मक्के, सोयाबीन, आलू, नारियल, ताड़ व अन्य अनाजों का अर्क	नैनो ग्रीन साइंसेज (प्रा.) लिमिटेड, इंडिया
Nano-Ag Answer	सूक्ष्मजीवों व खनिज इलेक्ट्रोलाइट का मिश्रण	उर्थ एग्रीकल्चर, यू.एस.ए.
Biozar Nano fertilizer	जैविक सामग्री, माइक्रोन्यूट्रिएंट्स और मैक्रोमोलेक्यूल्स का मिश्रण	फनावार नैनो कंपनी, ईरान
Nano Max NPK Fertilizer	प्रमुख पोषक तत्वों जैसे अमीनो अम्ल, सूक्ष्म पोषक तत्व, प्रोबायोटिक्स, विटामिंस आदि के साथ कई कार्बनिक आम्लों का गिश्रण	जे.यू एग्री साइंसेज (प्रा.) लिमिटेड, इंडिया
Master Nano Chitosan Organic fertilizer	पानी में घुलनशील तरल चिटोसन, कार्बनिक अम्ल, सलिसिलिक अम्ल एवं फेनोलिक यौगिक	पन्नाराज इंटरट्रैड, थाईलैंड
TAG NANO (NPK, PhoS, Zinc, Cal) Fertilizer	प्रोबायोटिक्स, विटामिंस,प्रोटीन-लेक्टो -ग्लूकोनेट के साथ सूक्ष्म पोषक तत्वों का मिश्रण एवं ह्युमिक अम्ल	ट्रॉपिकल एग्रो सिस्टम इंडिया (प्रा) लिमिटेड, इंडिया

11.4 नैनो कीटनाशक

नैनो कीटनाशक शब्द का उपयोग उनके आकार, प्रकृति और कृषि उपयोगों के संदर्भ में वैसे उत्पादों की एक विस्तृत श्रृंखला के लिए किया जाता है, जिसके माध्यम से पौध सुरक्षा व पर्यावरण संतुलन के उद्देश्यों की पूर्ति होती हो । हालाँकि, नैनो कीटनाशकों को यदि उनमे उपस्थित तत्वों की नैनोमीटर आकार सीमा से जुड़े गुणों और उनके प्रकृति के आधार पर परिभाषित किया जाता है, तो ऐसा प्रतीत होता है कि कुछ नैनो कीटनाशक पूर्व से ही विगत कई वर्षों से बाजार में हैं। परन्तु वर्तमान परिदृश्य में नैनो-कीटनाशकों को एक उभरती हुई तकनीक के रूप में देखा जा रहा है जिसमें लोगों और पर्यावरण पर कीटनाशकों के दुष्प्रभावों को कम करने की क्षमता है। ये अलग बात है कि नैनो कीटनाशकों के उपयोग से जुड़े इन दावों का सत्यापन होना बाकी है। शोधकर्ताओं की एक अंतरराष्ट्रीय टीम मौजूदा नियामक परिदृश्य के भीतर कृषि में नैनो कीटनाशकों का उपयोग करने की क्षमता को देख रही है।

इस प्रकार, वर्तमान में, 'नैनो कीटनाशक' शब्द की कोई सर्वमान्य रूप से स्वीकृत परिभाषा नहीं है, और इस शब्द का उपयोग विज्ञान, व्यवहार और व्यवसाय में अलग-अलग रूपों में किया जाता है। आम तौर पर, कीटनाशकों में हमेशा कई पदार्थ होते हैं। एक दवा अथवा औषधि के समान, वास्तविक सक्रिय संघटक (actual active ingredient) को अन्य मिश्रित यौगिकों के साथ मिलाया जाता है। उन यौगिकों के माध्यम से सक्रिय संघटकों को पौधों में समान रूप से वितरित करने और उपयोग के बाद स्थिर रखने में मदद मिलती है। नैनो-कीटनाशकों के अधिकांश प्रस्तावित अनुप्रयोगों में, नैनोकण स्वयं सक्रिय कारक (active agent) नहीं है, बल्कि सक्रिय एजेंट को स्थिर करने या इसके नियंत्रित रिलीज को बढ़ाने के लिए एक सहायक यौगिक के रूप में कार्य करता है।

11.4.1 नैनो कीटनाशकों के उपयोग हेतु श्रेणियाँ

अनुप्रयोगों के आधार पर नैनो कीटनाशक कई प्रकार के हो सकते हैं। नैनो कणों का उपयोग प्रायः नैनोइमल्शन, नैनोकैप्सूल, नैनोजैल, नैनोफाइबर लाईपोसोम, लिपिड नैनोकण, और आकर्बनिक नैनोकणों में उपलब्ध सक्रिय संघटक के वाहक के रूप में किया जाता है। इनके के अतिरिक्त नैनो कण स्वतंत्र रूप से नैनो कीटनाशक (उदाहरण तांबा) के रूप में भी कार्य कर सकते हैं। तालिका 11.4 में विभिन्न कीटनाशक, उनके विशिष्ठ अनुप्रयोग एवं श्रेणियों को सूचीबद्ध किया गया है।

तालिका 11.4 विभिन्न नैनो कीटनाशक, श्रेणियाँ, विशिष्ठ अनुप्रयोग एवं पाये जाने वाले सक्रिय तत्व

प्रमुख नैनो कीटनाशक, (उनमे पाए जाने वाले सक्रिय तत्वों एवं लक्षित कीटों के उदाहरण)	**श्रेणी**	**नैनो तकनीक का प्रयोग**	**अनुप्रयोग**
नीम तेल (i) अजाडिरेकटिन- परजीवी जीव और नुकसानदायक कीट के लिए प्रभावी (ii) परमेथ्रिन-दीमक और मच्छरों के लिए प्रभावी	नैनोइमल्शन	इसमें उपस्थित सक्रिय संघटक नैनोस्केल तेल की बूंदों में होता है जो जलीय घोल में तैरते रहते हैं।	सरल उपयोग, लक्षित कीटो द्वारा आसानी से ग्रहण कर लिया जाता है।
Lansiumamide B जीवाणुरोधी, तंबाकू बैक्टीरियल विल्ट के उपचार के लिए प्रभावी	नैनोकैप्सूल	इसमें उपस्थित सक्रिय संघटको को नैनोस्केल कैप्सूल में भर दिया जाता है।	लक्षित कीटो द्वारा आसानी से ग्रहण कर लेने के कारण प्रभावी
कॉपर-कवकरोधी आवश्यक तेल-विभिन्न कीटो के लिए प्रभावी	नैनोजैल	इसमें उपस्थित सक्रिय संघटको का नैनो कणों के साथ जेल बनाया जाता है।	आसान उपयोग, सक्रिय जेल के रूप में प्रयोग से संघटक के वाष्पीकरण में कमी

थायोमेक्टोक्सम-कीटनाशक	नैनोफाइबर	सक्रिय संघटक को नैनोस्केल्ड फाइबर के रूप में परिवर्तित किया जाता है	सक्रिय संघटकों का धीमा निस्तार, सरल वितरण
डेल्टामेथ्रिन- कीटनाशक	लाईपोसोम	लाइपोसोम नैनो आकार के कण होते हैं	सक्रिय संघटकों का धीमा निस्तार
डेल्टामेथ्रिन- कीटनाशक	लिपिड नैनोकण	सक्रिय संघटको के वाहक लिपिड से बने नैनोकण	सक्रिय संघटकों के क्षरण से बचाव एवं धीमा निस्तार
सिलिकॉन डाइऑक्साइड नैनोकण टाइटेनियम डाइऑक्साइड नैनोकण कॉपर नैनोकण सिल्वर. नैनोकण	आकर्बनिक नैनोकण	अकार्बनिक नैनोकणों को सक्रिय संघटक के रूप में उपयोग अकार्बनिक नैनोकण कार्बनिक सक्रिय संघटक के वाहक के रूप में भी कार्य करते हैं	लक्षित कीटों के विरुद्ध सक्रिय संघटकों की उच्च प्रभावशीलता सक्रिय संघटकों का धीमा निस्तार

11.4.2 नैनो-कीटनाशकों के अनुप्रयोग से लाभ

प्रायः, कीटनाशकों में उपस्थित सक्रिय तत्व पानी में अत्यधिक कम घुलनशील होते हैं, जिससे उनका उपयोग मुश्किल हो जाता है। सहायक यौगिक के रूप में नैनोमटेरियल्स सक्रिय पदार्थों की घुलनशीलता को बढ़ा देते हैं। इसप्रकार, रिलीज और वितरण को बेहतर तरीके से नियंत्रित किया जा सकता है और समय से पहले होने वाले क्षरण के खिलाफ सक्रिय संघटक को बेहतर तरीके से संरक्षित किया जा सकता है। यह कीटनाशकों में उपलब्ध सक्रिय संगठकों की प्रभावशीलता में वृद्धि करता है साथ ही उपयोग किये जाने वाले कीटनाशकों की न्यूनतम मात्रा में ही प्रभावी होता है। इन्ही कारणों से लक्षित कीटों में प्रतिरोधता का विकास बहुत कम होने की संभावना होती है और पर्यावरण को नुक्सान नहीं पहुँचता है (चित्र 11.3)।

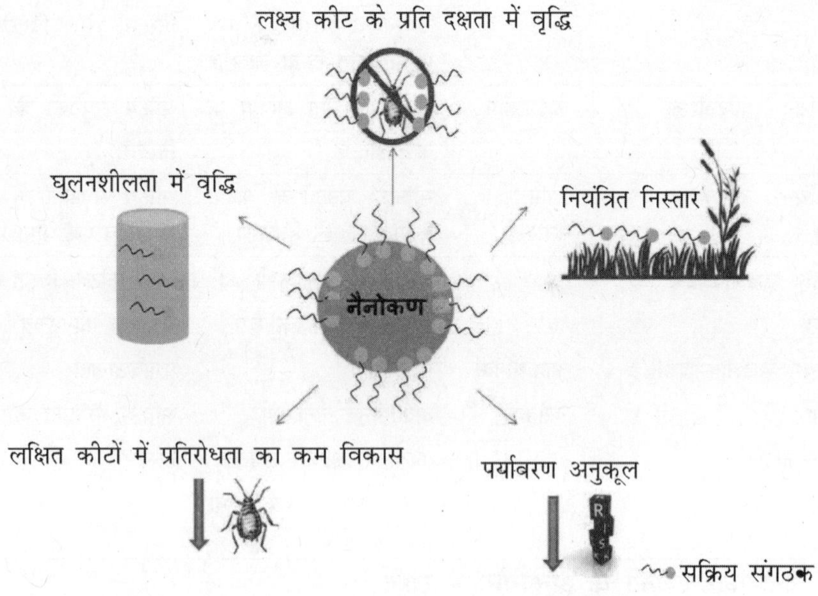

चित्र 11.3: नैनो-कीटनाशकों के अनुप्रयोग से लाभ

11.5 पादप रोग नियंत्रण हेतु नैनोप्रौद्योगिकी (नैनोकणों) का उपयोग

परिभाषित सांद्रता के नैनोकणों को कई पादप रोगों के नियंत्रण के लिए सफलतापूर्वक उपयोग किया जा सकता है। कार्बन नैनोट्यूब और नैनोवायर का उपयोग रोग जनक जीवाणुओं या विषाणुओं का पता लगाने के लिए किया जाता है। इस प्रक्रिया में कार्बन नैनोट्यूब के साथ एंटीबॉडी संयुग्मित किया जाता है । जब कोई जीवाणु या विषाणु कार्बन नैनोट्यूब के संपर्क में आता है तो इससे बंध जाता है, और एक पहचान संकेत (डिटेक्शन सिग्नल) उत्पन्न करता है। रोगजनकों की पहचान के अलावा पादप रोग नियंत्रण में भी नैनोकणों की सिद्ध भूमिका है। फुलरीन (Fullerene), कार्बन नैनोट्यूब, ग्राफीन (Graphene), और कार्बन समरूप हीरा diamond-like carbon जैसे कई और नैनोकण है कई प्रकार के रोगजनकों जैसे जीवाणु,कवक और विषाणुओं का प्रभावी नियंत्रण करते है। नैनो सिल्वर अपने जीवाणुनाशक प्रभाव के साथ-साथ रोगाणुरोधी गुण के लिए जाना जाता है । नैनो सिल्वर में उच्च सतह क्षेत्र और सतह परमाणुओं का अधिक अनुपात होता है, इसीकारण यह धातु चांदी की तुलना में उच्च रोगाणुरोधी प्रभाव रखता है। कोलाइडल नैनो सिल्वर कवकरोधी प्रभाव के कारण गुलाब में होने वाले पाउडरी मिल्ड्यू के कारक स्पैरोथेका पैनोसा (Sphaerotheca pannosa Var rosae) के खिलाफ प्रभावी नियंत्रण विकल्प है।

11.6 पादप नैनोबायनिक्स

हाल ही में, पौधों की दक्षता को बढ़ाने के लिए जीवित पौधों के साथ नैनोमैटेरियल्स को संयुग्मित करने का मूल विचार प्रोफेसर माइकल स्ट्रानो और उनके सहयोगियों द्वारा प्रतिपादित किया गया,

ताकि संयुग्मित नैनो पदार्थों के माध्यम से उर्जा का दक्षता पूर्वक उपयोग करते हुए पौधे के चयापचय अभिक्रियाओं की दर में वृद्धि प्राप्त की जा सके। इस नई अवधारणा को पादप नैनोबायनिक्स कहा जाता है।

वास्तव में यह एक पादप अभियांत्रिकी प्रणाली है, जिसके अंतर्गत पादप कोशिकाओं में नैनो पदार्थों को प्रवेश करवा कर पौधों की कार्यिकी दक्षता को बढाया जाता है। उदाहरण के तौर पर एकल दीवार वाले कार्बन नैनोट्यूब्स को पादप क्लोरोप्लास्ट और वाह्य लिपिड आवरण के मध्य स्थापित किया जाता है तो यह सामान्य की तुलना में तीन गुना अधिक दर से प्रकाश संश्लेषण की क्रिया को कर पाते है। यह इसलिए संभव हो पाता है क्योंकि कार्बन नैनोट्यूब व क्लोरोप्लास्ट का युग्मक पत्तियों के इलेक्ट्रान परिवहन की गति को अत्यधिक तीव्र कर देते है। इसप्रकार नैनोबायनिक्स का प्रयोग पौधों के अन्य चयापचय क्रियाओं की दक्षता बढ़ाने में भी किया जा सकता है। इस प्रक्रिया में उपयुक्त नैनो पदार्थ या तो एकल-दीवार वाले नैनोट्यूब (SWNTs) होते हैं जो डीएनए से घिरे होते है अथवा एक ज्ञात एंटी-ऑक्सीडेंट पाली अक्रायलिक अम्ल नैनोकेरिया होता है। कभी कभी दोनों को संयुग्मित रूप से भी प्रयोग किया जाता है । पादप नैनोबायनिक्स के प्रयोग से मुख्यतः निम्न लाभ होते है-

(i) प्रविष्ठ नैनोकण गैर विषाक्त होते है।

(ii) नैनोकणों का पादप उत्तकों में प्रवेश करवा कर कार्यिकी दक्षता में वृद्धि की जा सकती है।

(iii) नैनोकणों अत्यधिक विशिष्ट और संवेदनशील होते है जिससे उपभोक्ताओं अथवा पर्यावरण पर प्रतिकूल प्रभाव नहीं पड़ता है।

11.7 नैनो बायोसेंसर

नैनोस्केल के प्रभाव के कारण संपादित होने वाले भौतिक-रासायनिक गुणों का उपयोग बायोसेंसर विकास के क्षेत्र में भी व्यापक रूप से किया जा रहा है। बायोसेंसर की संवेदनशीलता और प्रदर्शन क्षमता का उपयोग करके पौधों की विभिन्न प्रकार के उर्वरकों, कीटनाशकों, खरपरवारनाशकों, रोग्नाशकों के प्रति प्रतिक्रिया जानने के लिए किया जाता है। इन आदानों का नियंत्रित उपयोग फसल सटीक कृषि के अंतर्गत उत्पादकता बढ़ाने के लिए किया जा सकता है। नैनो बायोसेंसर तकनीक को नैनो स्केल सामग्रियों का उपयोग करके नई सिग्नल ट्रांसडक्शन प्रौद्योगिकियों के माध्यम से ओर अधिक उन्नत किया जा रहा है । उदाहरण स्वरुप खेतों में बिखरे नैनोबायोसेंसर पौधों के वायरस और अन्य फसल के रोगजनकों की उपस्थिति और मिट्टी के पोषक तत्वों के स्तर का भी पता लगा सकते हैं। इसके अतिरिक्त नैनो-स्मार्ट डस्ट (छोटे वायरलेस सेंसर और ट्रांसपोंडर का उपयोग) और गैस सेंसर द्वारा पर्यावरण प्रदूषण के स्तर का जल्दी से मूल्यांकन किया जा सकता है। ऑक्सिन जैसे हार्मोन के नैनोकणों द्वारा नियंत्रित कर यह समझा जा सकता है कि पौधों की जड़ें पर्यावरण अनुकूल हैं अथवा नहीं। पौधों के विशिष्ट अंतःक्रिया के आधार पर विकसित बायोसेंसर का उपयोग करके परमाणु बल स्पेक्ट्रोस्कोपी के माध्यम से एंजाइम-अवरोधक हर्बिसाइड्स का पता लगाया जा सकता है। उच्च श्रेणी के धातु जैसे पैलेडियम, प्लैटिनम, और सोना, डीएनए और एकल-दीवार वाली

कार्बन नैनोट्यूब (SWCNT) के हाइब्रिड नैनोस्ट्रेक्चर-आधारित गैस सेंसर का उपयोग बायोसेंसर के रूप में किया जाता है। इसप्रकार कृषि जैसे महत्वपूर्ण क्षेत्रों में संवेदनशील और सटीक रूप से प्रभावी व सुरक्षित सेंसर नैनो प्रणालियों की बढ़ती मांग के कारण बायोसेंसर का भी क्रमागत विकास संभव हुआ है।

11.8 खाद्य उद्योग में नैनोप्रौद्योगिकी

विगत कुछ वर्षों में नैनोप्रौधौगिकी को खाद्य प्रसंस्करण में व्यापक रूप से लागू किया गया है। नैनो वाहक प्रणाली (nanocarrier systems) के माध्यम से पोषक तत्वों, पूरक आहार, नैनो-आकार के जैव सक्रीय अवयवों, और पशु आहार की आपूर्ति लिए नैनोप्रौधौगिकी का उपयोग किया जा रहा है । यह भोजन रचना में सुधार के लिए नैनोस्केल फिल्ट्रेशन सिस्टम में भी मदद करता है। उल्लेखनीय है कि कई खाद्य उत्पादों में प्राकृतिक रूप से ही नैनोकण उपस्थित होते है । दूध में केसिन पाया जाता है, जो दूध प्रोटीन का एक रूप है, इसीप्रकार मांस में प्रोटीन फिलामेंट्स होते जिसे नैनो पदार्थों के समूह में वर्गीकृत किया जाता है। हाल ही में, कुछ आवश्यक पोषक तत्वों जैसे विटामिंस और आवश्यक अमीनो अम्लों को नैनोकैप्सूल के रूप में पाचन तंत्र के माध्यम से रक्त में प्रवाहित करने में सफलता प्राप्त हुई है। इसीप्रकार कुछ खाद्य पदार्थों जैसे कि आइसक्रीम में स्वाद को प्रभावित किए बिना नैनोकणों के माध्यम से पोषक तत्वों को डाला गया है । नैनोप्रौधौगिकी को खाद्य प्रसंस्करण में उपयोग का एक प्रमुख उदाहरण जर्मनी की के.डी.फार्मा बेक्सबेच कंपनी के खाद्य उत्पाद है, जिसमे ओमेगा-3-फेटी अम्लों (Omega-3 fatty acids) की आपूर्ति नैनो कैप्सूल के रूप में की गई। न सिर्फ खाद्य उत्पादन और प्रसंस्करण में नैनोप्रौधौगिकी का उपयोग किया गया बल्कि खाद्य उत्पादों की स्मार्ट पैकेजिंग के क्षेत्र में भी नैनोप्रौधौगिकी की भूमिका साबित हुई है। हाल ही में, कुछ खाद्य पदार्थों में 'नैनोसेंसर्स' के साथ शामिल पैकेजिंग सामग्री का उत्पादन और उपयोग खाद्य उद्योग में किया गया है, जिससे खाद्य पदार्थों में होने वाले ऑक्सीकरण प्रक्रिया का पता लगाया जा सकता है। यह इस सिद्धांत पर कार्य करता है कि जब पैकेज के अन्दर खाद्य उत्पाद में ऑक्सीकरण होता है, तो नैनोकण आधारित सेंसर रंग बदलने का संकेत देते हैं और इसप्रकार खाद्य पदार्थों की प्रकृतिं के बारे में जानकारी देखी जा सकती है। इस तकनीक को दूध और मांस के पैकेज में सफलतापूर्वक लागू किया गया है। इसी तकनीक का एक अन्य उपयोग पैकेजिंग में नैनोकणों का समावेश है जिससे जैव रासायनिक प्रक्रियाओं जैसे ऑक्सीकरण, क्षरण की प्रक्रिया को धीमा किया जाता है। इस प्रकार इस तकनीक के उपयोग से खाद्य उत्पादों के लम्बे समय तक सुरक्षित रखा जा सकता है । सिल्वर नैनोकणों का उपयोग खाद्य भंडारण डिब्बे बनाने के लिए प्लास्टिक के साथ सफलतापूर्वक किया गया है, और यह डिब्बे के कीटाणुशोधन की तरह काम करता है और हानिकारक जीवाणुओं के विकास को कम करता है।

11.9 कृषि अपशिष्ट प्रबंधन हेतु नैनोप्रौद्योगिकी का उपयोग

बढ़ते कृषि उत्पादन और पशुधन में हुई वृद्धि के साथ कृषि फसल अवशेषों, अपशिष्ट पदार्थों और कृषि आधारित उद्योगों से निकलने वाले कचरे की मात्रा में भी काफी वृद्धि हुई है। ऐसी संभावना

है कि भविष्य में वैश्विक स्तर पर कृषि अपशिष्ट एक विकराल समस्या के रूप में सामने आ सकता है। इनके वैकल्पिक समाधानों को बड़ी आशा के साथ नवीकरणीय ऊर्जा स्रोतों के साथ नैनोप्रौधौगिकी के साधनों के अधिकाधिक उपयोग के माध्यम से तलाशा जा रहा है। कृषि अपशिष्ट प्रबंधन हेतु गैसीकरण, पाइरोलिसिस और हाइड्रोजनीकरण जैसे प्रक्रियाओं के साथ ही बायोमास-व्युत्पन्न मूल्य संवर्धित यौगिकों के संश्लेषण में नैनो तकनीक का सफलतापूर्वक उपयोग किया जा रहा है। उदाहरण के तौर पर सेलुलोज-आधारित नैनोपदार्थ का इस्तेमाल जैव चिकित्सीय उद्योगों समेत कई अन्य उद्योगों के लिए प्रदुषण रहित जैव इंधन बनाने के लिए किया जा रहा है। नैनोपदार्थ सूक्ष्मजीवों में चयापचय क्रियाओं को उत्प्रेरित करते हैं। ऐसी स्थिति में, नैनोपदार्थों के उपयोग सूक्ष्म शैवालों को बिना नुकसान पहुंचाए लिपिड निष्कर्षण की प्रक्रिया को दक्षता के साथ किया जा सकता है। इसके अलावा कैल्शियम ऑक्साइड और मैग्नीशियम ऑक्साइड नैनोकणों का उपयोग जैव उत्प्रेरक वाहक (बायोकेटलिस्ट कैरियर्स) के रूप में करके तेल का ट्रान्सएस्टरीफिकेशन कर बायोडीजल बनाने में किया जाता है।

11.10 पशुधन उत्पादन हेतु नैनोप्रौद्योगिकी का उपयोग

पशुपालन एवं पशु विज्ञान के क्षेत्र में नैनो तकनीक के अनुप्रयोगों में पशु उत्पादन, पशुओं की आहार ग्रहण दक्षता और पोषण में सुधार, पशु रोगों की रोकथाम एवं होने वाले नुकसानों को कम करना, और पशु-अपशिष्टों का प्रबंधन मुख्य हैं। सतह-क्रियाशील नैनोपदार्थ और नैनो आकार के भोज्य संगठक पशुओं के विषाक्त पदार्थों या रोगजनकों को हटा सकने में सक्षम हैं। नैनोफीड (पशुओं के लिए एक खाद्य पूरक) पशुओं में बेहतर प्रतिरोधक क्षमता विकसित करता है। नैनोफीड समग्र पशु स्वास्थ्य को बनाए रखने के लिए एक एंटीऑक्सिडेंट के रूप में भी कार्य करता है। नैनोफीड के प्रयोग से हड्डियों का विकास, फॉस्फेट तत्व की बेहतर आपूर्ति और मृत्यु दर में कमी जैसे परिणाम प्राप्त हुए है । नैनोकणित जिंकऑक्साइड आहार के साथ पशुओं को देने पर वजन ह्रास की समस्या से निजात प्राप्त किया जा सकता है। पशुधन प्रजनन क्षमता में सुधार के लिए कृत्रिम गर्भाधान तकनीक में काफी संभावनाएं हैं। इस दिशा में प्रजनन-क्षमता परीक्षण और वीर्य शोधन को नैनो तकनीक के माध्यम से बेहतर बनाया जा सकता है।

नैनोतकनीक के उपयोग से उच्च गुणवत्ता के मुर्गी पालन और उसके उत्पादों प्राप्त किया जा सकता है। जब मुर्गियों के पोषण में नैनोसिल्वर कणों का उपयोग किया जाता है, तो शरीर में उपस्थित हानिकारक सूक्ष्मजीव नकारात्मक रूप से प्रभावित होते हैं। अमेरिकी कृषि विभाग और क्लेम्सन विश्वविद्यालय ने एक चिकन फीड विकसित किया है जिसमें बायोएक्टिव पॉलीस्टाइन नैनोपार्टिकल्स होते हैं जो खाद्य-जनित रोगजनकों को कम करने के लिए हानिकारक जीवाणुओं को नष्ट करते हैं। मत्स्यिकी के क्षेत्र में भी नैनोतकनीक के अनुप्रयोगों की काफी संभावनाएं है। आयरन नैनोकण को आहार के रूप में देने पर कुछ मछलियों जैसे यंग कोर्प का विकास तेजी से हुआ। इसीप्रकार नैनोसेलेनियम-पूरक आहार क्रूसियन कार्प (कैरासियस ऑराटस सिबेलियो) का वजन, एंटीऑक्सिडेंट स्थिति और ग्लूटाथियोन पेरोक्सीडेस गतिविधियों में सुधार कर सकता है।

11.11 फसल जैव प्रौधौगिकी और नैनोप्रौधौगिकी

तकनीकों की तरक्की के अब किसी अणु का तीन आयामी आणविक संरचना बनाना सहज हो गया है और ऐसी संरचना जैव प्रौद्योगिकी और नैनो प्रौद्योगिकी को समन्वित करती है जिसे नैनो-जैव प्रौद्योगिकी (Nano-biotechnology) कहा जाता है। नैनो-जैवप्रौधौगिकी के अंतर्गत सिंथेटिक डीएनए अनुक्रमों का निर्माण करके डीएनए क्रिस्टल बनाए जाते है जो तीन आयामी त्रिभुज जैसे पैटर्न की एक श्रृंखला में एक साथ एकत्रित हो जाते हैं। डीएनए के क्रिस्टल में छोटे चिपकने वाले सिरे (sticky ends) होते हैं जो एक संगठित फैशन में एक और अणु को जोड़ सकते हैं। जब कई कुण्डलियाँ (helices) एकल-फंसे हुए चिपकने वाले सिरों के माध्यम से जुडती हैं, तो एक जाली जैसी संरचना बनती है जो छह अलग-अलग दिशाओं में फैली होती है, जिसमें तीन आयामी क्रिस्टल होते हैं (चित्र 11.4)। इस तकनीक को इन क्रिस्टलों में कार्बोहाइड्रेट, लिपिड, प्रोटीन और न्यूक्लिक एसिड को व्यवस्थित और लिंक करके महत्वपूर्ण फसलों को बेहतर बनाने किया जा सकता है। जैव अणुओं के साथ संकरित डीएनए नैनोकण "मैजिक बुलेट्स 'के रूप में काम करते हैं। सिंथेटिक डीएनए को खरपतवारनाशक, कोई रसायन या फिर जीन के साथ संयुग्मित कर पौधों में प्रविष्ट कराया जाता है जहाँ यह अणु उद्देश्यानुसार कोशिका के भागों को लक्षित करते हैं। उदाहरण के लिए नैनोकैप्सल्स, क्यूटिकल्स और ऊतकों के माध्यम से खरपतवारनाशकों को पौधों में प्रभावी ढंग से प्रवेश करा सकते हैं, जिससे सक्रिय संगठकों के धीमे और सतत निस्तार में मदद मिलती है ।

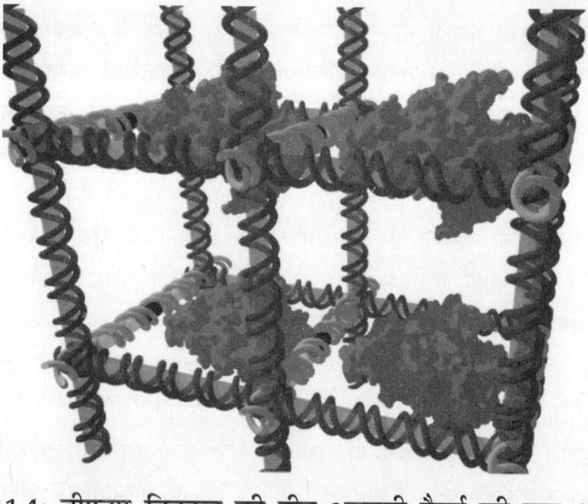

चित्र 11.4: डीएनए क्रिस्टल की तीन आयामी पैटर्न की एक श्रृंखला

हाल ही में आयोवा स्टेट यूनिवर्सिटी के वैज्ञानिकों ने डीएनए और रसायनों को अलग-अलग पौधों की कोशिकाओं में पहुंचाने में 3-एनएम मेसोपोरस सिलिका नैनोकण (एमएसएन) का उपयोग किया है। ये सिलिका नैनोकण रासायनिक रूप से लेपित होते हैं और पौधों में डाले जाने वाले जीन के लिए वाहक के रूप में कार्य करते हैं। सिलिका नैनोकण पौधे की दीवारों के माध्यम से कणों को लेने के लिए पौधे को उत्प्रेरित करती है, जहां जीन को सटीक और नियंत्रित तरीके से प्रवेश

करवाया जाता है। इस तकनीक को सफलतापूर्वक प्रयोग तंबाकू और मकई के पौधों में डीएनए का प्रवेश करवाने के लिए किया जा चूका है।

11.12 नैनो तकनीक के कृषि में उपयोग में आने वाली कठिनाईयां

यद्यपि कृषि में नैनो प्रौद्योगिकी के अनुप्रयोगों की अत्यधिक संभावनाएं है, परन्तु इसके व्यापक प्रसार से पूर्व कई शंकाओं का समाधान किया जाना अत्यंत आवश्यक है। कुछ मुख्य पहलु जिन पर ध्यान देने की आवश्यकता है, निम्नांकित है:

(i) नैनो तकनीकों के वास्तविक और व्यवहारिक लाभ सिद्ध करने के लिए मौजूदा वाणिज्यिक उत्पादों के साथ इनके के प्रभावों की स्पष्ट तुलना होनी चाहिए।

(ii) गैर-लक्षित जीवों जैसे अन्य पौधों, मृदा, मित्र सूक्ष्मजीव, और मधुमक्खियों पर नैनो तकनीकों के प्रभाव का आकलन होना चाहिए, साथ ही और नैनोपदार्थों, नैनोकीटनाशकों, नैनोउर्वरकों के विषाक्त (फाइटोटॉक्सिक) प्रभाव के चक्र का मूल्यांकन के पश्चात ही इन पदार्थों का व्यावसायिकरण किया जाना चाहिए।

(iii) फसलों में पोषक तत्वों, कीटनाशकों और उर्वरकों सहित सक्रिय कारकों को पहुंचाने के लिए विशिष्ट नैनो संकर वाहकों का विकास सुनिश्चित होना चाहिए जिसका उपयोग पूरी तरह से सुरक्षित हो और यह पर्यावरण अनुकूल हो।

(iv) नैनो तकनीकों का उद्योगों के माध्यम से गुणन संभव होना चाहिए।

(v) कृषि में नैनो प्रौद्योगिकी के कार्यान्वयन के लिए पर्यावरण के छोटे-छोटे खण्डों में में अभियन्त्रित नैनोकणों की उपस्थिति को चिन्हित करने, उनकी सांद्रता को मापने के लिए सक्षम तकनीकों के विकास की भी आवश्यकता है।

(vi) उपरोक्त पहलुओं के अलावा, इस प्रौद्योगिकी के लिए उपभोक्ता स्वीकृति और सार्वजनिक समर्थन हासिल करने के लिए शासकीय और गैर शासकीय संस्थानों द्वारा प्रौद्योगिकी की स्वीकार्यता आवश्यक है। इस संदर्भ में, विभिन्न अनुसंधान क्षेत्रों और विभिन्न विषयों के वैज्ञानिकों के बीच ज्ञान का आदान-प्रदान आवश्यक होगा।

पाठ्य मूल्यांकन

I. रिक्त स्थान भरें

1. नैनो उर्वरकों के द्वारा आयनों की धारण क्षमता पारंपरिक उर्वरकों की तुलना में .... होती है।
2. जिओलाइट्स संयुग्मित यूरिया चिप का उपयोग, नाइट्रोजन के रिलीज को .... कर देता है।
3. Fe_3O_4 नैनोकणों का अवशोषण पौधों के .... द्वारा होता है।
4. जिओलाइट नैनोउर्वरक का उपयोग .... पोषक तत्व की आपूर्ति के लिए किया जाता है।

5. ग्राफीन नैनो कण का उपयोग .... के रूप में होता है।
6. पादप कोशिकाओं में नैनो पदार्थों को प्रवेश करवा कर पौधों की कार्यिकी दक्षता को बढाया जाने की तकनीक .... कहलाती है।
7. कैल्शियम ऑक्साइड और मैग्नीशियम ऑक्साइड नैनोकणों का उपयोग ....बनाने में किया जाता है।

II. सत्य अथवा असत्य बताएं

1. पारंपरिक उर्वरकों की पोषक तत्वों की ग्रहण क्षमता अधिक होती है।
2. नैनो-प्रौद्योगिकी ने नैनो संरचित सामग्रियों का उर्वरक वाहक के रूप में उपयोग किया जाता है।
3. नैनोपदार्थ सूक्ष्मजीवों में चयापचय क्रियाओं को उत्प्रेरित करते हैं।
4. नैनोबायोसेंसर पौधों में वायरस की उपस्थिति का पता लगा सकते हैं।
5. कार्बन नैनोट्यूब व क्लोरोप्लास्ट के युग्मक पत्तियों के इलेक्ट्रान परिवहन की गति को अत्यधिक धीमा कर देते है।
6. डेल्टामेथ्रिन- नैनो कीटनाशक के उपयोग हेतु इसमें उपस्थित सक्रिय संघटको का नैनो कणों के साथ जेल बनाया जाता है ।
7. रेतीली मिट्टी में क्लिन्टोप्टिलोलाइट जिओलाइट के अनुप्रयोग से मिट्टी में दीर्घावधि तक नमी बनी रहती है।

III. लघु उत्तरीय प्रश्न

1. नैनो कीटनाशकों की प्रमुख श्रेणियां कौन सी है, लिखें।
2. पारंपरिक उर्वरकों की तुलना में नैनो-उर्वरकों के उपयोग से होने वाले लाभ को संक्षिप्त में समझाईये।
3. बाजार में उपलब्ध प्रमुख नैनो उर्वरकों व नैनो कीटनाशकों के नाम लिखिए।
4. नैनो-जैवप्रौद्योगिकी से आप क्या समझते है, लिखे।

IV. टिपण्णी करें

1. पादप नैनोबायनिक्स
2. नैनो बायोसेंसर
3. स्मार्ट उर्वरक
4. पादप रोग नियंत्रण हेतु नैनोकणों का उपयोग
5. पशुपालन में नैनोप्रौद्योगिकी का उपयोग

V. दीर्घ उत्तरीय प्रश्न

1. नैनो उर्वरक और पारंपरिक उर्वरक में प्रमुख अंतर लिखें।
2. खाद्य उद्योग में नैनोप्रौद्योगिकी के उपयोग की व्याख्या करें।
3. कृषि में नैनो प्रौद्योगिकी के अनुकूलन में आने वाली कठिनाईयों को सविस्तार समझाईये।

RELATED BOOKS

ISBN: 9789389412789

ISBN: 9789386652447

ISBN: 9789389184068

ISBN: 9789389832389

ISBN: 9789389832242

ISBN: 9789387893849

ISBN: 9788172338718

ISBN: 9789386652454

ISBN: 9789387893825

For Full Content and Sample Pages visit us : www.scientificpub.com